BIM软件系列教程

项目管理与投标工具箱软件高级实例教程

（第二版）

中 国 建 设 教 育 协 会　组织编写
深圳市斯维尔科技有限公司　编　　著

中国建筑工业出版社

图书在版编目（CIP）数据

项目管理与投标工具箱软件高级实例教程/中国建设教育协会组织编写，深圳市斯维尔科技有限公司编著. —2版. —北京：中国建筑工业出版社，2012.5

（BIM软件系列教程）

ISBN 978-7-112-14154-8

Ⅰ.①项… Ⅱ.①中…②深… Ⅲ.①建筑工程-项目管理-应用软件-教材②建筑工程-投标-应用软件-教材 Ⅳ.①TU7-39

中国版本图书馆CIP数据核字（2012）第050661号

责任编辑：郑淮兵 张莉英
责任设计：陈 旭
责任校对：张 颖 赵 颖

BIM软件系列教程

项目管理与投标工具箱软件高级实例教程

（第二版）

中 国 建 设 教 育 协 会 组织编写

深圳市斯维尔科技有限公司 编 著

*

中国建筑工业出版社出版、发行（北京西郊百万庄）

各地新华书店、建筑书店经销

北京天成排版公司制版

北京建筑工业印刷厂印刷

*

开本：787×1092毫米 1/16 印张：13 字数：320千字

2012年6月第二版 2012年6月第三次印刷

定价：**40.00**元（含光盘）

ISBN 978-7-112-14154-8

（22162）

系列教程编审委员会

总　序

BIM(Building Information Modeling)也即建筑信息模型，概念产生于二十世纪七十年代，当时的计算机技术还不发达，普及程度还非常低，应用于建筑业还很少。随着计算机技术的迅猛发展，BIM技术在这几年已经由理论研究进入实际应用阶段，并且成为当前建设行业十分时髦和热门的词汇，在搜索引擎上搜索“BIM”这个词汇，有数以千万条的搜索结果，这从一个重要的方面反映了人们对这一技术的关注程度。

中国是世界上最大的发展中国家，在国家城镇化的发展过程中，伴随着大规模的城市建设，并且这种快速发展与建设的趋势将持续较长的时间。

信息技术对于支撑与服务建筑业的发展，具有十分重要的作用。BIM技术是信息技术应用于建筑业实践的最为重要的技术之一，它的出现和应用将为建筑业的发展带来革命性的变化，BIM技术的全面应用将大大提高建筑业的生产效率，提升建筑工程的集成化程度，使决策、设计、施工到运营等整个全生命周期的质量和效率显著提高、成本降低，给建筑业的发展带来巨大的效益。

这几年，国内关注BIM技术的人员越来越多，有不少企业认识到BIM对建筑业的巨大价值，开始投入BIM技术的研究、实践和推广。国内外一些著名软件厂商都在不遗余力地推出基于BIM技术应用的新产品，国际上的著名企业如Autodesk、Bentley等公司都将他们的BIM技术和产品方案引入中国，并展开了人员培养、技术和市场推广等工作。深圳市斯维尔科技有限公司是国内较早开展BIM技术研究，并按BIM思想建立其产品线的软件公司，是国内BIM技术的重要推动力量之一，其影响力已引起各方广泛关注。

我高兴地看到中国建设教育协会与深圳市斯维尔科技有限公司连续成功举办了三届“全国高等院校学生斯维尔杯BIM系列软件建筑信息模型大赛”，并在此基础上组织编写了该系列教程，其中包括十大分册，分别为《BIM概论》、《建设项目VR虚拟现实高级实例教程》、《建筑设计软件高级实例教程》、《节能设计与日照分析软件高级实例教程》、《设备设计与负荷计算软件高级实例教程》、《三维算量软件高级实例教程》、《安装算量软件高级实例教程》、《清单计价软件高级实例教程》、《项目管理与投标工具箱软件高级实例教程》。该系列教程作为“全国高等院校学生斯维尔杯BIM系列软件建筑信息模型大赛”软件操作部分的重要参考指导教材，可以很好地帮助参赛师生理解BIM技术，掌握软件实际操作方法。教程配有学习版软件光盘及教学案例工程，读者可以边阅读，边练习体验，学练结合，有利于读者快速掌握 BIM 建模相关知识和软件操作方法。

该系列教程的出版，对高校开展 BIM 技术教学工作有重要意义。我国大学教育在立足专业基础知识教学的同时强调学生综合素质和实践能力的培养，高校教育改革要求进一步提高学生实践能力、就业能力、创新能力、创业能力。BIM 技术还是个快速发展中的新技术，实践性强，知识更新速度快，在高等院校开展 BIM 知识的教学对高校教师具有挑战性。BIM 教学所需要的教材编写、案例更新工作对高校教师而言是件相当耗时耗力的工作，很难在短时间内形成系统性的系列教材。该系列教程主要编写人员为长期从事 BIM 技术研究的行业专家、高校教师以及斯维尔公司 BIM 系列软件的研发、服务以及培训的专业人员。这样的组织形式既保障了教程的专业水平，又保障了教程内容和案例与软件更新相匹配。该系列教程图文并茂，案例详实，配有视频讲解资料，可作为高校老师的 BIM 技术教学用书，辅助开展 BIM 技术教学工作。

该系列教程的出版，对 BIM 技术在中国的传播有着重要的意义。目前在国内关于 BIM 技术的书籍还比较少。本系列教程系统化地介绍了 BIM 系列软件在设计、造价、施工等工作中的应用。本系列教程以行业从业人员日常工作使用的商品化专业软件作为依据，选择了一个常见实际工程作为案例，采用案例法讲解，引导读者通过一步步软件操作完成该项工程，实用性强。十本 BIM 软件系列教程之间既具有独立性，又具有相关性，读者可以根据自己需要选择阅读。

东北大学　丁烈云

2012 年 4 月

前　言

近年来，项目管理技术在一些大型工程上的成功应用，使项目管理技术越来越受到人们的重视，社会上也掀起了PMP培训和认证的热潮。规范的工程招投标制度是完善市场经济体制的重要措施，是保证工程质量、降低工程造价、提高经济效益的有效途径。如何编制一份高质量工程招、投标文件也就成为工程管理技术人员必备的专业技能；而如何让高校在校生切实掌握这项技能，也是广大高校专业教学中的关注重点。

深圳市斯维尔科技有限公司多年致力于建设工程系列软件的研发，对工程项目管理、招投标理论与实践结合方面进行了长期地深入研究和跟踪，从用户手中直接获取第一手需求资料，并反映在建设工程系列软件的研发改进上。投标工具箱软件之项目管理软件通过了国家科技成果鉴定，被中国软件行业协会评为全国优秀软件产品，列入住房和城乡建设部科技成果推广项目。同时投标工具箱软件之标书编制软件和平面图布置软件，也多年来应用于工程招、投标书编制实践。

本书包含三部分并送随书光盘。第一部分简要介绍了项目管理基本知识。第二部分是投标工具箱软件应用，详细介绍工程施工组织设计编制的基本方法和过程，以及投标工具箱三个工具软件在编制招、投标书中的应用。第三部分讲述运用投标工具箱软件编制一个完整招、投标书的工程实例教程。

随书光盘提供了可供读者实际操作的清华斯维尔投标工具箱三个评估版软件，并收录了运用三个软件完成该工程招、投标书实例的操作讲解录像。

目　　录

第一部分　项目管理与工程网络计划简介

第二部分　投标工具箱软件应用

第三部分　工程招投标方案编制实例高级教程

第一部分　项目管理与工程网络计划简介

第 1 章　项目管理原理

本章重点：本章首先将向您介绍项目管理的基本概念与特点，然后重点讲述项目管理知识体系的内容以及项目管理过程中应用的主要技术方法，通过本章的学习使每位读者了解项目管理的基本原理及应用的主要技术。

1.1　项目管理概述

1.1.1　项目及主要特点

什么叫项目？项目是一种一次性的工作，它应当在规定的时间内，由为此专门组织起来的人员来完成；它应有一个明确的预期目标；还要有明确的可利用的资源范围，它需要运用多种学科的知识来解决问题；没有或很少有以往的经验可以借鉴。

项目可以是建造一栋大楼，一座工厂，或一座大水坝，也可以是解决某个研究课题，例如研制一种新药，设计、制造一种新型设备或产品，如一种新型计算机。这些都是一次性的，都要求在一定的期限内完成，不得超过一定的费用，并有一定的性能要求等。所以，有人说项目是新企业、新产品、新工程、新系统和新技术的总称。

由此可见，在各种不同的项目中，项目内容可以说是千差万别的。但项目本身有其共同的特点，这些特点可以概括如下：

（1）项目是一种一次性的工作，这是它与一般生产活动最突出的区别；

（2）项目由多个部分组成，跨越多个组织或组织的多个单位，因此需要多方合作才能完成；

（3）通常是为了追求一种新产物才组织项目；

（4）可利用资源预先要有明确的预算；

（5）可利用资源一经约定，不再接受其他支援；

（6）有严格的时间界限，并公之于众；

（7）项目的构成人员来自不同专业的不同职能组织，项目结束后原则上仍回原职能组织或单位中；

（8）项目的产物的保全或扩展通常由项目参加者以外的人员来进行。

1.1.2 项目管理及其主要特点

与项目的概念和特点相对应，项目管理具有以下一些基本特点：

(1) 项目管理是一项复杂的工作。项目管理一般由多个部分组成，工作跨越多个组织或组织单位，需要运用多种学科的知识来解决问题；项目工作通常没有或很少有以往的经验可以借鉴，执行中有许多未知因素，每个因素又常常带有不确定性；还需要将具有不同经历、来自不同组织的人员有机地组织在一个临时性的组织内，在技术性能、成本、进度等较为严格的约束条件下实现项目目标等。这些因素都决定了项目管理是一项很复杂的工作，而且复杂性与一般的生产管理有很大不同。

(2) 项目管理具有创造性。由于项目具有一次性的特点，因而既要承担风险又必须发挥创造性。这也是与一般重复性管理的主要区别。项目的创造性依赖于科学技术的发展和支持，而近代科学技术的发展有两个明显的特点：一是继承积累性，体现在人类可以沿用前人的经验，继承前人的知识、经验和成果，在此基础上向前发展；二是综合性，即要解决复杂的项目，往往必须依靠和综合多种学科的成果，将多种技术结合起来，才能实现科学技术的飞跃或更快的发展。因此，在项目管理的前期构思中，要十分重视科学技术情报工作和信息的组织管理，这是产生新构思和解决问题的首要途径。创造总是带有探索性的，会有较高的失败概率。有时为了加快进度和提高成功的概率，需要有多个试验方案并进。例如在新产品、新技术开发项目中，为了提高新产品、新技术的质量和水平，希望新构思越多越好，然后再严格地审查、筛选和淘汰，以确保最终产品和技术的优良性能或质量。而筛选淘汰下来的方案也并不完全是没用的，它们可以成为企业内部的技术储备，这种储备越多，企业越能应付外界条件的变化和具有应变能力。

(3) 项目有其生命周期。项目从开始到终结是渐进地发展和演变的，可划分为若干个阶段，这些阶段便构成了它的整个生命期。项目管理的本质是计划和控制一次性的工作，在规定期限内达到预定目标。一旦目标满足，项目就失去其存在的意义而解体。因此项目具有一种可预知的生命周期。项目在其生命周期中，通常有一个较明确的阶段顺序。这些阶段可通过任务的类型来加以区分，或通过关键的决策点来加以区分。根据项目内容的不同，阶段的划分和定义也有所区别。但一般认为项目的每个阶段应涉及管理上的不同特点并提出需完成的不同任务。表 1-1-1 提出了一种项目阶段的划分方法并说明每个阶段应采取的行动。无论如何划分，对每个阶段开始和完成的条件与时间要有明确的定义，以便于审查其完成程度。

项目管理需要集权领导和建立专门的项目组织。项目的复杂性随其范围不同变化很大。项目愈大愈复杂，其所包括或涉及的学科、技术种类也愈多。项目进行过程中可能出现的各种问题多半是贯穿于各组织部门的，它们要求这些不同的部门作出迅速而且相互关联、相互依存的反应。但传统的职能组织不能尽快与横向协调的需求相配合，因此需要建立围绕专一任务进行决策的机制和相应的专门组织。这样的组织不受现存组织的任何约束，由各种不同专业、来自不同部门的专业人员构成。因此，复杂而包含多种学科的项目，大都以矩阵方式来组织，这是一种着眼于取得项目和职能组织形式两者的好处的组织方式。项目负责人(或称项目经理)在项目管理中起着非常重要的作用。项目管理的主要原理之一是把一个时间有限和预算有限的事业委托给一个人，即项目负责人，他有权独立进行计划、资源分配、指挥和控制。项目负责人的位置是由特殊需要形成的，因为他行使着大部分传统职能组织以外的职能。项目负责人必须能够了解、利用和管理项目的技术逻辑方面的复杂性，必须能够综合各种不同专业观点来考虑问题。但只有这些技术知识和专业知识仍是不够的，成功的管理还取决于预测和控制人的行为的能力。因此项目负责人还必须通过人的因素来熟练地运用技术因素，以达到其项目目标。也就是说项目负责人必须使他的组织成员成为一支真正的队伍，一个工作配合默契、具有积极性和责任心的高效率群体。

项目阶段的划分 **表 1-1-1**

阶段一　概念	阶段二　计划	阶段三　执行	阶段四　完成
1. 确定项目需求 2. 确定目标 3. 估计所需投入的资源与组织 4. 按需要构成项目组织	1. 确定项目组织方法 2. 制定基本的进度与计划 3. 为执行阶段做准备 4. 进行研究与分析	项目的实施(设计、建设、生产、建立场地、试验、交货等)	1. 帮助项目产品转移 2. 转移人力或非人力资源至其他组织 3. 培训职能人员 4. 转移或完成承诺 5. 终止项目

1.1.3　项目管理知识体系

1969 年美国建立了“项目管理协会”，就是现在人们常提起的 PMI，它的全称是“Project Management Institute”。这个组织于 1985 年公布了第一个项目管理知识体系，取名为 PMBOK，即“Project Management Body Of Knowledge”，1996 年和 2000 年又进行了两次修订。在这个知识体系中，他们把项目管理的知识划分为 9 个领域，分别是：范围管理、时间管理、成本管理、质量管理、人力资源管理、沟通管理、风险管理、采购管理和综合管理。下面将对该知识体系划分的主要项目管理领域进行具体介绍：

(1) 项目范围管理

项目范围管理是项目管理的一个子集。它包括为确保成功地完成项目，项目必须包括并且仅包括所要求完成工作的过程。它由立项、范围计划编制、范围核实和范围变更控制等组成。

(2) 项目时间管理

项目时间管理是项目管理的子集。它包括为确保项目按规定时间完成所要求的过程。它由工作定义、工作排序、工作持续时间估算、进度计划开发和进度控制等组成。

(3) 项目成本管理

项目成本管理是项目管理的子集。它包括为确保在批准的预算内完成项目所要求的过程。它由编制资源计划、成本估算、成本预算和成本控制等组成。

(4) 项目质量管理

项目质量管理是项目管理的一个子集。它包括为确保项目将满足所执行的标准需要所要求的过程。它由编制质量计划、质量保障和质量控制等组成。

(5) 项目人力资源管理

项目人力资源管理是项目管理的一个子集。它包括为使参加到项目的人员得到最有效的使用所要求的过程。它由编制组织计划、招募工作人员和队伍建设等组成。

(6) 项目沟通管理

项目沟通管理是项目管理的一个子集。它包括为确保项目信息恰当地收集、分发所要求的过程。它由编制沟通计划、信息分发、执行报告和行政管理收尾等组成。

(7) 项目风险管理

项目风险管理是项目管理的一个子集。它包括对于项目风险的识别、分析和应对所要求的过程。它由风险识别、风险量化、风险应对措施开发和风险应对控制等组成。

(8) 项目采购管理

项目采购管理是项目管理的一个子集。它包括从执行组织的外部获得货物或服务所要求的过程。它由编制采购计划、编制询价计划、询价、供应商选择、合同管理和合同首尾等组成。

(9) 项目综合管理

项目综合管理是项目管理的一个子集。它包括使各项目元素能够恰如其分地协调所要求的过程。它由项目计划开发、项目计划执行和整体变更控制等组成。

英国在项目管理知识体系的研究上也很突出，在1991年就推出了它们的知识体系，称之为BOK，即“Body of Knowledge”。在这个知识体系中把项目管理划分为七个主题，即：总则、战略、控制、技术、商务、组织和人。

中国也在进行“中国项目管理知识体系C-PMBOK(Chinese-PMBOK)”的撰写工作，这个知识体系坚持了“与国际接轨和具有中国特色”原则，已在2001年5月推出。

1.1.4 项目管理的质量标准 ISO 10006

除了以上的项目管理知识体系以外，国际标准化组织 ISO 也在 1997 年 12 月 15 日推出了项目管理的质量标准 ISO 10006。这个文件是 ISO 9000 家族的一员，属于支持性标准之一。在这个标准中，把项目管理划分为 1 个总则和 10 个过程。这 10 个过程是：战略过程、依赖性管理过程、与范围有关的过程、与时间有关的过程、与成本有关的过程、与资源有关的过程、与人员有关的过程、与沟通有关的过程、与风险有关的过程和与采购有关的过程。该标准为项目管理人员实施项目管理提供了许多指导性的建议。

1.2 项目管理主要技术与工具

项目管理知识体系中还有许多实用的项目管理技术和工具，这些技术和工具能够帮助项目管理工作者有效地实现项目管理的目标。本节我们仅就一些常用的技术作简短介绍。

1.2.1 工作分解结构法——WBS

工作分解结构法是范围管理中的方法，通常我们简称为 WBS，即 “Work Breakdown Structure”。这个方法用来将一个作为整体的项目按一定的原则进行分解，以便进行有效控制。该方法针对可交付成果的项目元素分组，归纳和定义了项目的整个范围。层次每降一级，代表增加一级项目组成部分的细节定义。WBS 结构示意如图 1-2-1 所示：

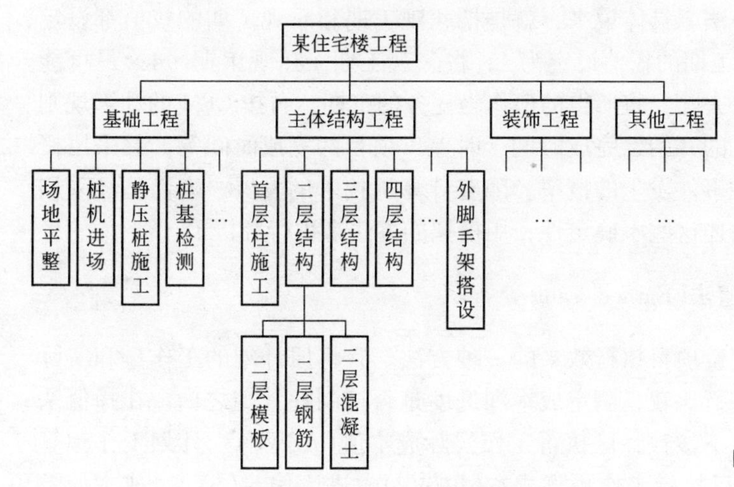

图 1-2-1 工作任务分解(WBS)示意图

除了 WBS 外，我们还经常对于组织进行分解即组织分解结构(OBS)，它是为了将工作内容和各组织单位联系起来而对于项目组织的一种描述。同时对于费用也需要进行分解即费用分解结构(CBS)。把这三者组合到一起就能够基本全面地描述一个项目。

1.2.2 关键线路法(CPM—Critical Path Method)

关键线路法是时间管理中一项成熟的技术，它的总体思想是先把完成项目需要进行的活动列出来，然后根据工艺及项目组织要求把它们有序地进行链接，形成一个具有逻辑控制关系的网络。在这个网络中从项目的开始活动到结束活动之间就形成数条线路，在为每个活动估计了持续时间以后，就可以根据活动的逻辑关系和持续时间计算每条线路上的总持续时间。比较这些线路的持续时间，我们就会找到持续时间最长的线路，这个就是所谓的“关键线路”，处在关键线路上的任务称之为“关键任务”，要压缩整个项目的工期就必须压缩关键任务的持续时间。CPM 使我们抓住了管理时间中的主要矛盾，压缩非关键线路上的持续时间对于压缩整个项目的工期是丝毫不起作用的。

关键线路法是网络计划技术的基础与核心，同时也是项目时间管理中的最重要的方法。几乎所有的项目时间管理软件都离不开这个方法的帮助，因此在后续的“网络计划技术基础”章节中我们将向您重点介绍这种方法。

1.2.3 计划评审技术(PERT)

计划评审技术 PERT，即“Program Evaluation and Review Technique”，也是项目时间管理中使用的经典技术。

PERT 源自美国海军陆战队在 1958 年研制核潜艇计划时发明的技术。由于该项目时间长、投资大，很难为每一个活动估计一个确定的工期值，因此，他们采取了“悲观工期”、“乐观工期”和“最可能工期”三个值进行加权平均的办法。具体说来，就是把悲观工期和乐观工期的权值都设定为1，而最可能工期的权值设定为4，将悲观工期 + 乐观工期 +4 × 最可能工期相加，用6 去除，将所得的值作为任务的工期，再按 CPM 的计算规则计算出每个任务的开始、完成时间，时差，项目的完成时间等，并采用概率论方法预测各事件发生的概率。随着计算机技术的发展，人们已经采用概率分布函数描述这些不确定性，用模拟的方法来进行分析了。

1.2.4 挣值法(Earned Value)

挣值法是度量项目执行效果的一种方法。它将原计划的工作量和实际完成的工作量进行比较，测定成本和进度是否控制在计划之内。在挣值法中经常要使用以下参数：已执行工作实际成本值(ACWP)、计划工作预算成本(BCWS)、已执行工作预算成本(BCWP)、进度偏差(SV)、成本偏差(CV)等，现分别介绍主要的挣值参数：

已执行工作实际成本值(ACWP)：在规定的时间内完成工作所发生的实际总成本(包括直接成本与间接成本)。

已执行工作预算成本值(BCWP)：又称为已完成投资额，指在一个给定的时间内为已完成工作(或部分工作)核定的成本估算总和(包括分摊的各种间接费用)，其估算的依据为已批准的项目预算。

计划执行预算成本(BCWS)：又称计划完成投资额，指在给定的时间期间内(通常到项目的某个日期)计划完成的工作(或部分工作)核定的成本估算总和(包括分摊的各种间接费用)，其估算的依据为已批准的项目预算。

进度偏差(SV)：一项工作的计划完成量和这个工作实际完成量之差，在挣值法中表示为BCWP值减去BCWS值。当SV值大于零时表示进度超前，当SV值等于零时表示完全按计划进行，当SV值小于零时表示进度滞后。

成本偏差(CV)：一项工作的估算成本和该工作的实际成本的差，在挣值法中表示为BCWP值减去ACWP值。当CV值大于零时表示实际成本尚未超出预算成本，当CV值等于零时表示实际成本与预算成本符合，当CV值小于零时表示实际成本已经超出预算成本。

在完成时的预算(BAC)：估算在项目完成时的总成本，即项目的已批准的总预算。

在完成时的费用估算(EAC)：依据项目目前的实际进度及实际成本情况，预测项目在完成时的总成本。

完成差异(VAC)：在挣值法中表示为BAC值减去EAC值。当VAC大于零时表示对项目完成时成本的预测仍然在项目的原有预算以内，当VAC值等于零时表示对项目完成时成本的预测与项目预算符合，当VAC值小于零时表示对项目完成时成本的预测已经超过了项目的原有预算。

1.2.5 甘特图(Gantt Chart)

甘特图也是项目的进度计划管理方法之一。它是在19世纪由美国科学家甘特发明的，为了纪念他就把这种图叫做“甘特图”，我国多称之为“横道图”，也戏称为“面条图”，因为它用一些条形图表示任务的开始和完成时间，以及持续时间，形状上像我们常吃的“宽面条”。

图1-2-2就是一个横道图的例子。

这个图大体上分为两部分，左边是任务的一个列表，右边是相应的带时标的横道图，从中我们能够很清楚地知道每个任务的开始和完成时间等信息。

1.2.6 网络图

网络图也是项目进度计划管理的主要工具之一，它是由节点与箭线构成的，用来表示工作流程的有序有向网状图形。具体又可分为两类：双代号网络图与单代号网络图。双代号网络图中每一工作都用一根箭线与两个节点来表示，每个节点都编以号码，箭线前后两节点的号码即代表该箭线所表示的工作，“双代号”的名称即由此而来，如图1-2-3所示。

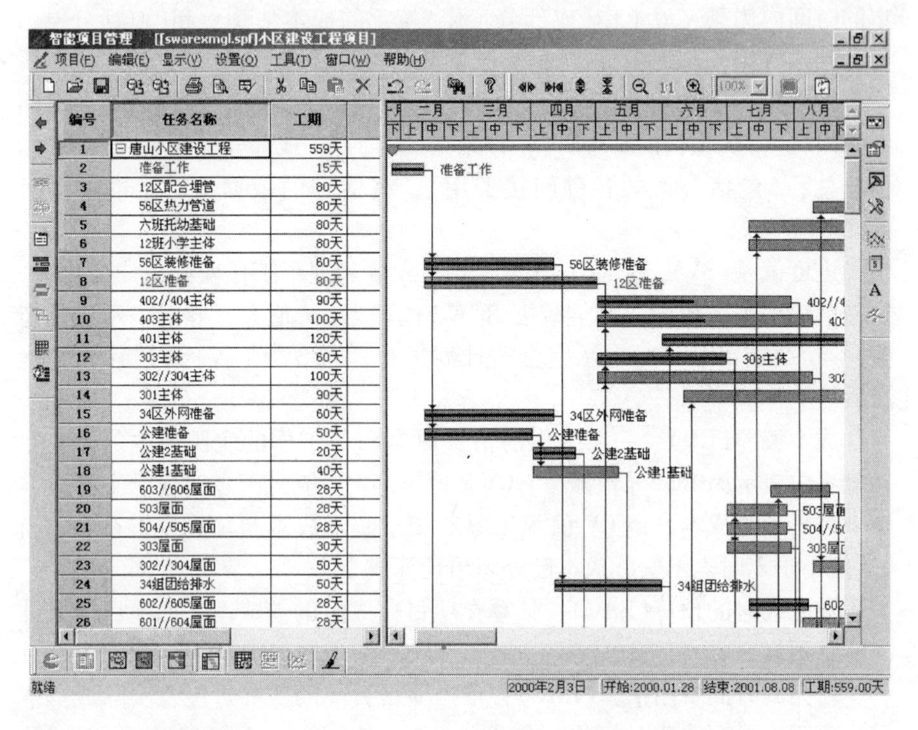

图 1-2-2　横道图示例

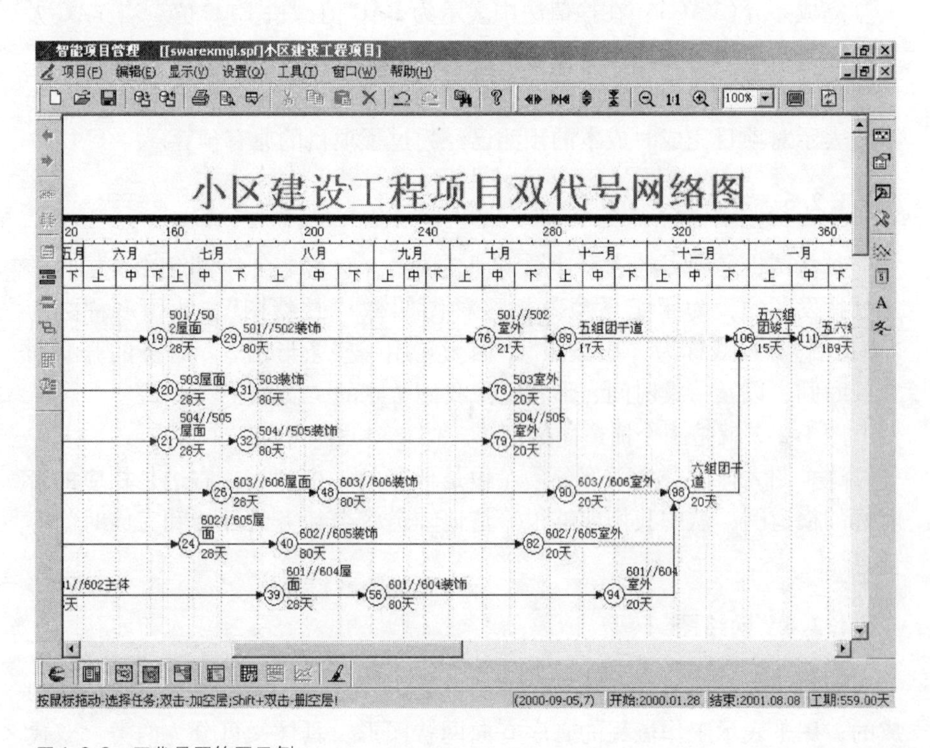

图 1-2-3　双代号网络图示例

单代号网络图以节点及其编号表示工作，以箭线表示工作之间的逻辑关系，具体如图 1-2-4 所示。

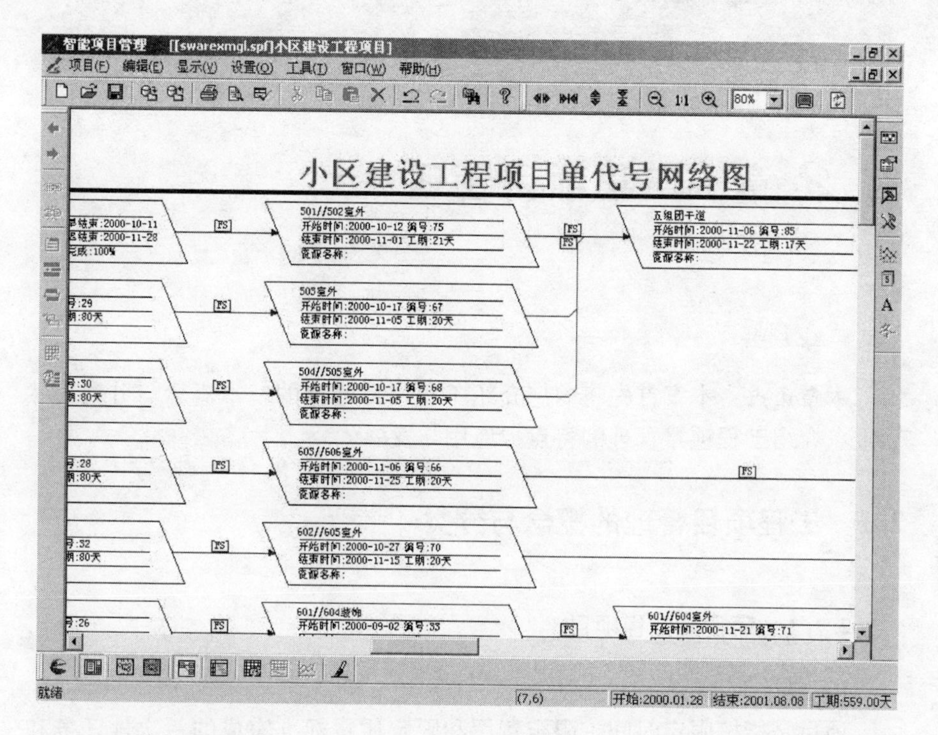

图 1-2-4 单代号网络图

我们这里只是简要地描述了很少一部分项目管理中用到的技术和方法，还有许多其他的方法，如，网络计划技术中的“搭接网络计划技术”、费用管理中的“自底向上成本估算法”、“S 曲线”，资源管理中的“资源需求直方图”，“责任矩阵”，进度管理中的“实际进度前锋线”技术等，有些技术我们将在后续章节中介绍，有些可参考其他的专业资料。

第 2 章　工程项目管理

本章重点：本章首先将向您介绍工程项目管理的基本概念与分类，然后重点介绍工程项目管理的特点、应用与发展。

2.1　工程项目管理的概念与分类

2.1.1　项目与工程项目

1）项目

项目是指按限定时间、限定费用和限定质量标准完成的一次性任务和管理对象。根据这一定义，可以归纳出项目所具有的三个主要特征：

一是项目的一次性，这是项目的最主要特征。一次性也可称为单件性，指的是，就任务本身和最终成果而言，没有与这项任务完全相同的另一项任务，因此也只能对它进行单件处置(或生产)，不可能成批。只有认识项目的一次性，也才能有针对性地根据项目的特殊情况和要求进行管理。

二是项目目标的明确性。项目的目标有成果性目标和约束性目标。成果性目标指项目的功能性要求，如兴建一所学校可容纳的学生人数等；约束性目标是指限制条件，包括期限、费用及质量等。

三是项目的整体性。一个项目，既是一项任务整体，又是一项管理整体。是一个完整的管理系统，而不能割裂这个系统进行管理。必须按整体需要配置生产要素，以整体效益的提高为标准进行数量、质量和结构的总体优化。

只有同时具备上述三个特征的任务才称得上是项目。与此相对应，大批量的、重复进行的、目标不明确的、局部性的任务，不能称作项目。

2）项目的分类

项目的种类应当按其最终成果或专业特征为标志进行划分，包括：科学研究项目、开发项目、工程项目、航天项目、维修项目、咨询项目等。分类的目的是为了有针对性地进行管理，以提高完成任务的效果水平。对每类项目还可以进一步分类，工程项目是项目中数量最大的一类，既可以按专业分为建筑工程、公路工程、水电工程等类项目，又可以按管理者的差别划分为建设项目和施工项目等。凡最终成果是“工程”的项目，均可称为工程项目。建设部将工程项目按专业划分为33类，并与此相关把施工承包企业也划分为33类。

3）建设项目

一个建设项目就是一个固定资产投资项目。固定资产投资项目又包括基本建设项目(新建、扩建等扩大生产能力的项目)和技术改造项目(以改进技术、增加产品品种、提高质量、治理“三废”、劳动安全、节约资源为主要目的的项目)。建设项目的定义是：需要一定量的投资，按照一定程序，在一定时间内完成，应符合质量要求的，以形成固定资产为明确目标的一次性任务。建设项目有以下特征：

(1) 建设项目在一个总体设计或初步设计范围内，是由一个或若干个互相有内在联系的单项工程所组成的、建设中实行统一核算、统一管理的建设单位。

(2) 建设项目在一定的约束条件下，以形成固定资产为特定目标。约束条件一是时间约束，即一个建设项目有合理的建设工期目标；二是资源的约束，即一个建设项目有一定的投资总量目标；三是质量约束，即一个建设项目都有预期的生产能力、技术水平或使用效益目标。

(3) 建设项目需要遵循必要的建设程序和经过特定的建设过程。即一个建设项目从提出的设想、建议、方案拟订、评估、决策、勘察、设计、施工一直到竣工、投产(或投入使用)，有一个有序的全过程。

(4) 建设项目按照特定的任务，具有一次性特定的组织方式。表现为资金的一次性投入，建设地点的一次性固定，设计单一，施工单件。

(5) 建设项目具有投资限额标准。只有达到一定限额投资的才作为建设项目，不满限额标准的称为零星固定资产购置。随着改革开放和物价上涨，这一限额将逐步提高。

4）施工项目

施工项目是施工承包企业对一项和一群建筑产品的施工过程及最终成果。它是一个建设项目(或其中的一个单项工程或单位工程)的施工任务及成果。施工项目具有下述特征：

(1) 施工项目是建设项目或其中的单项工程或单位工程的施工任务。

(2) 施工项目是以施工承包企业为管理主体的。

(3) 施工项目的范围是由工程承包合同界定的。

从项目的特征来看，只有单位工程、单项工程和建设项目的施工任务，才称得是施工项目。单位工程是施工承包企业的最终产品。由于分部分项工程不是施工承包企业的最终产品，不能称作施工项目，而是施工项目的组成部分。

2.1.2 项目管理与工程项目管理

1）项目管理

项目管理是为使项目取得成功(实现所要求的质量、所规定的时限、所批准的费用预算)所进行的全过程、全方位的规划、组织、控制与协调。因此，项目管理的对象是项目。项目管理的职能同所有管理的职能均是相同的。需要特别指出的是，项目的一次性，要求项目管理的程序性、全面性和科学性，主要是用系统工程的观念、理论和方法进行管理。项目管理是知识、智力、技术密集型的管理。

2）工程项目管理

工程项目管理是项目管理的一大类，其管理对象是工程项目。既可能是建设项目管理，又可能是设计项目管理或施工项目管理。

工程项目管理的本质是工程建设者运用系统工程的观点、理论和方法，对工程的建设进行全过程和全方位的管理，实现生产要素在工程项目上的优化配置，为用户提供优质产品。它是一门综合学科，应用性很强，是很有发展潜力的新兴学科。

2.1.3 工程项目管理的分类

由于工程项目可分为建设项目、设计项目、工程咨询项目和施工项目，故工程项目管理亦可据此分类，分成为建设项目管理、设计项目管理、工程咨询项目管理和施工企业项目管理(简称施工项目管理，下同)，它们的管理者分别是业主单位、设计单位、咨询(监理)单位和施工单位。

1）建设项目管理

建设项目管理是站在投资主体的立场对项目建设进行的综合性管理工作。建设项目管理是通过一定的组织形式，采取各种措施、方法，对投资建设的一个项目的所有工作的系统运动过程进行计划、协调、监督、控制和总结评价，以达到保证建设项目质量、缩短工期、提高投资效益的目的。广义的建设项目管理包括投资决策的有关管理工作，狭义的建设项目管理只包括项目立项以后，对项目建设实施全过程的管理。

建设项目管理有以下职能：

(1) 决策职能。建设项目的建设过程是一个系统的决策过程，每一建设阶段的启动靠决策。前期决策对设计阶段、施工阶段及项目建成后的运行，均产生重要影响。

(2) 计划职能。这一职能可以把项目的全过程、全部目标和全部活动都纳入计划轨道，用动态的计划系统协调与控制整个项目，使建设活动协调有序地实现预期目标。正因为有了计划职能，各项工作都是可预见的，是可控制的。

(3) 组织职能。这一职能是通过建立以项目经理为中心的组织保证系统实现的。给这个系统确定职责，授予权利，实行合同制，健全规章制度，可以进行有效的运转，确保项目目标的实现。

(4) 协调职能。由于建设项目实施的各阶段、相关的层次、相关的部门之间，存在着大量的结合部。在结合部内存在着复杂的关系和矛盾，处理不好，便会形成协作配合的障碍，影响项目目标的实现。故应通过项目管理的协调职能进行沟通，排除障碍，确保系统的正常运转。

(5) 控制职能。建设项目的主要目标的实现，是以控制职能为保证手段的。这是因为，偏离预定目标的可能性是经常存在的，必须通过决策、计划、协调、信息反馈等手段，采用科学的管理方法，纠正偏差，确保目标的实现。目标有总体的，也有分目标和阶段目标，各项目标组成一个体系，因此，目标的控制也必须是系统的、连续的。建设项目管理的重要任务就是进行目标控制。主要目标是投资、进度和质量。

建设项目的管理者应当是建设活动参与各方组织，包括业主单位、设计单位和施工单位。一般由业主单位进行工程项目的总管理，即全过程的管理；该管理包括从编制项目建议书至项目竣工验收交付使用的全过程。由设计单位进行的建设项目管理一般限于设计阶段，称设计项目管理。由施工单位进行的项目管理一般为建设项目的施工阶段，称施工项目管理。由业主单位进行的建设项目管理如果委托给社会监理单位进行监督管理，则称为工程项目建设监理。所以，工程项目建设监理是建设监理单位受业主单位委托，按合同为业主单位进行的项目管理。一般由监理单位进行实施阶段的项目管理。

2) 设计项目管理

设计项目管理是由设计单位自身对参与的建设项目设计阶段的工作进行自我管理。设计单位通过设计项目管理，同样进行质量控制、进度控制、投资控制，对拟建工程的实施在技术上和经济上进行全面而详尽的安排，引进先进技术和科研成果，形成设计图纸和说明书提供实施，并在实施的过程中进行监督和验收。所以设计项目管理包括以下阶段：设计投标（或方案比选）、签订设计合同、设计条件准备、设计计划、设计实施阶段的目标控制、设计文件验收与归档、设计工作总结、建设实施中的设计控制与监督、竣工验收。由此可见，设计项目管理不仅仅局限于设计阶段，而是延伸到了施工阶段和竣工验收阶段。

3) 施工项目管理

施工项目管理有以下特征：

(1) 施工项目的管理主体是施工企业。建设单位和设计单位都不进行施工项目管理。一般地，施工企业也不委托咨询公司进行项目管理。由业主单位或监理单位进行的工程项目管理中涉及的施工阶段管理仍属建设项目管理，不能算作施工项目管理。

(2) 施工项目管理的对象是施工项目。施工项目管理的周期也就是施工项目的生命周期，包括工程投标、签订工程项目承包合同、施工准备、施工、交工验收及用后服务等。施工项目的特点给施工项目管理带来了特殊性。施工项目管理的主要特殊性是生产活动与市场交易活动同时进行；先有交易活动，后有“产成品”（竣工项目）；买卖双方都投入生产管理，生产活动和交易活动很难分开。所以施工项目管理是对特殊的商品、特殊的生产活动、在特殊的市场上，进行的特殊的交易活动的管理，其复杂性和艰难性都是其他生产管理所不能比拟的。

（3）施工项目管理要求强化组织协调工作。由于施工项目的生产活动的单件性，对产生的问题难以补救或虽可补救但后果严重；参与项目施工人员不断在流动，需要采取特殊的流水方式，组织工作量很大；施工在露天进行，工期长，需要的资金多；施工活动涉及复杂的经济关系、技术关系、法律关系、行政关系和人际关系等，故施工项目管理中的组织协调工作最为艰难、复杂、多变，必须通过强化组织协调的办法才能保证施工顺利进行。主要强化方法是优选项目经理，建立调度机构，配备称职的调度人员，努力使调度工作科学化、信息化，建立起动态的控制体系。

施工项目管理与建设项目管理在管理主体、管理任务、管理内容和管理范围方面都是不同的。第一，建设项目的管理主体是建设单位或受其委托的咨询(监理)单位；施工项目管理的主体是施工企业。第二，建设项目管理的任务是取得符合要求的，能发挥应有效益的固定资产和其他相关资产；施工项目管理的任务是把项目施工搞好并取得利润。第三，建设项目管理的内容是涉及投资周转和建设的全过程的管理；而施工项目管理的内容只涉及从投标开始到交工为止的全部生产组织管理及维修。第四，建设项目管理的范围是一个建设项目，是由可行性研究报告确定的所有工程；而施工项目管理的范围是由工程承包合同规定的承包范围，是建设项目或单项工程或单位工程的施工。

4）咨询(监理)项目及其管理

咨询项目是由咨询单位进行中介服务的工程项目。咨询单位是中介组织，它具有相应的专业服务知识与能力，可以受业主方或承包方的委托进行工程项目管理，也就是进行智力服务。通过咨询单位的智力服务，提高工程项目管理水平，并作为政府、市场和企业之间的联系纽带。在市场经济体制中，由咨询单位进行工程项目管理已经形成了一个国际惯例。

工程监理项目是由建设监理单位进行管理的项目。一般是监理单位受业主单位的委托签订监理委托合同，为业主单位进行建设项目管理。监理单位也是中介组织，是依法成立的专业化的、高智能型的组织，它具有服务性、科学性和公正性，按照有关监理法规进行项目管理。建设监理单位是一种特殊的工程咨询机构，它的工作本质就是咨询。建设监理单位受业主单位的委托，对设计和施工单位在承包活动中的行为和责权利，进行必要的协调与约束，对建设项目进行投资控制、进度控制、质量控制、合同管理、信息管理与组织协调。实行建设监理制度，是我国为了发展生产力、提高工程建设投资效果、建立市场经济、对外开放与加强国际合作、与国际惯例接轨的需要。1988 年开始试行，1996 年全面推行。它是我国建设体制进行的一次重大变革。在 1998 年 3 月 1 日开始实施的《中华人民共和国建筑法》中，第四章对“建筑工程监理”进行了原则规定，规定中说，“国家推行建筑工程监理制度”，“国务院可以规定实行强制监理的建筑工程的范围”。监理的依据是法律、行政法规、有关技术标准、设计文件和建筑工程承包合同。监理的内容是承包单位的施工质量、建设工期和建设资金的使用等方面。

2.2 工程项目管理的产生与发展

2.2.1 工程项目管理的产生

工程项目管理的产生有三个必要的条件：一是社会生产实践的需要；二是管理理论的不断发展及项目管理理论的研究和突破；三是现代管理技术的开发与运用。三个条件缺一不可。也正是因为具备了这三个条件，工程项目管理科学才得以诞生和发展。

有建设就有项目，有项目当然会有项目管理，故项目管理是古老的人类生产实践活动。然而项目管理成为一门学科却是20世纪60年代以后的事。当时，大型建设项目、复杂的科研项目、军事项目(尤其是北极星导弹研制项目)和航天项目(如阿波罗登月火箭等)大量出现，国际承包事业大发展，竞争非常激烈，使人们认识到，由于项目的一次性和约束条件的确定性，要取得成功，必须加强管理，引进科学的管理方法，于是项目管理科学作为一种客观需要被提出来了。

另外，从第二次世界大战以后，科学管理方法大量出现，逐渐形成了管理科学体系，并被广泛应用于生产和管理实践，如系统论、控制论、信息论、组织论、行为科学、价值工程、预测技术、决策技术、网络计划技术、数理统计等均已发展成熟并应用于生产管理实践后获得成功，产生巨大效益。网络计划在20世纪50年代末的产生、应用和迅速推广，在管理理论和方法上是一个突破，它特别适合于项目管理，并已有极为成功的应用范例，引起世界性的轰动。

由于项目管理实践的需要，人们便把成功的管理理论和方法引进到了项目管理之中，作为动力，使项目管理越来越具有科学性，终于使项目管理作为一门学科迅速发展起来了，跻身于管理科学的殿堂。项目管理学科是一门综合学科，应用性强，很有发展潜力。现在它与计算机结合，更使这门年轻学科出现了勃勃生机。各国科学家进行了大量研究和试验。20世纪70年代在美国出现了CM(Construction Management)项目管理模式，在国际上得到了广泛的承认，其特点是，业主委派项目经理并授予其领导权；项目经理有丰富的管理经验并能熟练地掌握和运用各种管理技术；承包商早期进入项目的准备工作，在设计阶段承包商就介入了；业主单位、设计单位、承包商有能力共同改善设计和施工，以降低成本；进行快速施工(Fast Track)以缩短工期。CM服务公司可以提供进度控制、预算、价值分析、质量和投资优化和估价，材料和劳动力估价、项目财务服务，决算跟踪等系列服务。在英国发展起来的工料估算师(QS)可以进行多种项目管理咨询服务，如投资匡算、投资规划、价值分析、合同管理咨询、索赔处理、编制招标文件、评标咨询、投资控制、竣工决算审核、付款审核等。随着投资方式的变化，项目管理方式也在发展变化。1980年代中期首先在土耳其产生的BOT投资方式，就是一种新的项目管理方式。

BOT是“Build-Operate-Transfer”的缩写，是建设、经营、转让的意思。建设项目由承包商和银行投资团体发起，并筹集资金、组织实施以及经营管理。这种方式的实质是将国家的基础设施私有化建设和经营。建设成功以后，项目由建设者经营，向用户收取费用，回收投资、还贷、盈利，达到特许权期限时，再把项目无偿转交给政府经营管理。

2.2.2 工程项目管理理论在我国的应用和发展

1）背景

我国进行工程项目管理的实践活动源远流长，至今有两千多年的历史。我国许多伟大的工程，如始建于战国时期的都江堰水利工程、宋朝丁渭修复皇宫工程、北京故宫工程等都是名垂史册的工程项目管理实践活动，其中许多工程运用了科学的思想和组织方法，反映了我国古代工程项目管理的水平和成就。

新中国成立以来，随着我国经济发展需求的日益增长，建设事业得到了迅猛发展，因此进行了数量更多、规模更大、成就更辉煌的工程项目管理实践活动。如第一个五年计划的156项重点工程项目管理实践；第二个五年计划十大国庆工程项目管理的实践；大庆建设的实践；还有南京长江大桥工程、长江葛洲坝水电站工程、宝钢工程等都进行了成功的项目管理实践活动，这说明我国的工程项目管理活动的能力、水平、速度和效率。

然而我国长期以来大规模的工程项目管理实践活动并没有系统地上升为工程项目管理理论和科学。相反，在计划经济管理体制影响下，许多做法违背了经济规律和科学道理，如违背项目建设程序，盲目抢工而忽视质量和节约，不按合同进行管理，施工协调的主观随意性等。所以，长时间以来，我国在工程项目管理科学理论上是一片盲区，更谈不上按工程项目管理模式组织建设了。

随着我国改革开放形势的发展和社会主义市场经济的逐步建立，工程建设中的许多弊端逐渐显露出来，并影响投资效益的发挥和建筑业的发展。我国传统的建筑管理体制有三大特征：

第一，在产品经济的思想和建筑业没有独立产品的思想指导下，否认建筑产品是商品，把建筑业看做基本建设的附属消费部门，因而建筑产品不是独立的产品而是“基本建设产品”的构成部分。

第二，建筑业的建筑施工企业缺乏独立的主体地位。建筑施工企业具有双重依附性：一是依附于行政管理部门；二是依附于基本建设部门，而基建部门并不是企业法人。

第三，建筑施工企业缺乏自主活动的客观环境。由于建筑施工企业的双重依附性，无法形成建筑市场，建筑施工企业的工程任务和生产要素都要由行政管理部门和基建单位分派，不按商业原则进行交易活动，故建筑施工企业的效益不取决于自身努力，而更多地取决于环境条件，企业既无自主经营的动力，也无自负盈亏的压力。

以上三个特征派生出下列问题：

第一，建筑施工企业无法根据施工项目的需要配置生产要素，因为施工所需要的资金、物资是随投资分配给建设单位的。

第二，建筑施工企业不能根据自身的经营需要选择施工项目，也不能根据施工项目的需要在部门、地区、企业间合理地调配生产要素，而是靠指令性计划。建筑施工企业所处的环境是非竞争性的、封闭性的，因此必然造成资源配置的盲目性和巨大浪费。

第三，建筑施工企业既没有独立的经济主体地位，当然也不会有独立的利润和经济效益目标。国家只偏重考核建筑施工企业完成的产值，使建筑施工企业只能盲目地追求产值，无能力按项目组织施工。

第四，以固定的建制完成变化的施工任务，无法根据施工项目对不同数量、质量、品种的资源需要进行配置，造成了生产要素的浪费或短缺，人事上矛盾重重，工作效率低下。

第五，由于没有形成建筑市场，建筑产品的价格与价值背离，造成核算不实，考核评价无据可依，平均主义分配，致使企业吃国家的大锅饭，工人吃企业的大锅饭。

第六，管理体制无法也不能适应项目建设自身的经济规律。它割裂了项目自身的规律性和系统性。项目的设计、施工、物资供应，分别受控于归属、立场、目标等各不相同、甚至相互矛盾的不同部门，而缺乏对项目全过程、全系统和全部目标进行高效管理、组织、协调和控制的管理保证体系。

第七，项目前期决策活动存在着主观盲目的倾向，盲目投资、乱上项目、决策失控。在实施过程中忽视经济效益，设计与施工脱节，行政命令代替科学管理，致使项目拖期、质量低劣、造价超支等。

因此，摆在建筑业面前的任务，一是进行管理体制改革；二是按科学的理论组织项目建设，且应当将两者结合起来，互为条件，走出误区。

2）引进和试验

在改革开放的大潮中，作为市场经济下适用的工程项目管理理论，根据我国建设领域改革的需要从国外传入我国，是十分自然而合乎情理的事。1984 年以前，工程项目管理理论首先从前西德和日本分别引进到我国，随后其他发达国家，特别是美国和世界银行的项目管理理论和实践经验随着文化交流和项目建设，陆续传入我国。结合建筑施工企业管理体制改革和招投标制的推行，在全国许多建筑施工企业和建设单位中开展了工程项目管理的试验。有关高等建筑院校也陆续开展了工程项目管理研究和教学活动。

以工程项目为对象的招标承包制从1984年开始推广并迅速普及，使建筑业管理体制产生明显的变化：一是建筑施工企业的任务揽取方式发生了变化，由过去按企业固有规模、专业类别和企业组织结构状况分配任务，转变为企业通过市场竞争揽取任务，并按工程项目的状况调整组织结构和管理方式，以适应工程项目管理的需要；二是建筑施工企业的责任关系发生了明显变化，过去企业注重与上级行政主管部门的竖向关系，转变为更加注重对建设单位(用户)的责任关系；三是建筑施工企业的经营环境发生了明显的变化，由过去封闭于本地区、本企业的闭塞环境，转变为跨地区、跨部门、远离基地和公司本部去揽取并完成施工任务。这三项变化表示，建筑市场已开始形成，工程项目管理模式的推行有了“土壤”(市场)。

3）项目法施工与工程项目管理

1987年，建设部提出了在全国推行的项目法施工的理论，并展开了广泛的实践活动。项目法施工的内涵包括两个方面的含义：一是转换建筑施工企业的经营机制；二是加强工程项目管理。这也是企业经营管理方式和生产管理方式的变革，目的是建立以工程项目管理为核心的企业经营管理体制。1994年9月中旬，建设部建筑业司召开了“工程项目管理工作会议”，明确提出，要把项目法施工包含的两方面内容的工作向前推进一步，强化工程项目管理，继续推行并不断扩大工程项目管理体制改革。要围绕建立现代企业制度，搞好“二制”建设：一是完善项目经理责任制，解决好项目经理与企业法人之间、项目层次与企业层次之间的关系；项目经理是企业法人代表的代表人，他们之间是委托与被委托的关系，企业层次要服务于项目层次，项目层次要服从于企业层次，企业层次对项目层次主要采取项目经理责任制。二是完善项目成本核算制，切实把企业的经营管理和经济核算工作的重心落到工程项目上。

4）进行持久的、大规模的项目经理培训

建设部1992年印发了《施工企业项目经理资质管理试行办法》，决定对项目经理进行培训，实行持证上岗制度。这是提高项目经理素质、加强工程项目管理、推动企业转换经营机制的大事。各地区、各部门按照建设部的统一要求，广泛开展了培训工作。项目经理通过参加培训，在理论水平和管理能力方面都有不同程度的提高。据对25个地区、17个部门的102个培训点的不完全统计，到1994年8月底，已培训项目经理80887人，其中72276人获得了《全国施工企业项目经理培训合格证》。我国将要实行的项目经理资质认证工作已在天津进行了试点，取得了一定经验。从1994年第四季度起，各地区、各部门按照建设部颁发的《建筑施工企业项目经理资质管理办法》开展项目经理资质认证工作。从1995年起实行项目经理持证上岗制度。1996年，建设部在总结经验的基础上，提出了“关于进一步推行建筑企业工程项目管理的指导意见”，使工程项目管理上了一个新的台阶。

在做好项目经理培训、资质管理工作的同时，还积极稳妥地建立我国注册建造师制度。注册建造师是一个执业资格，表示他具备了从事工程项目管理的资格。建造师可以是企业经理、项目经理，也可以是政府官员、专家教授。建造师不一定是项目经理，但项目经理必须是建造师。建设部已组织我国注册建造师协会筹备工作小组，分两个层次进行工作；高一层次的建造师是与国际惯例接轨的，可以和有关国家的建造师互认；低一层次的建造师就是现在量大面广的项目经理。项目经理必须按有关规定进行培训和考试，才能成为注册建造师。建设部计划用5~10年左右的时间建立我国的注册建造师制度，造就一批高素质、高水平的工程项目经理队伍，以适应社会主义市场经济的需要。

5）对工程项目管理地位和作用的深刻认识

经过十多年来的实践，我国对项目管理的地位和作用已经得到共识和升华。

（1）工程项目管理是国民经济基础管理的重要内容

新中国成立以来，我国工程建设取得了重大成就，这些成就是靠项目管理来完成的。项目管理的好坏直接影响到一个国家或地区的经济效益、社会效益和环境效益。

（2）工程项目管理是建筑业成为支柱产业的支柱

振兴建筑业，使之成为支柱产业，依靠“质量兴业”是一个十分重要的方面。而提高工程质量，关键靠加强管理，提高项目管理水平。建筑业能否成为支柱产业，必须有所为，有所为才能有地位。尤其是在市场条件下，建筑业必须为社会、为人民作出自己的贡献。若要多作贡献，没有科学有力的项目管理是难以办到的。

（3）工程项目管理是工程建设和建筑业改革的出发点、立足点和着眼点

建筑业已经进行和正在进行的各项改革，包括进行股份制投资、实现总承包方式、采用菲迪克（FIDIC国际咨询工程师联合会）合同条件、等同采用ISO　9000—94系列标准建立企业质量体系，安全方面执行国际劳工组织167号公约、推行工程建设监理、造价改革等，都要落实到项目上。如果一项改革不利于工程项目管理，不能提高工程项目的效益，那么这项改革是无效的。

（4）工程项目管理是建筑企业的能量和竞争实力的体现

建筑企业在市场经济条件下，要敢于承认自己是承包商，从作为“完成任务的工具”向承包商转变。没有竞争实力就不能在市场竞争中取胜。企业的能量和竞争实力要体现在企业的各个要素上，体现在各个要素的组合和运行上，最根本的是要体现在项目上。企业经营和项目管理两者之间

存在着紧密的关系，表现在五个方面：

第一，企业经营和项目管理存在着同一性。企业经营是目的，项目管理是手段，即两者的目标是同一的，都是以积累求得企业的发展。

第二，企业经营和项目管理都存在着市场性。它们都要面向市场，研究市场的特点。建筑市场是先有交易后有商品。一般商品在生产阶段买主并不参与管理，而建筑产品生产，甲乙双方都要投入生产阶段的管理，生产和交易是分不开的。建筑市场中，生产和交易并存；生产过程中既有生产行为，又有交易行为。建筑工程的社会性很强，除甲乙方关系之外，与社会的关系很多，涉及各行各业的发展和人民生命财产安全。

第三，企业经营和项目管理都有专业性，都需要一批专门化的人才。经营需要企业家，管理需要管理专家，要以人才求得事业发展。

第四，企业经营和项目管理都有自主性。企业要自主经营，项目要自主管理，要立足于找内因、练内功、挖内潜。自主性是企业练内功，求得竞争实力的前提，也是项目管理成功的前提。

第五，企业经营和项目管理存在着国际性。要将国际上建筑企业的经营管理方式和手段都为我所用。中国建筑业要走向世界建筑市场，外国的承包商将会更容易、更方便地进入中国；中国建筑施工企业也将更容易、更方便、更有组织地打到国外去。

（5）工程项目管理是一门科学，它将随着社会的进步而进步，随着经济的发展而发展

工程项目管理学科是管理科学的一个分支，是管理科学在当代的发展。项目管理是古老的，但它作为一门学科，还是年轻的。这个学科是综合性的学科，即具有多学科性。学科的理论既有社会科学，又有自然科学。就自然科学来说，又囊括了许多方面。其应用性特别强，模式多样，正在不断发展中。

加强项目管理理论的研究、国际交往和交流，是建筑业扩大开放的需要。要研究建立现代企业制度与项目管理的关系，研究 BOT 方式下的项目管理方式，研究如何进行两层分离以有利于项目管理，进行现代企业制度下生产方式的变革，研究市场条件下的项目管理，研究技术进步与项目管理，还有项目管理规范化、项目经理职业化、项目管理手段现代化问题。

（6）加强工程项目管理是各级建设主管部门和建筑市场各主体单位当前共同面临的突出的紧迫任务

目前，我国工程项目管理存在着传统的习惯。项目管理学科理论上存在着很大的局限性，特别是部门所有制的局限性和经营实力的局限性。项目管理理论现状还存在着不规范性，即随意性、不科学。还有“淡化问题”、“无序管理”、“低效管理”、“以包代管”、“以奖代管”等问题。要解决这些问题，必须强化项目管理。

要进行项目管理职业化建设，包括发展项目管理中介组织，进行职业

人才的培训和管理。要进行职业化建设方面的法律和法规建设。要纠正市场经济中的误区，对薄弱环节加强管理。各级建设主管部门应有责任感、紧迫感、危机感，提高管理效率，把各项改革工作落实下去。要下决心搞好项目管理，振兴企业和建筑业。另外，作为中介组织的社会监理单位，实际上是为业主进行建设项目管理。该组织作为智能型的组织，在建设过程中对建设项目进行目标控制、合同管理、信息管理和组织协调，都需要应用科学的管理理论和管理方法。它们既是项目管理的一个方面军，又是促进项目管理科学发展的一支生力军。

2.2.3 我国应用工程项目管理的特点

我国从引入项目管理理论、开始项目管理实践活动至今，仅有十几年的历史。然而在这十几年中，发展是非常快的，取得的成就也是非常大的。这就证明了，项目管理是适应我国国情的，是可以应用成功并得到发展的。项目管理在我国推广有以下特点：

(1) 项目管理引进的时候，正是改革开放已经起步，开始向纵深发展的时候。改革的内容是多方面的，集中体现在1984年全国人民代表大会的政府工作报告中，其中包括建筑施工企业的体制改革、基本建设投资包干、成立综合开发公司、供料体制的改革、招标投标的开展等。这些改革均与建设项目、施工项目有关，都是项目管理学科引进到我国开始就遇到的新问题。探求项目管理与改革相结合解决改革问题，在改革中发展我国的项目管理科学，这就是当时的现实。

(2) 由于我国实行开放政策，国外投资者在我国进行项目管理，他们带来了项目管理经验，又给我们作出了项目管理的典范，使我们自己的队伍也走出国门，迈进世界建筑市场，进行综合输出，在国外进行项目管理实践，在国外进行项目管理的学习。

(3) 我国推行项目管理，是在政府的领导和推动下进行的，有规划、有步骤、有法规、有制度、有号召地推进。这与国外进行项目管理的自发性和民间性是有原则区别的。所以我们用十几年走出了国外用了三十多年走过的路程。

(4) 项目管理学术活动非常活跃。我国在1992年就成立了项目管理研究组织，大学里开设了项目管理课程，国内的、国际性的项目管理学术交流活动十分频繁，一批很有价值的项目管理研究成果开花结果。

(5) 迅速产生了一大批项目管理典范。除鲁布格工程经验外，还有北京的中国国际贸易中心工程、京津塘高速公路工程、葛洲坝水利工程、引滦入津工程等。这些经验大部分都已推广。

(6) 自1988年以来，项目管理的两个分支——建设监理、施工项目管理同时试点，因此在每个项目中，只要两者同时进行，则形成互相促进的局面，即使项目成功，又推进项目管理学科发展。

(7) 我国的工程项目管理特别注意不断总结经验，以典型经验推动全面发展。

(8) 我国的工程项目管理大力推进计算机化。随着信息化大潮的到来和我国向市场经济的迅速推进，计算机在管理中的应用迅速普及，集约化的精细管理已成为每个企业追求的目标。所以用计算机进行工程项目全过程管理的研究和实践进展非常之快，它将使工程项目管理水平跃上新的技术和科学的平台。

第3章 工程网络计划技术基础

本章重点：本章将系统地向大家介绍工程网络计划技术的基础知识，并详细向大家介绍作为网络计划技术中核心与基础性的技术——关键线路法(CPM)。请大家认真掌握网络计划技术的基本原理，以及各类网络图的具体绘制规则，对于网络时间参数的具体计算读者只需简单了解。

3.1 网络计划技术概述

网络计划技术是1950年代后期发展起来的一种科学的计划管理方法，是项目的时间进度管理中采用的最主要的项目管理技术，同时在项目资源与成本的优化方面也有广泛的应用。1956年美国杜邦公司首次将该技术应用于化工厂建设的设备的维护工作中，使维修时间由125小时锐减为74小时，1958年美国人在北极星导弹设计中应用网络计划技术，竟把设计完成时间缩短了两年。由于网络计划技术注重统筹兼顾，成效显著，美国政府规定在国家投资的项目中必须使用该项目管理技术，日本政府规定在大型施工项目中必须应用网络计划技术，世界银行和亚洲银行的贷款项目也规定必须使用计算机辅助项目管理技术。1965年，华罗庚教授把这项技术介绍到国内并亲自推广，现已广泛应用于航空、国防、建筑、金融、体育等行业，它不仅适用于大公司，而且也适用于各种中小型企业。目前，我国网络计划技术在建筑行业应用十分广泛，也积累了丰富的经验。

3.1.1 网络计划技术的基本概念

网络计划技术的基本原理是：首先应用网络图形来表示一项计划(或工程)中各项工作的开展顺序及其相互之间的关系；通过对网络图进行时间参数的计算，找出计划中的关键工作和关键线路；通过不断改进网络计划，寻求最优方案，以求在计划直线过程中对计划进行有效的控制与监督，保证合理地使用人力、物力和财力，以最小的消耗取得最大的经济效果。这种方法得到世界各国的公认，广泛应用在工业、农业、国防和科研计划与管理中。在工程领域，网络计划技术的应用尤为广泛，称为“工程网络计划技术”。

网络计划技术的基本模型是网络图。所谓网络图，是指“由箭线和节点组成的，用来表示工作流程的有向、有序网状图形”。所谓网络计划，是“用网络图表达任务构成、工作顺序，并加注工作时间参数的进度计划”。

3.1.2 网络计划技术的发展状况

当前，网络计划技术已被许多国家认为是当今最为行之有效的、先进的、科学的管理方法。国外多年实践证明，应用网络计划技术组织与管理生产一般能够缩短 20% 左右的时间、降低 10% 左右的成本。美国土木工程协会认为，CPM/PERT 是目前仅有的计划管理新方法；日本建设省确认网络计划技术具有使用价值；前苏联的相关著作认为，网络计划方法在改善建筑业的管理方法，提高建筑经济效益等方面已经占据了应有的地位，并得到公认。美国、日本、德国和前苏联等国都编制了“网络计划技术标准或规程”。图 3-1-1 反映了国内外网络计划技术的发展概况。

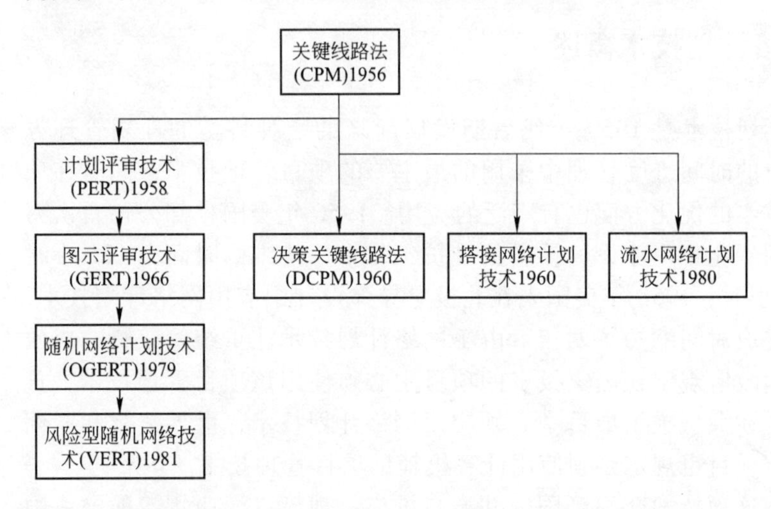

图 3-1-1　国内外网络计划技术发展概况

我国从 20 世纪 60 年代中期，在已故著名数学家华罗庚教授的倡导下，开始在国民经济各部门试点应用网络计划方法，结合当时的国情，根据“统筹兼顾、全面安排”指导思想，将这种方法命名为“统筹法”。1980 年成立了全国性的统筹法研究会，1982 年在中国建筑学会的支持下，成立了建筑统筹管理研究会。目前网络计划技术与工程管理已经密不可分，网络计划技术的应用价值已远远超过了它诞生时对其价值的认识，而网络计划技术价值的提高，则必须依赖计算机在其全过程中的应用。

为进一步推动网络计划技术的研究，我国于 1991 年发布了行业标准《工程网络计划技术》，1992 年发布了《网络计划技术》三个国家标准（术语、画法和应用程序），将网络计划技术的研究和应用提升到新水平。新颁发的《工程网络计划技术规程》（JGJ/T 121—99）于 2000 年代替了原 JGJ/T 1001—91，已于 2000 年 2 月 1 日起施行，其进一步推进了工程网络计划技术的发展和应用水平的提高。

3.1.3 网络计划技术的主要特点

网络计划技术作为一种计划的编制与表达方法与传统的横道计划具有相同的功能，但由于表达的方式不同，它们所发挥的作用也就各具特点。

横道计划以横向线条结合时间坐标来表示工程各工作的施工起止时间和先后顺序，整个计划由一系列的横道组成。而网络计划则是以加注作业持续时间的箭线（双代号表示法）和节点组成的网状图形来表示工程施工的进度计划。

横道计划的优点是较易编制、简单、明了、直观、易懂。各项工作的施工起止时间、作业持续时间、工作进度、总工期以及流水作业情况等表示得清楚明确，一目了然。缺点是不能全面地反映各工作相互之间的关系和影响，不便进行时间参数的计算，不能客观地突出工作的重点（影响工期的关键工作），也不能从图中看出计划的潜力所在，对改进和加强施工管理工作十分不利。

网络计划技术很好地弥补了横道计划的缺点，其将施工过程中的各有关工作组成一个有机的整体，因而能全面而明确地反映出各工作之间的相互制约和相互依赖的关系。它能在工作繁多、错综复杂的计划中找出影响工程进度的关键工作，便于管理人员集中精力解决主要矛盾，确保按期竣工。通过利用网络计划中反映出来的各工作的机动时间时差，可以更好地运用和调配人力与设备，节约人力、物力，达到降低成本的目的。在计划的执行过程中，当某一工作因故提前或拖后时，能从计划中预见到它对其他工作及总工期的影响程度，便于及早采取措施以充分利用有利的条件或有效地消除不利的因素。此外，它还可以利用现代化的计算工具——计算机对复杂的计划进行绘图、计算、检查、调整与优化。

网络计划技术的最大特点就在于它能够提供施工管理所需的多种信息，有利于加强工程管理。所以，网络计划技术已不仅仅是一种编制计划的方法，而且还是一种科学的工程管理方法。它有助于管理人员合理地组织生产，使他们做到心中有数，知道管理的重点应放在何处，怎样缩短工期，在哪里挖掘潜力，如何降低成本。因此在工程管理中提高应用网络计划技术的水平，必能进一步提高工程管理的水平。

3.2 双代号网络计划

3.2.1 双代号网络图构成与基本符号

目前，在我国的工程管理中，应用的最为普遍的便是双代号网络图。这种网络图中，每一项工作都用一根箭线与两个节点来表示，每个节点都编以号码，箭线前后两节点的号码即该箭线所表示的工作，如图 3-2-1 所示：

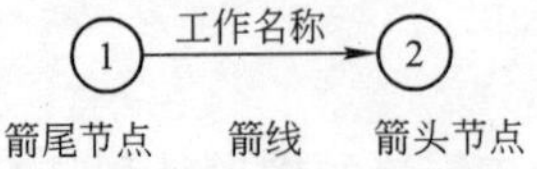

图 3-2-1 用节点和箭线表示工作

1）箭线

在双代号网络图中，一条箭线与其两端的节点表示一项工作。箭线所指的方向表示工作进行的方向，箭线箭尾表示该工作的开始，箭头表示该工作的结束，一条箭线表示工作的全部内容。工作名称应注在箭线水平部分的上方，工作的持续时间则注在下方。当两项工作前后顺序进行是，代表两项工作的箭线也前后连续画下去。当两项工作平行进行时，其箭线也应平行绘制。就某工作而言，紧靠其前面的工作称为紧前工作，紧靠其后面的工作称为紧后工作，与其平行的工作称为平行工作。

2）节点

节点在双代号网络图中表示一项工作的开始与结束，用圆圈表示，箭线尾部的节点称为箭尾节点或开始节点，箭线头部的节点称为箭头节点或结束节点。节点只是一个"瞬间"，其既不消耗资源也不消耗时间。同时在网络图中，第一个节点称为开始节点，它意味着一项工程或任务的开始；最后一个节点称为终点节点，它意味着一项工程或任务的完成，网络图中的其他节点成为中间节点。

3）节点编号

为了网络图便于检查和计算，所有节点均应统一编号，一条箭线前后两个节点的号码就是该箭线所表示的工作代号。因此，一项工作用两个号码来表示。同时箭尾节点的号码一般应小于箭头节点的号码。

3.2.2 双代号网络图绘制的基本规则

绘制双代号网络图一般必须遵循以下一些基本规则：

(1) 双代号网络图必须正确表达已定的逻辑关系

常规的网络计划技术（关键线路法 CMP、计划评审法 PERT）只能处理逻辑关系确定的网络计划，因此在绘制网络图时，应明确工作之间的衔接关系，根据工作的先后顺序逐步把代表各项工作的箭线连接起来，绘制成网络图。

(2) 双代号网络图中，禁止出现循环网络

在网络图中如果从某一节点出发顺着某一线路又回到原出发点，这种线路称为循环回路，它表示的逻辑关系是错误的，在工艺顺序上相互矛盾，因此在绘制网络图时应严格禁止。

(3) 双代号网络图中，在节点之间严禁出现带双箭头或无箭头的连线。

(4) 在双代号网络图中，严禁出现没有箭头节点或箭尾节点的箭线。没有箭头节点的箭线，不能表示它所代表的工作在何处完成；没有箭尾节点的箭线，不能表示它所表示的工作在何时开始。

(5) 当双代号网络图的某些节点有多条内向箭线或多条外向箭线时，在不违反"一项工作应只有惟一的一条箭线和相应的一对节点编号"规定的前提下，可使用母线法绘图。在网络图中，对于一个节点来讲，可能有许多箭

线通向该节点(即该节点是这些箭线的结束节点)，这些箭线称为“内向箭线”；同样也可能有许多箭线由同一节点发出(即该节点是这些箭线的开始节点)，这些箭线就称为“外向箭线”。图 3-2-2 是母线法的表示方法：

(6) 绘制网络图时，箭线不宜交叉，当交叉不可避免时，可用过桥法或指向法。过桥法如图 3-2-3 所示：

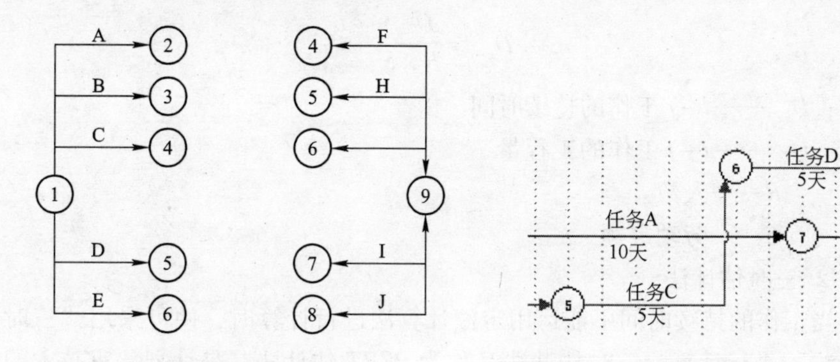

图 3-2-2　母线的表示方法　　图 3-2-3　过桥法示意图

双代号网络图中应只有一个起点节点；在不分期完成任务的网络图中，应只有一个终点节点；而其他所有节点均应是中间节点。

3.2.3　双代号网络图的编号规则

按照各项工作的逻辑顺序将网络图绘制后，便可对网络图进行编号。编号的目的是赋予每项工作一个代号，并对网络图进行时间参数的计算。

1）网络图的节点编号遵循以下规则：

(1) 一条箭线(工作)的箭头节点的编号一般应大于箭尾节点的编号。

(2) 在一个网络计划中，所有的节点不能出现重复的编号。

2）网络图节点编号的方法

(1) 水平编号法

水平编号法就是从起点节点开始由上到下逐行编号，每行则自左到右按顺序编排。

(2) 垂直编号法

垂直编号法就是从节点开始自左到右逐列编号，每列则根据编号规则的要求或自上而下，或自下而上，或先上下后中间，或先中间后上下。

3.2.4　双代号网络计划时间参数的计算

双代号网络计划中网络时间参数的计算有两种方法，一种是采用工作计算法，另一种是采用节点计算法。注意在网络时间参数的计算工程中虚工作应按实工作方式进行计算，虚工作的持续时间为零。

1）按工作计算法计算时间参数

(1) 工作持续时间计算

工作持续时间的计算方法主要有以下一些方法：一种是采用定额计算

法，另一种是采用“三时估计法”。

① 定额计算法

定额计算的方法是基于对该工作的工作量已经进行了合理的估算，并且从事该项工作的相关人员也已经确定，在此基础上套用相关的劳动力定额或产量定额，得到工作的持续时间。具体计算公式如下：

$$D_{i-j}=\frac{Q_{i-j}}{R\times S}$$

式中：D_{i-j}——$i-j$ 工作的持续时间

Q_{i-j}——$i-j$ 工作的工程量

R——人数

S——劳动定额

② 三时估计法

当工作的持续时间不能运用定额计算法进行计算时，便可采用“三时估计法”进行计算，三时估计法又称为 PERT 估计法，是计划评审技术的核心。三时指的是工作的乐观(最短)持续时间估计值、工作的悲观(最长)时间估计值、工作的最可能持续时间估计值。在三时估计法中要求对工作的乐观、悲观、最可能持续时间进行合理估计，然后依据下述公式求出工作的持续时间：

$$D_{i-j}=\frac{a+4c+b}{6}$$

式中：D_{i-j}——$i-j$ 工作的持续时间

a——工作的乐观(最短)持续时间估计值

b——工作的悲观(最长)持续时间估计值

c——工作的最可能持续时间估计值

(2) 工作最早时间的计算

① 工作最早开始时间的计算

工作的最早开始时间指各紧前工作(紧排在本工作之前的工作)全部完成后，本工作有可能开始的最早开始时刻。工作 $i-j$ 的最早开始时间 ES_{i-j} 的计算规则如下：

A. 工作 $i-j$ 的最早开始时间 ES_{i-j} 应从网络计划的起始节点开始，顺着箭线的方向依次逐项计算，即正推法计算最早时间参数。

B. 以起始节点 i 为箭尾节点的工作 $i-j$，当未规定其最早开始时间 ES_{i-j} 时，其值应等于零。

C. 当工作 $i-j$ 只有一项紧前工作 $h-i$ 时，其最早时间参数 ES_{i-j} 应为：

$$ES_{i-j}=ES_{h-i}+D_{h-i}$$

式中：ES_{h-i}——工作 $i-j$ 的紧前工作 $h-i$ 的最早开始时间。

D_{h-i}——工作 $i-j$ 的紧前工作 $h-i$ 的持续工作时间。

D. 当工作 $i-j$ 有多个紧前工作时，其最早开始时间 ES_{i-j} 应为：

$$ES_{i-j}=\max(ES_{h-i}+D_{h-i})$$

② 工作最早完成时间的计算

工作的最早完成时间是指各紧前任务完成后，本工作有可能完成的最早时刻。工作 $i-j$ 的最早完成时间 EF_{i-j} 按下式计算：

$$EF_{i-j}=ES_{i-j}+D_{i-j}$$

即工作的最早完成时间等于工作的最早开始时间加上工作的持续时间。

(3) 网络计划的计算工期 Tc、要求工期 Tr 和计划工期 Tp

网络计划中计算工期 Tc 是指根据网络时间参数计算所得到的工期，可按下式进行计算：

$$Tc=\max(EF_{i-n})$$

式中：EF_{i-n}——以终点节点$(j=n)$为箭头节点的工作 $i-n$ 的最早完成时间。

网络的计划工期 Tp，指按要求工期和计算工期确定的作为实施目标的工期。其计算应按下述规定：

a. 当已规定了要求工期 Tr

$$Tp\leqslant Tr$$

b. 当未规定要求工期时

$$Tp=Tc$$

网络计划的计算工期求得后，应于该工程实际要求的工期进行比较，当要求工期 Tr 不小于计算工期 Tc 时，表示该网络计划是可行的，工期能够满足实际要求。当要求工期 Tr 大于计算工期 Tc 时，表示该网络计划必须对工期进行优化，才能满足实际的工期要求。具体的优化方法可参见本章的下一节的具体介绍。

(4) 工作最迟时间的计算

① 工作最迟完成时间的计算

工作的最迟完成时间指在不影响整个任务按期完成的前提下，工作必须完成的最迟时刻。工作 $i-j$ 的最迟完成时间 LF_{i-j} 的计算规则如下：

A. 工作 $i-j$ 的最迟完成时间 LF_{i-j} 应从网络计划的终点节点开始，逆着箭线方向依次逐项计算，即逆推法计算工作的最迟时间。

B. 以终点节点$(j=n)$为箭头节点的工作的最迟完成时间 LF_{i-n}，应按网络计划的计划工期 Tp 确定(一般情况下 $Tp=Tc$)，即：

$$LF_{i-n}=Tp$$

C. 其他工作 $i-j$ 的最迟完成时间 LF_{i-j}，按下式计算：

$$LF_{i-j}=\min(LF_{j-k}-D_{j-k})$$

式中：LF_{j-k}——工作 $i-j$ 的各项紧后工作 $j-k$(紧排在本工作之后的工作)的最迟完成时间。

D_{j-k}——工作 $i-j$ 的各项紧后工作 $j-k$ 的持续时间。

② 工作最迟开始时间的计算

工作最迟完成时间是指在不影响整个任务按期完成的前提下，工作必须开始的最迟时刻。工作 $i-j$ 的最迟开始时间应按下式计算：

$$LS_{i-j}=LF_{i-j}-D_{i-j}$$

即工作最迟开始时间等于该工作的最迟完成时间减去该工作的持续时间。

(5) 工作总时差的计算

工作总时差是指在不影响总工期的前提下，本工作可以利用的机动时间，工作 $i-j$ 的总时差 TF_{i-j}按下式计算：

$$TF_{i-j}=LS_{i-j}-ES_{i-j}=LF_{i-j}-EF_{i-j}$$

即工作的总时差等于该工作的最迟开始时间与最早开始时间之差或最迟完成时间与最早完成时间之差。

(6) 工作自由时差

工作自由时差是指在不影响其紧后工作最早开始时间的前提下，本工作可以利用的机动时间，工作 $i-j$ 的自由时差 FF_{i-j}可通过如下方式进行计算：

① 当工作 $i-j$ 有紧后工作 $j-k$ 时，其自由时差应为：

$$FF_{i-j}=ES_{j-k}-ES_{i-j}-D_{i-j}$$

或

$$FF_{i-j}=ES_{j-k}-EF_{i-j}$$

注意：当任务有多个紧后工作时，每一个紧后工作与该工作相应时间参数之差的值均相等。

② 对于终点节点$(j=n)$为箭头节点的工作，其自由时差 FF_{i-j}；应按网络计划的计划工期 Tp 确定，即：

$$FF_{i-j}=Tp-ES_{i-n}-D_{i-n}=Tp-EF_{i-n}$$

2）按节点计算法计算网络时间参数

(1) 节点最早时间计算

节点的最早时间是指双代号网络计划中，该节点为开始节点的各项工作的最早开始时间。节点 i 的最早时间 ET_i 应从网络计划的起始节点开始，顺着箭线方向，依次逐项计算，并按以下规则计算：

① 如未规定最早时间 ET_i 时，起始节点 i 的 ET_i 值应等于零。

② 当节点 j 只有一条内向箭线时，其最早时间 $ET_j=ET_i+D_{i-j}$

③ 当节点 j 有多条内向箭线时，其最早时间 ET_j 应为：

$$ET_j=\max(ET_i+D_{i-j})$$

式中：ET_i——工作 $i-j$ 对应的箭尾节点的最早时间参数。

(2) 网络计划计算工期

网络计划的计算工期按下式计算：

$$Tc=ET_{\mathrm{n}}$$

式中：ET_{n}——终点节点 n 的最早时间。

网络计划的计算工期确定后还应与该实际工程的要求工期进行比较，具体的方法与按工作计算法完全相同。

（3）节点最迟时间的计算

节点最迟时间指双代号网络计划中，以该节点为完成节点的各项工作的最迟完成时间。其计算应符合下述规定：

① 节点 i 的最迟时间 LT_i 应从网络计划的终点节点开始，逆着箭线方向依次逐项计算，当部分工作分期完成时，有关节点的最迟时间必须从分期完成节点开始逆向逐项计算。

② 终点节点 n 的最迟时间 LT_n 应按网络计划的计算工期 Tc 确定，即：

$$LT_n = Tc$$

③ 其他节点 i 的最迟时间 LT_i 应为：

$$LT_i = \min(LT_j - D_{i-j})$$

式中：LT_j——工作 $i-j$ 的箭头节点 j 的最迟时间。

（4）工作时间参数的计算

① 工作最早开始时间的计算

工作 $i-j$ 的最早开始时间 ES_{i-j} 按下式计算：

$$ES_{i-j} = ET_i$$

② 工作最早完成时间的计算

工作 $i-j$ 的最早完成时间的 EF_{i-j} 按下式计算：

$$EF_{i-j} = ET_i + D_{i-j}$$

③ 工作的最迟完成时间的计算

工作 $i-j$ 的最迟完成时间 $LF_{i-j} = LT_j$

④ 工作最迟开始时间的计算

工作 $i-j$ 的最迟开始时间 LS_{i-j} 按下式计算

$$LS_{i-j} = LT_j - D_{i-j}$$

⑤ 工作总时差的计算

工作 $i-j$ 的总时差 TF_i 按下式计算

$$TF_i = LT_j - ET_i - D_{i-j}$$

⑥ 工作自由时差的计算

工作 $i-j$ 的自由时差 FF_{i-j} 按下式计算：

$$FF_{i-j} = ET_j - ET_i - D_{i-j}$$

3.2.5 双代号网络计划关键工作与关键线路的确定

1）关键工作的确定

关键工作是指网络计划中总时差最小的工作。当项目的计划工期等于计算工期时，此最小值为零；当计划工期大于计算工期时，此最小值为正；当计划工期小于计算工期时，此最小值为负。

2）关键线路的确定

关键线路是指自始至终全部由关键工作组成的线路，或线路上总的工作持续时间最长的线路。同时关键线路上各工作任务的持续时间之和便等于项目的计算工期。

3.3 单代号网络计划

3.3.1 单代号网络图的构成

单代号网络图以节点及其编号表示工作，以箭线表示工作之间的逻辑关系。

1）节点及其编号

在单代号网络图中，节点及其编号表示一项工作。该节点可用圆形框或矩形框表示。具体如图 3-3-1 所示：

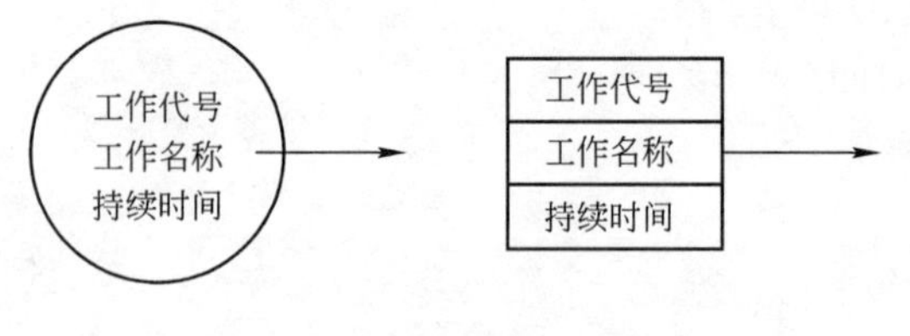

图 3-3-1 单代号网络图中节点的表示方法

节点必须编号，此编号即该工作的代号，节点编号标注在节点内。可连续编号，亦可间断编号，但严禁重复编号。一项工作必须有惟一的一个节点和惟一的一个编号。

2）箭线

单代号网络图中的箭线表示紧邻工作之间的逻辑关系箭线，应画成水平直线、折线或斜线，箭线水平投影的方向应自左向右，表示工作进行的方向。同时，在单代号网络图中由于箭线用来表示任务的工作顺序即逻辑关系，故不存在虚箭线。

3.3.2 单代号网络图的绘制规则

单代号网络图的绘制规则与双代号网络图的绘制规则基本类似，具体的规则如下：

(1) 单代号网络图必须正确表述已定的逻辑关系

同双代号网络图一样，常规的网络计划技术(关键线路法 CMP、计划评审法 PERT)只能处理逻辑关系确定的网络计划，因此在绘制网络图时，应明确工作之间的衔接关系，根据工作的先后顺序逐步把代表各项工作的箭线连接起来，绘制成网络图。

(2) 单代号网络图中严禁出现循环回路。

(3) 单代号网络图中，严禁出现双向箭头或无箭头的连线。

(4) 单代号网络图中，严禁出现没有箭尾节点的箭线或没有箭头节点的箭线。由于箭线是与来表示逻辑关系或工作顺序的，因此无箭头节点的箭线和无箭尾节点的箭线都是没有意义的。

(5) 绘制网络图时，箭线不宜交叉，当交叉不可避免时，可采用过桥法或指向法绘制。

单代号网络图中应只有一个起始节点和终止节点；当网络图中有多项起始节点和多项终点节点时，应在网络图的两端分别设置一项虚工作，作为该网络图的起始节点和终止节点。

3.3.3 单代号网络计划时间参数的计算

1）单代号网络计划工作最早时间的计算

单代号网络图中工作最早时间的计算应符合以下规定：

（1）工作 i 的最早开始时间 ES_i 应从网络计划的起点节点开始，顺着箭线方向依次逐项计算。即正推法计算最早时间。

$A.$ 起始节点 i 的最早开始时间 ES_i 如无规定时，其值应等于零。

$B.$ 其他工作的最早开始时间应为：

$$ES_i = \max(ES_h + D_h)$$

式中：ES_h——工作 i 的紧前工作 h 的最早开始时间；

D_h——工作 i 的紧前工作 h 的持续时间。

$C.$ 各项工作的最早完成时间的计算公式：

$$EF_i = ES_i + D_i$$

2）网络计划计算工期

单代号网络计划计算工期的规定与双代号网络计划相同，应用下式计算：

$$Tc = EF_n$$

式中：EF_n——单代号网络计划中终点节点的最早完成时间。

3）相邻两项工作时间间隔的计算

相邻两项工作之间存在着时间间隔，i 工作与 j 工作的时间间隔记为 $LAG_{i,j}$。时间间隔指相邻两项工作之间，后项工作的最早开始时间与前项工作的最早完成时间之差，其计算公式为：

$$LAG_{i,j} = ES_j - EF_i$$

4）工作总时差计算

工作总时差计算应符合下列规定：

（1）工作 i 的总时差 TF_i 应从网络计划的终点节点开始，逆着箭线方向依次逐项计算。当部分工作分期完成时，有关工作的总时差必须从完成节点开始逆向逐项计算。

（2）终点节点所代表的工作 n 的总时差 TF_n 值应为：

$$TF_n = Tp - EF_n$$

（3）其他工作的总时差 TF_i，按下式计算：

$$TF_i = \min(TF_j + LAG_{i,j})$$

5）工作自由时差计算

工作 i 的自由时差 FF_i 的计算应符合下列规定：

（1）终点节点所代表的工作 N 的自由时差 FF_n 按下式计算：

$$FF_n = Tp - EF_n$$

（2）其他工作 i 的自由时差 FF_i 按下式计算：

$$FF_i = \min(LAG_{i,j})$$

6）工作最迟完成时间的计算

工作最迟完成时间的计算应符合下列规定：

（1）工作 i 的最迟完成时间 LF_i 应从网络计划的终点节点开始，逆着箭线方向依次逐项计算。当部分工作分期完成时，有关工作的最迟完成时间应从分期完成的节点开始，逆向逐项计算。

（2）终点节点所代表的工作 n 的最迟完成时间 LF_n 应按网络计划的计划工期 Tp 确定（常规情况下 $Tp = Tc$）即：

$$LF_i = Tp$$

（3）其他工作 i 的最迟完成时间 LF_i 按下式计算：

$$LF_i = \min(LS_j)$$

或

$$LF_i = EF_i + TF_i$$

7）工作最迟开始时间的计算

工作最迟开始时间的计算按下式计算：

$$LS_i = LF_i - D_i$$

3.3.4 单代号网络计划关键工作及关键路径的确定

1）关键工作的确定

单代号网络计划关键工作的确定方法与双代号的相同，即总时差最小的工作为关键工作。

2）关键线路的确定

单代号网络计划关键路径的确定与双代号计划基本相同，从开始节点开始到终点节点均为关键工作，且所有工作的时间间隔均为零的线路称为关键线路，在关键线路上工作持续时间之和等于项目的计算工期。

3.4 双代号时标网络计划

3.4.1 双代号时标网络计划的基本概念与特点

双代号时标网络图是以时间坐标为尺度编制的双代号网络计划。

在双代号时标网络图中，时标的时间单位可依据实际情况合理确定，可以是小时、天、周、旬、月或季度等。时间可标注在时标计划表的顶部，也可标注在底部，必要时还可以在顶部或底部同时标注。

双代号时标网络图中的工作以实箭线表示，自由时差以波形线表示，虚工作以虚箭线表示，同时实箭线在时标表上的水平投影长度必须与该任务的持续时间成比例。

双代号时标网络图与无时标的网络图比较，具有以下特点：

（1）主要时间参数一目了然，具有横道图的优点，故方便使用。（网络时间参数的计算参见本章的下一节：关键线路法介绍）

（2）由于箭线的长短受时标的制约，故绘制比较麻烦，修改网络计划的工作持续时间时必须重新绘制。

（3）绘图时可以不进行某些时间参数的计算。只有在图上没有直接表示出来的时间参数，如：总时差、最迟开始时间和最迟完成时间，才需要进行计算，故使用时标网络图可大大减少计算量。

由于双代号时标网络图兼具横道图的特点，易于工程人员阅读，在国内应用十分广泛，尤其是使用“实际进度前锋线”等进度追踪工具进行项目的进度管理时，则必须要使用时标网络图。双代号时标网络图的图形样式如图 3-4-1 所示：

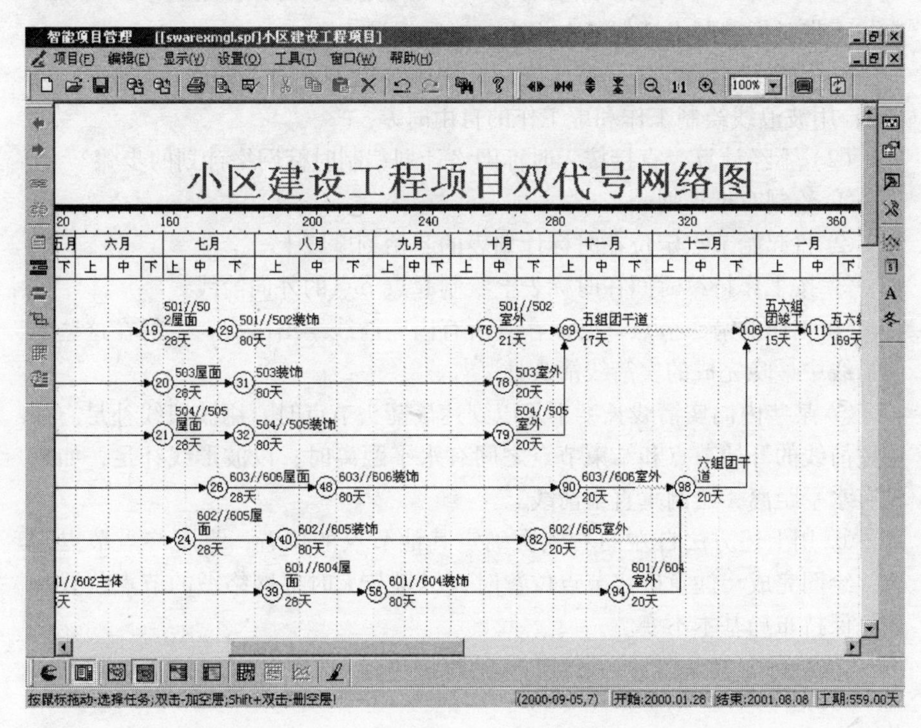

图 3-4-1 双代号时标网络图

该时标网络图中，便是将常规的双代号网络图绘制在特定的时间坐标内，主标尺的时间刻度为月，而次标尺的时间刻度则为旬。

3.4.2 双代号时标网络图的绘制方法

1）绘图的基本要求

(1) 时间长度是以符号(箭线、波浪线等)在时标表上的水平位置及其水平投影长度表示的，与其所代表的时间值相对应。因此，箭线在时标表上的水平投影长度(而非箭线长度)应与工作的持续时间成比例。

(2) 节点的中心必须对准时标的刻度线。

(3) 虚工作必须以垂直虚箭线表示，有时差时加波形线表示。

(4) 双代号时标网络计划可用工作最早时间或工作最迟时间编制。实际应用中多采用最早时间编制，采用最迟时间编制者较少。

(5) 双代号时标网络计划编制前，必须先绘制无时标的网络计划。

2）绘制步骤

绘制双代号时标网络图可采用两种不同的方法进行绘制，一种是先计算无时标网络计划的时间参数，再按该计划在时标表上进行绘制。另一种是不计算时间参数，直接根据无时标网络计划在时标表上进行绘制。

(1)“先算后绘法”的绘图步骤

① 绘制时标计划表。

② 计算每项工作的最早开始时间和最早完成时间。

③ 将每项工作的尾节点按最早开始时间定位于时标计划表中，其布局应与不带时标的网络计划基本相当，然后编号。

④ 用实线绘制出工作持续时间，用虚线绘制无时差的虚工作(垂直方向)，用波浪线绘制工作和虚工作的自由时差。

(2) 不经计算，直接按无时标网络计划编制时标网络计划的步骤

① 绘制时标计划表。

② 将起始节点定位在时标计划表的起始刻度线上。

③ 按工作持续时间在时标表上绘制起点节点的外向箭线。

④ 工作的箭头节点，必须在其所有内向箭线绘出以后，定位在这些内向箭线中最晚完成的实箭线箭头处。

⑤ 某些内向实箭线长度不足以到达该箭头节点时，用波浪线补足。如果虚箭线的开始节点和结束节点之间有水平距离时，以波形线补足，如果没有水平距离，绘制垂直虚箭线。

⑥ 用上述方法自左向右依次确定其他节点的位置，直至终点节点定位，绘图完成。注意确定节点位置时，尽量与无时标网络图的节点位置相当，保持布局基本不变。

⑦ 给每个节点编号，编号与无时标网络计划相同。

3.5 单代号搭接网络图概述

在前述的基本网络计划技术中，工作之间的逻辑关系只有一种，即紧前工作完成之后紧后工作才能开始，紧前工作的完成为紧后工作的开始创造条件。但是在许多实际情况下，任务之间的关系不仅仅是完成—开始关系，可能有其他的逻辑关系。为了解决该类问题，搭接网络计划技术应运而生，在搭接网络计划技术中，任务和任务的逻辑关系可以有多种，如：表示前一工作开始后后续工作才能开始的“开始—开始”*SS* 关系；表示前一工作开始后后续工作才能完成的“开始—完成”*SF* 关系；表示前一工作完成后后续工作才能完成的“完成—完成”*FF* 关系；表示前一工作完成后后续工作才能开始的“完成—开始”*FS* 关系，甚至任务和任务之间还可能存在复合的逻辑关系，如某工作与另一工作之间可能存在两种以上的逻辑关系，如“开始—开始”关系与“完成—完成”关系构成的复合关系。

在搭接网络计划技术中，除了支持多种逻辑关系外，还可解决任务之间的延迟问题，在常规的网络计划中，紧前工作与紧后工作间是不存在时

间延迟的，即紧前工作完成后立即进行紧后任务，任务的完成与开始间的时间间隔为零。但在实际中，可能出现某一任务完成以后需要等待一段时间后，后续任务才能开始，因此任务的完成与开始间的时间间隔不为零，该时间间隔在搭接网络计划技术中称为时距。由于任务的逻辑关系基本由四种逻辑关系构成(复合逻辑关系认为是由基本逻辑关系组合而成)，因此搭接网络计划中的时距也可以有四种类型，即“完成—开始”时距、“完成—完成”时距、“开始—开始”时距、“开始—完成”时距。同时时距的数值可为正也可为负，当时距为零时，只有一种“完成—开始”逻辑关系的搭接网络计划便转化为基本的网络计划，因此基本网络计划是搭接网络计划的一种特例。

搭接网络计划一般只用单代号网络图表示，因此支持搭接网络计划技术的单代号网络图称为单代号搭接网络图，其绘制的基本规则与一般的单代号网络图完全相同，只是箭线可表示多种逻辑关系，并在箭线上方标注该逻辑关系的类型以及相关的时距值。单代号搭接网络图如图 3-5-1 所示：

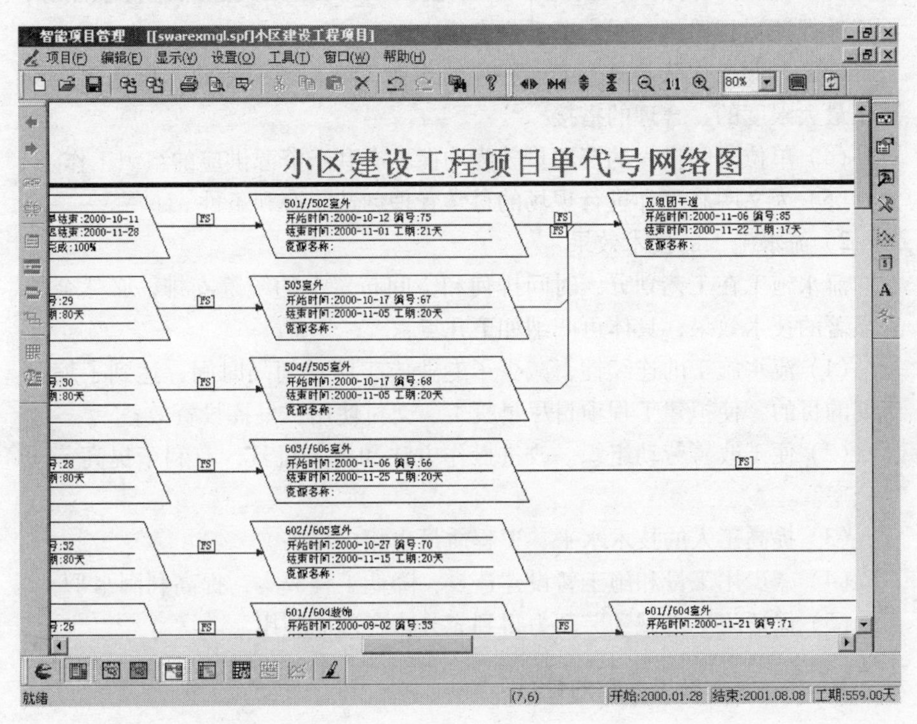

图 3-5-1 单代号搭接网络图

3.6 流水网络计划

3.6.1 流水施工的含义与效果

1）流水施工的含义

流水施工组织方式是将拟建工程项目的整个建造过程分解成若干个施

工过程，即划分成若干个工作性质相同的分布、分项工程或工序；同时在拟建工程项目的水平方向上划分为若干个劳动量大致相等的施工段；在竖向上划分为若干个施工层，按照施工过程分别建立相应的专业工作队；各专业工作队按照一定的施工顺序投入施工，完成第一个施工段上的施工任务后，在专业工作队的人数、使用的机具和材料不变的情况下，依次地、连续地投入到第二、第三……直到最后一个施工段的施工，在规定的时间内完成同样的施工任务；不同的专业工作队在工作时间上最大限度地、合理地搭接起来；当第一施工层各个施工段上的相应施工任务全部完成后，专业工作队依次地、连续地投入到第二、第三……施工层，保证拟建工程项目的施工过程在时间上、空间上，有节奏、连续、均衡地进行下去，直到完成全部施工任务。

流水施工组织方式具有以下特点：

（1）科学地利用了工作面，争取了时间，工期比较合理。

（2）工作队及其工人实现了专业化施工，可使工人的操作技术熟练，更好地保证工程质量，提高劳动生产率。

（3）专业工作队及其个人能够连续作业，使相邻的专业工作队之间实现了最大限度的、合理的搭接。

（4）单位时间投入的资源量较为均衡，有利于资源供应的组织工作。

（5）为文明施工和进行现场的科学管理创造了有利条件。

2）流水施工的技术效果

流水施工在工艺划分、时间排列和空间布置上的统筹安排，必然会带来显著的技术效果，具体可归纳如下几点：

（1）流水施工的连续性，减少了专业施工队的间隔时间，达到了缩短工期的目的，使拟建工程项目尽早竣工、交付使用，发挥投资效益。

（2）便于改善劳动组织。改进操作方法和施工机具，有利于提高劳动生产率。

（3）提高工人的技术水平，工程质量也相应提高。

（4）减少用工量和施工暂设建造量，降低工程成本，提高利润水平。

（5）保证施工机械和劳动力得到充分、合理的利用。

3.6.2 流水施工参数的计算

将流水施工理论与网络计划技术有机地结合便形成了流水网络计划技术。与常规的网络计划技术不同，在流水网络中作业与作业间存在着两种约束，一种是工艺约束，另一种是组织约束，两者缺一不可。工艺约束也即逻辑约束，在流水网络中以作业与作业间的逻辑关系反映；组织约束在流水网络中以“流水步距”（或“连续滞量”）这一时间参数反映。在项目管理软件中作业间的逻辑关系即工艺约束可由用户确定，而“流水步距”这一流水参数则必须通过网络时间参数计算确定，因此软件的核心问题是依据用户确定的施工过程数(n)、施工段数(m)、流水节拍(t)等参数计算流水步距，并依据流水步距合理布图，生成相应的横道图与网络图。

施工过程数或专业工作对数(n)：例如模板、钢筋、混凝土三个施工过程，同样也需三个专业工作队。

施工段数(m)：工程项目在平面上分为若干劳动量大致相等的部分。如模板1、模板2、模板3。

施工层数：工程项目在垂直方向上分为若干劳动量大致相等的部分。如“一层模板1”。

垂直分层、平面分段。

流水节拍(t_i)：每个专业队在各个施工段上完成任务所需要的时间。

连续滞量(δ)：因要求专业队连续施工而使之推迟进入流水作业的时间量。

请注意流水的目的是：各专业队按施工顺序，依次在逐个流水段上进行连续的施工作业。

流水步距(K_j)：是指相邻两个专业工作队相继投入施工的最小时间间隔。实际上连续滞量是流水布局的一部分。

按流水的节奏特征分为等节奏流水、异节奏流水和无节奏流水三种类型：

(1) 等节奏流水：在流水组中，所有的施工过程在各个施工段上的流水节拍都彼此相等。

(2) 异节奏流水：在流水组中，每一个施工过程在各个施工段上的流水节拍相等，但不同施工过程之间的流水节拍不一定相等。

(3) 无节奏流水：在流水组中，每一个施工过程在各个施工段上的流水节拍不完全相等，而且不同施工过程之间的流水节拍也不一定相等。

在实际施工中等节奏流水、异节奏流水由于作业量分配均衡，更易于满足专业化施工需求，因此应用最为广泛。同时此两类型流水的规律较为明显，时间参数计算较为简便，易于程序实现。

3.7 网络计划优化技术

3.7.1 网络计划优化技术概述

网络计划技术应用于计划编制，无疑比横道计划方法有明显的优越性，它提高了计划的条理性与科学性，为计算机信息技术在项目计划管理中的应用开辟了广阔的前景。然而将这一先进技术只局限于计划编制是远远不够的，一方面是因为网络计划技术在计划的贯彻、执行、检查与调整过程中应用更为有效，是计划动态管理的强有力的手段；另一方面更是因为计划的编制理应包含计划的优化，而在网络优化过程中网络计划技术起了关键性的作用，并已形成了完整的网络优化技术的理论体系。

事实上，未经优化的网络计划只是根据各项工作既定施工方案及预估的持续时间正确反映逻辑关系的一个初始方案。但究竟怎样调整网络计划才能使工作负荷和资源消耗连续、均衡而达到高效和低耗？如果改变预估的工作持续时间而使工期适当延长或缩短些，是否可能使工程成本更低、效益更好？网络计划初始方案如何调整才能最合理地满足工期要求？这些问题，都需要利用网络优化来解决。按照优化目标的不同，可将网络优化分为工期优化、工期成本优化和资源优化三类，具体而言就是：

（1）工期优化，就是当网络计划的计算工期不能满足要求工期时，通过不断压缩关键线路上的关键工作的持续时间，达到缩短工期、满足工期要求的目的。

（2）工期成本优化，就是逐次选取增加直接费用最小的工作来压缩其持续时间，使工期缩短的代价最小，同时再考虑缩短工期所带来的间接费节约或工程提前投产收益，根据所消耗的费用与所获得的收益相抵后的净效果来确定成本最低的最佳工期或指定工期的最低成本。

（3）资源优化，一般分为两类，一类是工程在单位时间内所能得到的资源(材料、机械、劳动力、资金等)数量受到限制而网络计划原始方案中同时进行的工作所需的资源总量超过了限量时，研究如何推迟某些工作以不超过限量而使工期不拖延或拖延最小，这就是资源有限—工期最优问题。另一类是研究在原始方案的工期不变的条件下，如何调整工作安排以使资源消耗更为连续均衡，这就是工期固定—资源均衡问题。

3.7.2 网络工期优化的方法介绍

网络计划编制后，最经常遇到的问题便是计算工期大于上级规定的要求工期，因此需要改变计划的施工方案或组织方案。但当这些措施采用后，工期仍然不能满足要求时，惟一的方法便是增加劳动力或机械设备，缩短工作的持续时间，但具体缩短哪一个或一些工作的持续时间才能缩短工期呢？工期优化的方法能帮助计划编制者有目的的压缩那些能缩短工期的工作的持续时间。根据前述的网络计划技术的知识我们知道，影响项目工期的工作是经过网络时间参数计算后确定的关键工作，因此工期优化的核心便是优化(缩短)关键工作的持续时间。由于在项目中非关键工作的持续时间对于项目的总工期没有直接影响，因此优化(缩短)非关键工作的持续时间将得不到工期优化的效果。缩短关键工作持续时间的方法，主要有以下三种方法：

1）顺序法

顺序法是按关键工作开工时间来确定的，先干的关键工作先进行压缩。

2）加权平均法

加权平均法是按关键工作持续时间长度的百分比进行压缩，即持续时间长的工作压缩的时间也长。

3）选择法

由于以上两种方法没有考虑需要压缩的关键工作所需的资源是否保证及相应的费用增加幅度。因此实际中较少采用，“选择法”更接近实际需要，因此重点介绍这种方法。“选择法”工期优化，主要按以下因素选择应缩短持续时间的关键工作：

(1) 缩短持续时间对质量影响不大的工作；

(2) 缩短有充足备用资源的工作；

(3) 缩短减少持续时间所需增加的费用最小的工作。

在进行工期优化的计算时，应按以下步骤进行：

(1) 计算并找出网络计划的计算工期、关键线路及关键工作；

(2) 按要求工期计算应缩短的持续时间；

(3) 确定各关键工作能缩短的持续时间；

(4) 按上述因素选择关键工作压缩其持续时间，并重新计算网络计划的计算工期；

(5) 当计算工期仍然超过要求工期时，则重复以上步骤，直到计算工期满足要求工期为止；

(6) 当所有关键工作的持续时间都达到其能够缩短的极限而工期仍不能满足要求时，应对原组织方案进行调整或对工期重新审定。

3.7.3 网络资源优化方法介绍

网络计划的资源优化方法主要有两种，一种为工期固定、资源均衡的优化方法；一种为资源有限、工期最优的优化方法。现分别进行介绍：

1）工期固定-资源均衡

工期固定-资源均衡的优化是调整计划安排，在工期保持不变的条件下，使资源需用量尽可能均衡的过程。

资源均衡可以大大减少手工现场各种临时设施（如仓库、堆场、加工厂、临时供水供电设施等生产设施和个人临时住房、办公房屋、食堂、浴室等生活设施）的规模，从而可以节省施工费用。

(1) 衡量资源均衡的指标

衡量资源均衡的指标一般有三种：

① 不均衡系数 K：

$$K = R_{max} / R_m$$

式中　R_{max}——为最大的资源需用量，R_m 为资源需用量的平均值。

资源需用量不均衡系数愈小，资源需用量均衡性愈好。

② 极差值 $\triangle R$：

$$\triangle R = \max[\,|R_t - R_m|\,]$$

式中　R_t 是资源需用量。

资源需用量级差值愈小，资源需用量均衡性愈好。

③ 均方差值 σ^2：

$$\sigma^2 = \frac{1}{T}\sum_{t=1}^{T} R_t^2 - R_m^2$$

(2) 进行优化调整

① 调整顺序。调整宜自网络计划终点节点开始，从右向左逐次进行。按工作的完成节点的编号值从大到小的顺序进行调整，同一个完成节点的工作则先调整开始时间较迟的工作。

在所有工作都按上述顺序自右向左进行了一次调整之后，再按上述顺序自右向左进行多次调整，直至所有工作既不能向右移也不能向左移为止。

② 工作可移性的判断。由于要工期固定，故关键工作不能移动，非关键工作是否可移，主要是看是否削低了高峰值，填高了低谷值。

一般可用下面的方法判断：

A. 工作若向右移动一天，则在右移后该工作完成那一天的资源需用量宜等于或小于右移前工作开始那一天的资源需用量，否则在削了高峰值的高峰后，又填出了新的高峰值。

工作若向左移动一天，则在左移后该工作开始那一天的资源需用量宜等于或小于左移前工作完成那一天的资源需用量，否则亦会产生削峰后又填谷成峰的效果。

B. 若工作右移或左移一天不能满足上述要求，则要看右移或左移数天后能否减少均方差值。

2) 资源限定-工期最优

资源限定—工期最优的优化是调整计划安排，以满足资源限制条件，并使工期拖延最少的过程。

资源限定-工期最优的优化宜在时标网络计划上进行，步骤如下：

(1) 从网络计划开始的第1天起，从左至右计算资源需要量 Rt，并检查其是否超过资源限量 R_a：

① 如检查至网络计划最后1天都是 $R_t \leq R_a$，则该网络计划就符合优化要求；

② 如发现 $R_t > R_a$，就停止检查而进行调整。

(2) 调整网络计划。将 $R_t > R_a$ 处的工作进行调整。调整的方法是将该处的一个工作移在该处的另一个工作之后，以减少该处的资源需要量。如该处右两个工作 *A*、*B*，则右 *A* 移 *B* 后和 *B* 移 *A* 后两个调整方案。

(3) 计算调整后的工期增量。调整后的工期增量等于前面工作的最早完成时间减移在后面工作的最早开始时间再减移在后面的工作的总时差。如 *B* 移 *A* 后，则其工期增量 $\triangle T_{A,B}$ 为：

$$\triangle T_{A,B} = EF_A - ES_B - TF_B$$

(4) 重复以上步骤，直至出现优化方案为止。

3.7.4 工期成本优化

网络计划的工期成本优化是指求出工程总成本最低时的工期。由于工程成本由直接费和间接费构成，直接费是由材料费、人工费及机械费等构成；间接费包括施工组织管理的全部费用。直接费按工程中的每项工作进行计算，工程的工期越短，工作的直接费就越增加。间接费则按整个工程进行计算，工程的工期越长，间接费也就越多。由于间接费随工期增长而增加，直接费随工期缩短而增加，包含着两者的总费用必然有一个最低点，这就是费用优化所寻求的目标。

工期成本优化的基本方法是：将正常工程逐次缩短至不能再缩短为止。算出每次缩短工期后的工程直接费、间接费和总费用，其中费用最低的工期就是费用优化所要求出的工期。

缩短工期是通过缩短关键工作的持续时间来实现的。当只有一条关键线路时，应优先缩短直接费率(平均每缩短一天需增加的直接费称为直接费率)最小的工作；当有多条关键线路时，应同时缩短每条关键线路的持续时间，通过缩短“共用关键工作”的费率(当各条关键线路共有一个工作时，此关键工作称为共用关键工作)或组合费率(各条关键线路同时被缩短的工作的费率之和称为组合费率)最小的一个或多个工作实现。

由于工程成本优化涉及大量复杂的数学计算，在此我们只是对其基本的原理与方法进行介绍，读者有兴趣可以进一步查阅相关的专业书籍。

3.8 网络计划控制

3.8.1 网络计划检查

1) 网络计划检查记录

网络计划的控制指网络计划执行的记录、检查、分析与调整。它贯串于网络计划执行的全过程。

实际进度前锋线简称前锋线，是我国首创的用于时标网络计划的控制工具，是在网络计划执行中的某一时刻正在进行的各工作的实际进度前锋的连线，在时标图上标画前锋线的关键是标定工作的实际进度前锋线位置。其标定方法有两种：

(1) 按已完成的工程实物量比例来标定。时标图上箭线的长度与相应工作的持续时间对应，也与其工程实物量成正比。检查计划时某工作的工程实物量完成了几分之几，其前锋线就从表示该工作的箭线起点自左至右标在箭线长度几分之几的位置。

(2) 按尚需时间来标定。有些工作的持续时间是难以按工程实物量来计算的，只能根据经验用其他办法估算出来。要标定检查计划时的实际进度前锋线位置，可采用原来的估算办法，估计出从该时刻起到该工作完成尚需要的时间，从表示该工作的箭线末端反过来自右至左标出前锋位置。

2）网络计划检查时间

网络计划的检查时间可随机而定。强调进行定期检查。定期检查根据计划的作业性、控制性程度不同，可按一日、双日、五日、周、旬、半月、一月、季度、半年等为周期。定期检查有利于检查的组织工作，使检查有计划性，还可使网络计划检查为例行性工作。“应急检查”是当计划执行突然出现意外情况时而进行的检查，或上级派人检查（或进行特别检查）。应急检查以后可采取“应急措施”，目的是保证资源供应、排除障碍等，保证或加快原计划进度。

3）网络计划检查的内容

（1）关键工作的进度。检查的目的是采取措施保证或调整计划工期。

（2）检查非关键工作的进度及尚可利用的时差。此项检查的目的是为了更好地发掘潜力，调整或优化资源，并保证关键工作按计划实施。

（3）检查实际进度对各项工作之间逻辑关系的影响。此项检查的目的是为了观察工艺关系或组织关系的执行情况，以进行适时的调整。

3.8.2 网络计划分析

1）分析目前进度

以表示检查计划时刻的日期线为基准线，前锋线可以看成描述实际进度的波形图。前锋处于波峰的线路相对相邻线路超前，处于波谷的线路相对相邻线路落后；前锋在基准线前面的线路比原计划超前，在基准线后面的线路比原计划落后；画出了前锋线，整个工程在该时刻的实际进度便一目了然。

2）预测未来进度

将现时刻的前锋线与前一次检查时的前锋线进行对比分析，可以在一定范围内对工程未来的进度和变化趋势作出预测。

3）对网络计划跟踪调整

在控制进度的时候，一般应尽量地使各条线路平衡发展，前锋线上的正波峰应予放慢，负波谷必须加快，负波峰和正波谷则要视时间情况进行处理。有的线路虽然在目前暂时落后，但在其前方有时差可以利用，落后的天数未超过将可利用的时差，或者它的进展速度较快，可以预见在不久的将来会赶上来，不致影响其他线路的进展，对它就可以不予处理。如果落后的是关键线路，或者虽然不是关键线路，但已落后得太多，超过了前方可以利用的时差，或者进展速度很慢，可以预见在未来将会落后很多，将妨碍关键线路的进展（那时它将成为新的关键线路），我们就必须采取措施使之加快。

有些领先的非关键线路，也可能受到其他线路的制约，在中途不得不临时停工，这样也会造成窝工浪费。通过进度预测，我们可以及早预见到这种情况，采取预防措施，避免临时窝工。

4）储存管理信息

由于前锋线对实际进度做了形象的记录，工程施工完毕，画出各个时刻的实际进度前锋网络计划就是一份宝贵的原始资料，可以对整个工程的进度管理工作作出评价，也可以反过来检查原计划和使用定额的正确性，为以后的计划管理提供依据。

3.8.3 网络计划调整

1）网络计划调整的内容

网络计划调整的内容包括：关键线路长度的调整；非关键线路时差的调整；增减工作项目；调整逻辑关系；重新估计某些工作的持续时间；调整资源投入。

2）关键线路长度的调整方法

（1）当关键线路的实际进度比计划进度提前时，首先要确定是否对原计划工期予以缩短。如果不拟缩短，则可利用这个机会降低资源强度或费用，方法是选择后续关键工作中资源占用量大的或者直接费用高的予以适当延长，延长的时间不应超过已完成的关键工作提前的时间量；如果要使提前完成的关键线路的效果变成整个计划工期的提前完成，则应将计划的未完成部分作为一个新计划，重新进行计算与调整，按新的计划执行，并保证新的关键工作按新计算的时间完成。

（2）当关键工作的实际进度比计划进度落后时，计划调整的任务是采取措施把落后的时间抢回来，于是应在未完成的关键线路中选择资源强度小的予以缩短，重新计算未完成部分的时间参数，按新参数执行，这样有利于减少赶工费用。

3）非关键线路工作时差的调整

（1）时差调整的目的是充分利用资源，降低成本、满足施工需要；

（2）时差调整不得超出总时差值；

（3）每次调整均需要进行时间参数计算，从而观察每次调整对计划全局的影响；

（4）调整的办法有三种：在总时差范围内移动任务、延长非关键工作的持续时间及缩短工作持续时间。三种方法的前提均是降低资源强度。

4）增减工作项目

（1）增减工作项目均不应打乱原网络计划总的逻辑关系，以便使原计划得以实施。因此，由于增减工作项目，只能改变局部的逻辑关系，则局部改变不影响总的逻辑关系。增加工作项目，只是对原遗漏或不具体的逻辑关系进行补充，减少工作项目，只是对提前完成了的工作项目或者原不应设置的工作项目与以消除。只有这样才是真正的调整 ，而不是重编计划。

（2）增减工作项目后，应重新计算时间参数，以分析此调整是否对原网络计划工期有影响，如有影响，应采取措施使之保持不变。

5）对网络计划逻辑关系的调整

逻辑关系改变的原因是施工方法或组织方法改变。但一般来说，只能调整组织关系，而工艺关系不宜进行调整，以免打乱原计划。调整逻辑关系是以不影响原定计划工期和其他工作的顺序为前提的。调整的结果绝对不应形成对原计划的否定。

6）对工作持续时间的调整

对网络计划中持续时间调整的原因是原计算有误或者实现条件不充分。调整的方法是重新估算。

第二部分　投标工具箱软件应用

第 4 章　工程招、投标和评标概述

本章重点：本章主要介绍国内工程招投标、评标概况，工程实际中投标施工方案的特点、内容以及编制要点和方法。

4.1　国内工程招、投标和评标概述

改革开放以来，作为国民经济的四大支柱产业之一的建筑业迅速发展。《中华人民共和国招标投标法》于2000年1月1日起在全国范围内正式实施，招投标工作在法制轨道下走向规范有序。《建设工程工程量清单计价规范 GB 50500—2003》于2003年7月1日起正式实施，为建设工程各方面带来了深远的影响。

目前，全国各地的整个交易过程大多还是通过纸质介质来传递交换各种交易的数据，但是随着信息技术的发展，很多省市已经开始通过信息技术来提高建设工程招投标交易的工作效率和服务质量，个别省市初步进行了计算机电子评标的试点工作，并取得了一定的成效。随着人们观念的更新和信息技术的发展，特别是互联网技术的普及，使“信息存于指尖”成为现实，招投标以及评标工作的电子化已经成为社会发展的必然趋势。图4-1-1为一个典型计算机电子评标网络拓扑图。

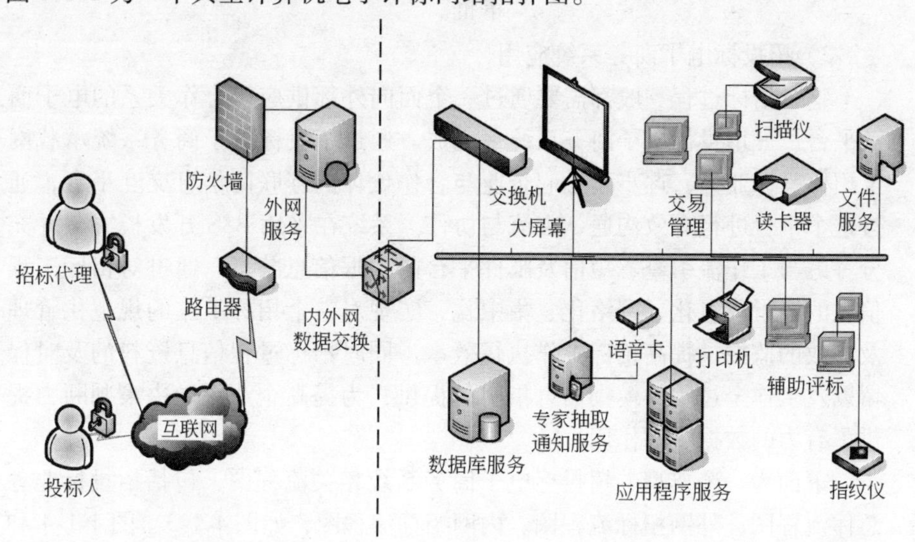

图 4-1-1　计算机电子评标网络拓扑图

4.1.1 工程招标概况

1）建设工程交易流程

建设工程交易的流程一般为：建设方制作招标书→承包方根据招标书要求制作投标书→建设方与投标方在交易市场进行评标→确定出最终的中标方。如图 4-1-2 所示。

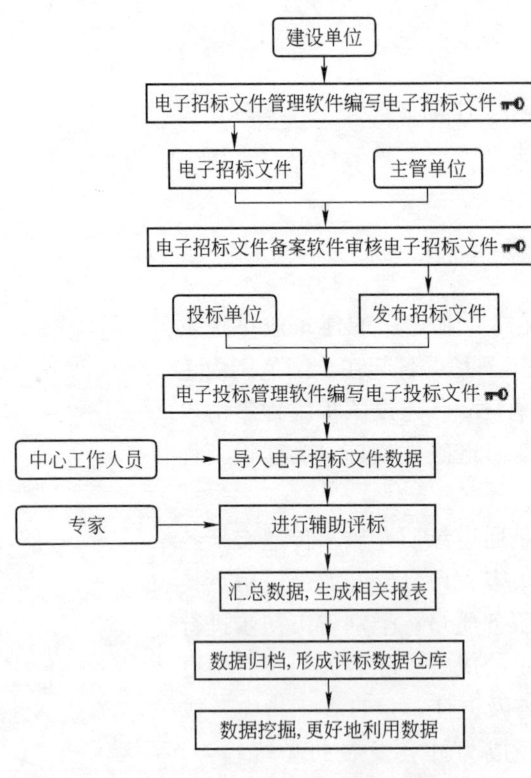

图 4-1-2　计算机电子评标系统总体运行流程图

2）工程招标基本流程

一般工程招标基本流程分为如下步骤：

(1) 招标立项：根据招标分判和招标计划对招标进行立项，安排招标时间，分配相关责任人员。公开招标立项成功后，外网会自动发布公告。

(2) 入围邀请：查看外网投标报名情况，选择推荐入围单位，编制考察报告。

(3) 标书编制：选择标书模板，编制技术要求及招标文件的模块。

(4) 发标：查看标书入围准备情况，组织标书发放。

(5) 答疑澄清：查看外网提出的疑问，并据此进行回复的页面。

(6) 截标开标：查看外网投标报价情况，在指定时间后进行截标。

(7) 评标定标：上传评标报告，发起审批。

3）招投标电子商务系统应用

整个招标过程一般都需要通过一个面向外部供应商合作关系的电子商务平台——招投标电子商务系统来完成。通过招投标电子商务系统承载网上招标投标业务，逐步建立起企业与合作伙伴的互联网信息交互平台，通过这个平台进行有效沟通、交流与协作。系统在采用 B/S 开发模式，并充分考虑与工作流引擎、短信及邮件平台的数据信息共享。通过对招标工程信息的电子信息化、网络化、集中化，实现对整个招标工作的规范化管理及有效的监控，提高招标工作执行效率。同时招标过程信息资料的及时保留以及工作全过程的模糊信息指引的提供，为提高企业领导决策判断力提供了有力的数据支撑作用。

下面为一个典型的招投标电子商务系统相关流程图，包括招投标业务总体流程图、外网招标流程图、内网招标流程图，如图 4-1-3、图 4-1-4 和图 4-1-5 所示：

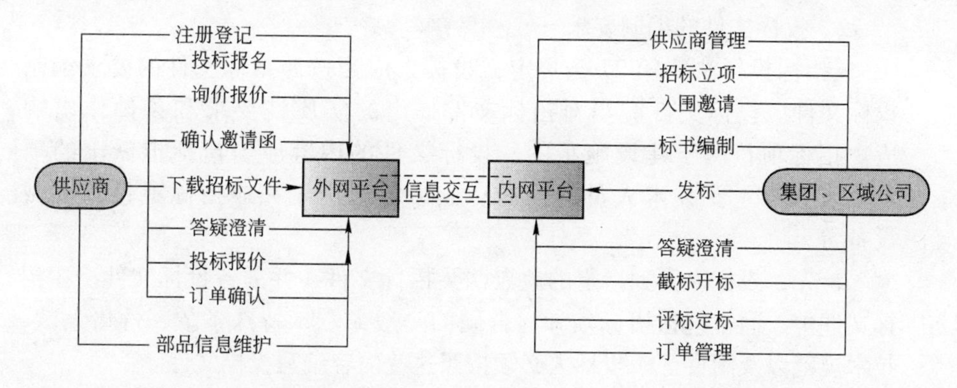

图4-1-3　招投标业务总体流程图

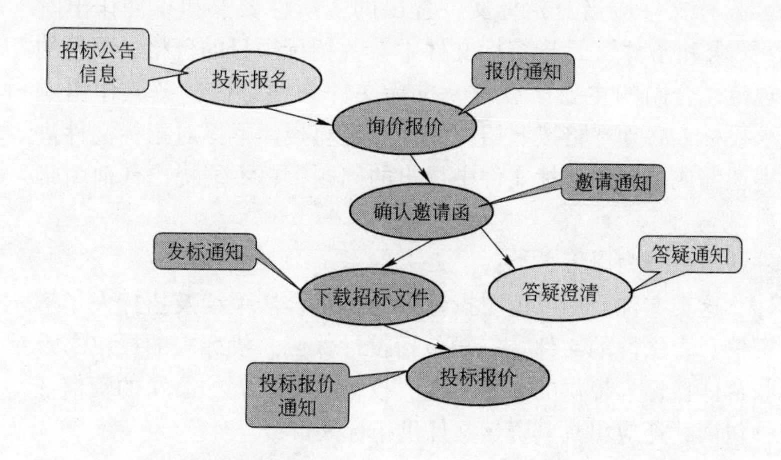

图4-1-4　外网招标流程图

4.1.2　工程投标概况

1）工程投标基本流程

一般工程投标基本流程分为如下步骤：

（1）业主发布招标公告，这个可以在网上查到的。

（2）根据招标公告向招标公司报名，购买资格预审文件。

（3）根据资格预审文件要求，完成资格预审申请文件的制作，在规定时间内交到招标公司，进行预审。

（4）通过预审后，在招标公司通知的地点购买招标文件。

（5）在规定时间完成投标文件的制作，并在开标当日进行文件开启，进行评标。

（6）评标完成后三日内，招标公司通知或者在网上公布招标结果。

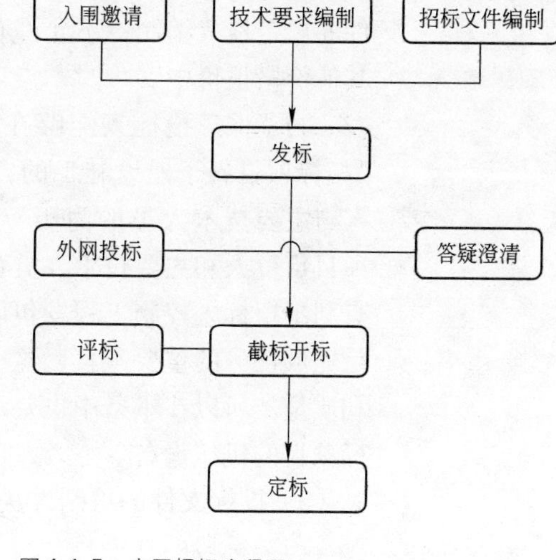

图4-1-5　内网招标流程图

（7）业主跟中标单位联系，签订合同。并由招标公司发布中标通知书。

2）投标文件的编制要求

《招标投标法》第 27 条规定：投标人应当按照招标文件的要求编制投标文件。投标文件应当对招标文件提出的实质性要求和条件作出响应。招标项目属于建设施工的，投标文件的内容应当包括拟派出的项目负责人与主要技术人员的简历、业绩和拟用于完成招标项目的机械设备等。

首先，投标人要到指定的地点购买招标文件，并准备投标文件。在招标文件中，通常包括招标须知，合同的一般条款、特殊条款、价格条款，技术规范以及附件等。投标人必须按照这些内容编写投标文件。

投标人应当认真研究、正确理解招标文件的全部内容，并按要求编制投标文件。投标文件应当对招标文件提出的实质性要求和条件作出响应。“实质性要求和条件”是指招标文件中有关招标项目的价格、项目的计划、技术规范、合同的主要条款等，投标文件必须对这些条款作出响应。这就要求投标人必须严格按照招标文件规定填报，不得对招标文件进行修改，不得遗漏或者回避招标文件中提出的问题，更不能提出任何附带条件。

投标文件通常可分为以下 3 类：

商务文件　这类文件是用以证明投标人履行了合法手续及招标人了解投标人商业资信、合法性的文件。一般包括投标保函、投标人的授权书及证明文件、联合体投标人提供的联合协议、投标人所代表的公司的资信证明等；如有分包商，还应出具其资信文件供招标人审查。

技术文件　如果是建设项目，则包括全部施工组织设计内容，用以评价投标人的技术实力和经验。技术复杂的项目对技术文件的编写内容及格式均有详细要求，投标人应当认真按照规定填写。

价格文件　这是投标文件的核心，全部价格文件必须完全按照招标文件的规定格式编制，不允许有任何改动。如有漏填，则视为其已经包含在其他价格报价中。

为了保证投标人能够在中标以后完成所承担的项目，本条目还要求“招标项目属于建设施工的，投标文件的内容应当包括拟派出的项目负责人与主要技术人员的简历、业绩和拟用于完成招标项目的机械设备等”。项目负责人和主要技术人员在项目施工中，起到关键的作用。这样的规定有利于招标人控制工程发包以后所产生的风险，保证工程质量。机械设备是完成任务的重要工具，这一工具的技术装备直接影响了工程的施工工期和质量。所以在本条中也要求投标人在投标文件中要写明计划用于完成招标项目的机械设备。

3）投标文件的编制方法

(1) 标段的选择

业主招标时，常允许一个承包商同时报投多个标段。投标单位要考虑投几个标段、投哪些标段，有力量，承包商尽可能多投标段。报投标段数量太少，投标覆盖面小，限制了投标操作灵活性，降低中标率；太多了，在限定时间内，标书编制任务重，编标人员精力分散，影响标书编写质量而降低中标率，同时还加大了购买、编制标书的费用开支。在选择工程标段位置方面，一是所选标段工程施工内容要与本单位施工强项相吻合；二是要做到标段大小兼顾，施工兼顾，有条件的话，可以到工地现场查看后再做决定；三是要注意避开实力较强的竞争对手。

（2）投标书的编制

编制投标书是投标工作的主要内容。一般业主出售标书以后，会很快召开由投标单位参加的标前会并组织现场考查，以解答投标单位对标书及施工现场的疑问。所以，投标单位在购买标书后要抓紧时间认真阅读、反复研究招标文件，列出需要业主解答的问题清单和需要在工地现场调查了解的项目清单。工地现场调查的主要内容包括：地貌地形情况、当地气候水文情况、道路交通状况、就地取材的料源分布、天然材料的开采条件和质量、采购材料的价格、各种材料的运输距离、电源水源情况、通信条件、物价消费水平、社会治安状况、综合社会经济情况等。

现场考查后要立即制定编标计划，明确人员分工，使整个编标过程按计划进行，以免造成前松后紧，粗制滥造。投标书的主要内容是工程预算标价和施工组织设计。编制预算要注意以下几个问题：第一，采用的定额要正确，业主没指定的，一般采用同行业国家最新定额；第二，各项预算单价要考虑施工期间价格浮动因素；第三，工程量以业主给定的工程量清单为准，即使发现有明显的错误，未经业主书面批准不得自选调整；第四，其他项目费用预备费、监理费、暂定金等要按招标文件要求列计；第五，预算编制完成后要复核审查，切不可有误。另外还要注意工程预算与施工组织设计相统一，施工方案是预算编制的必要依据、预算反过来又指导调整施工方案，两者是相互联系的统一体，不可分离编制。

工程施工组织设计是中标后施工管理的计划安排和监理工程师监督的依据之一，一定要科学合理、切实可行。施工组织设计主要包括：项目经理部人员机构组成、工程施工方案、工地平面布置、工期进度安排、劳力和设备调配、质量保证措施、安全生产措施、后勤供应措施等。工程施工方案是其中的关键，直接影响到预算标价及投标的成败，投标单位要根据现场考察情况，初定几套方案进行测算、比较，以确定合理、经济的方案。工期安排至少要比业主限定时间提前，以取得标书评审中工期提前奖励得分。

（3）确定投标最终报价

投标最终报价是投标单位以标书编制的预算价为基础，综合考虑各种因素后对预算标价进一步修订的报价，可以在标书中列报，也可以以降低函的形式另报。投标单位投标最终报价一般要占整个投标书分值

60% ~70%，将对是否中标产生直接影响。所以，一定要根据所做工程预算认真分析、反复比较，以使所确定的最终报价最大限度地接近报价，提高中标率。以下根据招标工程报价类型的不同，就如何确定最终报价分别论述。

① 合理标报价

合理标是工程招投标常用的最基本形式，现阶段黄河下游基建工程施工招标大部分采用这种形式。所谓合理标就是业主根据工程设计预算，制定出工程招标“标底”，投标单位的投标最终报价与业主的标底相比较，误差在业主限定的合理范围之内，称之为“入围”。确定候选中标单位资格后，业主将组织人员全面评审入围单位的投标书，计算出投标单位的整体得分。相反投标单位的最终报价不在限定范围之内者，称之为“飞标”，此类投标单位不能中标。合理标的报价一般是稍低于业主的标底(-5% ~ -8%)的报价，可能是一个范围，也可能是一个确定的数。所以投标单位要以正确的预算为基础，认真分析研究业主标底的可能范围，计算出投标最优报价即为投标最终报价。合理标最优报价的简单计算公式为：

$$B = A \times C \times K$$

其中：B 为投标最优报价；A 为工程设计预算额；C 标底系数，一般取0.90 ~0.95；K 为报价系数，一般取0.92 ~0.95。投标单位的最终报价愈接近 B 值得分愈高。

② 复合标报价

复合标是合理标的一种特殊形式，工程的标底是由业主标底与各投标单位的投标最终报价加权平均复合而得，并称为“复合标底”。各投标单位的最终报价分别与业主的标底相比，其误差在业主规定的范围内，称之为“第一次入围”。第一次入围的各投标单位之最终报价的平均值与业主标底加权平均，从而得出复合标底。而后，第一次入围的各投标单位的最终报价与再复合标底相比，其误差在业主规定的范围之内者，称之为“第二次入围”。第二次入围的投标单位取得候选中标单位资格，业主将组织人员全面评审这些单位的投标书，计算出各单位的整体投标得分。

4）投标工作中的几个技巧

投标技巧其实质是在保证工程质量与工期条件下，寻求一个好的报价的技巧问题。承包商为了中标并获得期望的效益，投标程序全过程几乎都要研究投标报价技巧问题。如果以投标程序中的开标为界，可将投标的技巧研究分为两阶段，即开标前的技巧研究和开标至签订合同时的技巧研究。

(1) 开标前的投标技巧研究

① 不平衡报价

不平衡报价，指在总价基本确定的前提下，如何调整内部各个子项的报价，以期既不影响总报价，又在中标后可以获取较好的经济效益。通常采用的不平衡报价有下列几种情况：

A. 对能早期结账收回工程款的项目（如土方、基础等）的单价可报以较高价，以利于资金周转；对后期项目（如装饰、电气设备安装等）单价可适当降低。

B. 估计今后工程量可能增加的项目，其单价可提高，而工程量可能减少的项目，其单价可降低。

但上述两点要统筹考虑。对于工程量有错误的早期工程，如不可能完成工程量表中的数量，则不能盲目抬高单价，需要具体分析后再确定。

C. 图纸内容不明确或有错误，估计修改后工程量要增加的，其单价可提高；而工程内容不明确的，其单价可降低。

D. 没有工程量只填报单价的项目（如疏浚工程中的开挖淤泥工作等），其单价宜高。这样，既不影响总的投标报价，又可多获利。

E. 对于暂定项目，其实施的可能性大的项目，价格可定高价；估计该工程不一定实施的可定低价。

② 零星用工（计日工）一般可稍高于工程单价中的工资单价

之所以这样做是因为零星用工不属于承包总价的范围，发生时实报实销，也可多获利。

③ 多方案报价法

若业主拟定的合同要求过于苛刻，为使业主修改合同要求，可提出两个报价，并阐明，按原合同要求规定，投标报价为某一数值；倘若合同要求作某些修改，可降低报价一定百分比，以此来吸引对方。

另外一种情况，是自己的技术和设备满足不了原设计的要求，但在修改设计以适应自己的施工能力的前提下仍希望中标，于是可以报一个按原设计施工的投标报价（投高标）；另一个按修改设计施工的比原设计的标价低得多的投标报价，以诱导业主。

④ 突然袭击法

由于投标竞争激烈，为迷惑对方，有意泄露一些假情报，如不打算参加投标，或准备投高标，表现出无利可图不干等假象，到投标截止之前几个小时，突然前往投标，并压低投标价，从而使对手措手不及而败北。

⑤ 低投标价夺标法

此种方法是非常情况下采用的非常手段；比如企业大量窝工，为减少亏损；或为打入某一建筑市场；或为挤走竞争对手保住自己的地盘，于是制定了严重亏损标，力争夺标。若企业无经济实力，信誉不佳，此法也不一定会奏效。

⑥ 联保法

一家实力不足，联合其他企业分别进行投标。无论谁家中标，都联合进行施工。

（2）开标后的投标技巧研究

投标人通过公开开标这一程序可以得知众多投标人的报价。但低价并不一定中标，需要综合各方面的因素，反复议审，经过议标谈判，方能确定中标人。若投标人利用议标谈判施展竞争手段，就可以变自己的投标书的不利因素为有利因素，大大提高获胜机会。

议标谈判，通常是选2～3家条件较优者进行谈判。招标人可分别向他们发出通知进行议标谈判。从招标的原则来看，投标人在标书有效期内，是不能修改其报价的。但是，某些议标谈判可以例外。在议标谈判中的投标技巧主要有：

① 降低投标价格

投标价格不是中标的惟一因素，但却是中标的关键性因素。在议标中，投标者适时提出降价要求是议标的主要手段。需要注意的是：其一，要摸清招标人的意图，在得到其希望降低标价的暗示后，再提出降价的要求。因为，有些国家的政府关于招标的法规申规定，已投出的投标书不得改动任何文字。若有改动，投标即告无效。其二，降低投标价要适当，不得损害投标人自己的利益。

降低投标价格可从以下三方面入手，即降低投标利润、降低经营管理费和设定降价系数。

A. 投标利润的确定，既要围绕争取最大未来收益这个目标而订立，又要考虑中标率和竞争人数因素的影响。通常，投标人准备两个价格，既准备了应付一般情况的适中价格，又准备了应付竞争特殊环境需要的替代价格，它是通过调整报价利润所得出的总报价。两价格中，后者可以低于前者，也可以高于前者。如果需要降低投标报价，即可采用低于适中价格，使利润减少以降低投标报价。

B. 经营管理费，应该作为间接成本进行计算。为了竞争的需要，也可以降低这部分费用。

C. 降低系数，是指投标人在投标作价时，预先考虑一个未来可能降价的系数。如果开标后需要降价竞争，就可以参照这个系数进行降价；如果竞争局面对投标人有利，则不必降价。

② 补充投标优惠条件

除中标的关键性因素——价格外，在议标谈判的技巧中，还可以考虑其他许多重要因素，如缩短工期，提高工程质量，降低支付条件要求，提出新技术和新设计方案，以及提供补充物资和设备等，以此优惠条件争取得到招标人的赞许，争取中标。

4.1.3 工程评标概况

1）工程评标的基本流程

目前，工程招投标评标工作的电子化已经成为趋势，在招、投、评标工作的各个过程采用计算机电子评标系统，采用电子标书最直接自然地完成数据交换传递，规范了招、投、评标工作，提高了整个过程的工作效率和工作质量，加快招投标过程，降低了招、投、评标的总体费用，减少人为因素，进而提高招投标工作的公平性和公正性。

应用计算机电子评标工作的基本流程如图 4-1-6 所示：

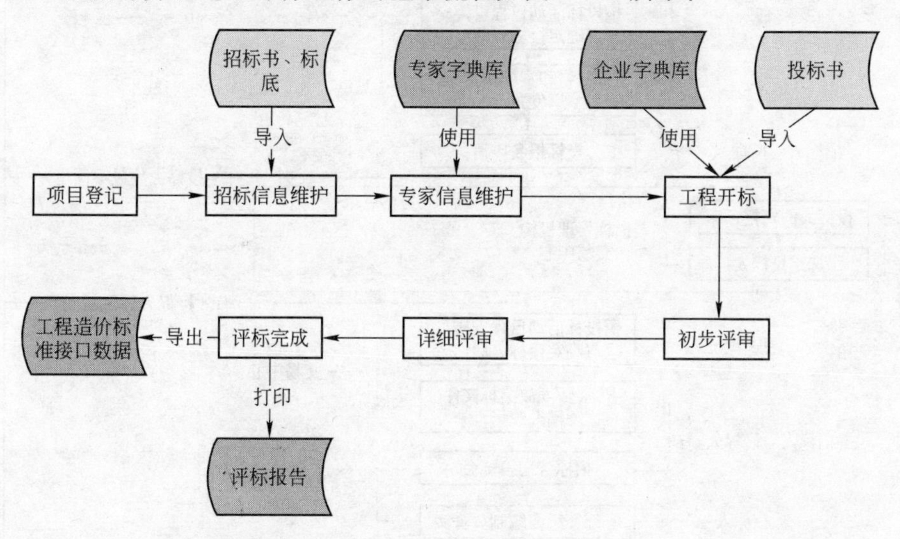

图 4-1-6　计算机电子评标的工作基本流程模型

计算机电子评标实施的全国先进单位如广州建设工程交易中心，已经全面实施计算机电子评标，实现了交易业务流程与办公自动化运作的无纸化、一体化。广州建设工程交易流程总图如图 4-1-7 所示。

广州建设工程交易中心实施计算机电子评标房建与市政工程施工招标人办事指引如图 4-1-8 所示。

2）工程量清单环境下的清标工作

随着《建设工程工程量清单计价规范》的推广与应用，我国工程计价模式由“定额计价”逐步向“工程量清单计价”转变，这一计价方式的转变也相应改变了工程招投标规则、评定标规则、合同的操作模式和具体要求等。这里我们介绍招标投标的重要环节——工程清标(对清单报价的审核)评标环节。

(1) 清标工作现状

传统的定额计价方式是我国工程造价人员较为熟悉的工程计价方式，操作简单、过程明了，但工程量清单计价方式实行之后，建筑工程交易合同的签订由定额计价模式的总价合同，逐步向清单计价模式的单价合同与总价合同有机结合的合同方式转变，评、定标规则也由单独使用综合评估法向经评审的最低价法和综合评标法结合使用转变，为了有效控制造价和避免中标后甲乙双方的纠纷，有效杜绝“工程腐败”和“暗箱操作”，除了政府机关和招投标单位对招投标活动的监督外，制定科学、合理、有效的评标规则和加强对评标过程安全性、保密性、公平性的保障就

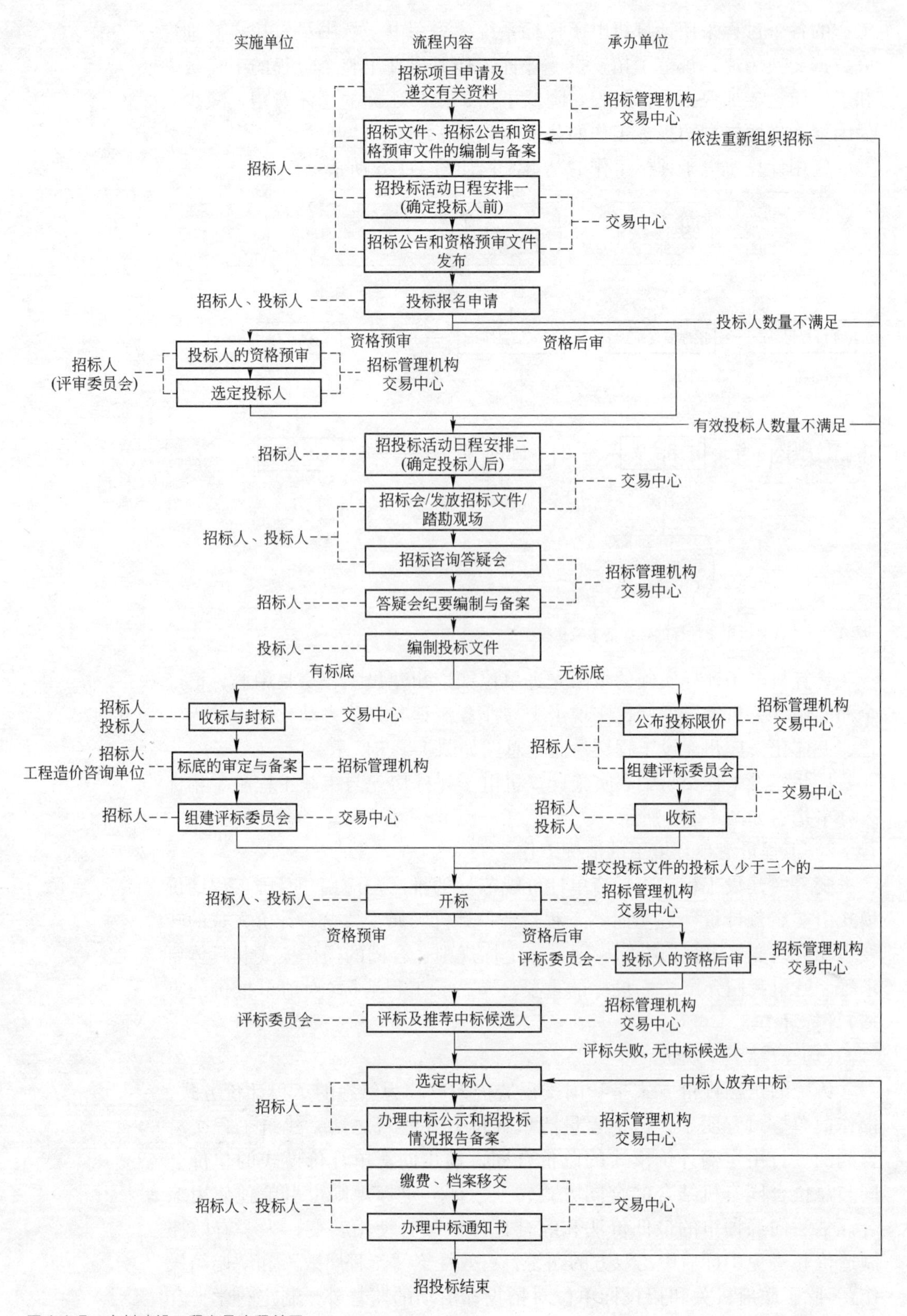

图 4-1-7　广州建设工程交易流程总图

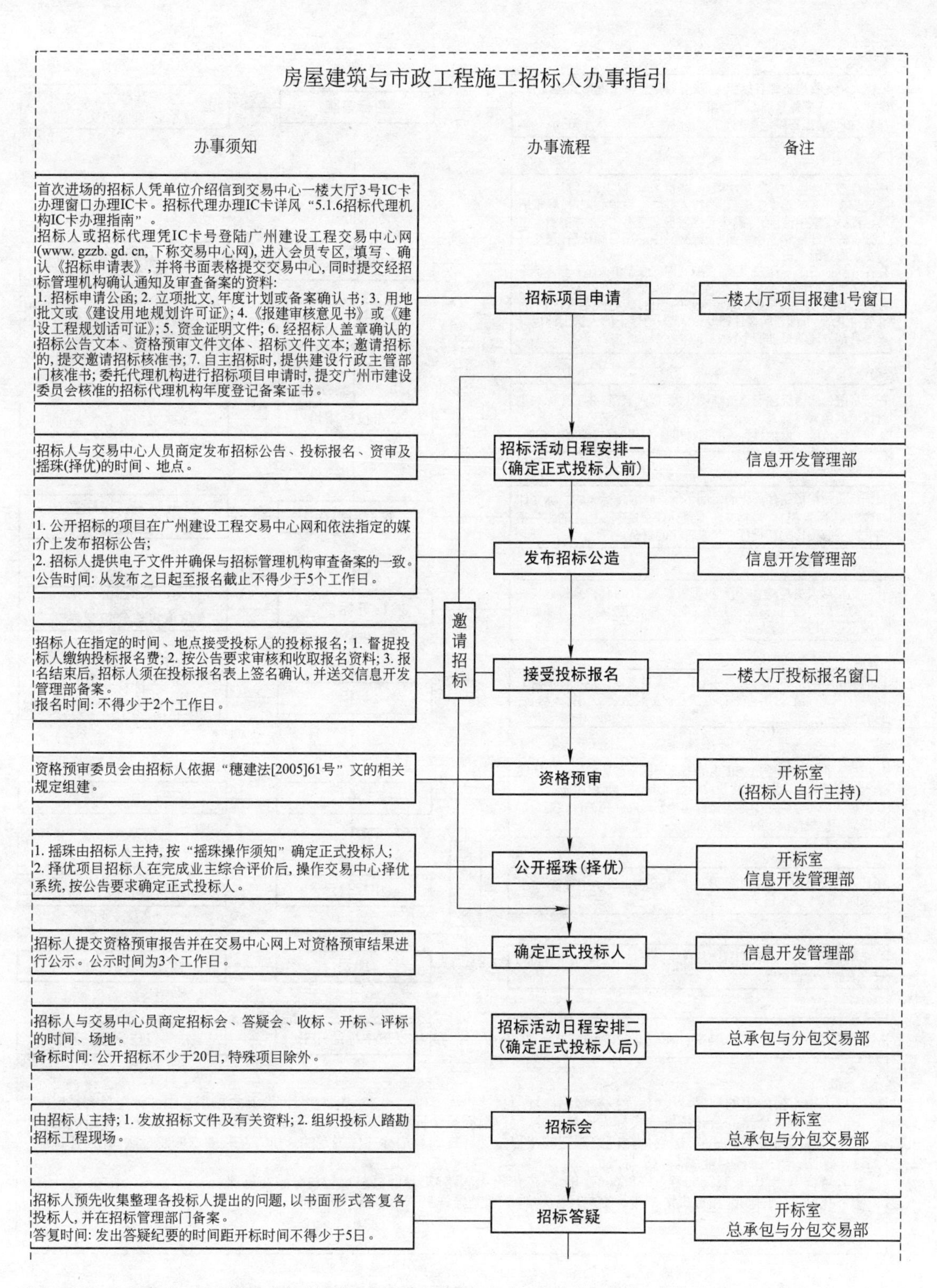

图4-1-8　广州建设工程交易中心实施计算机电子评标房建与市政工程施工招标人办事指引(一)

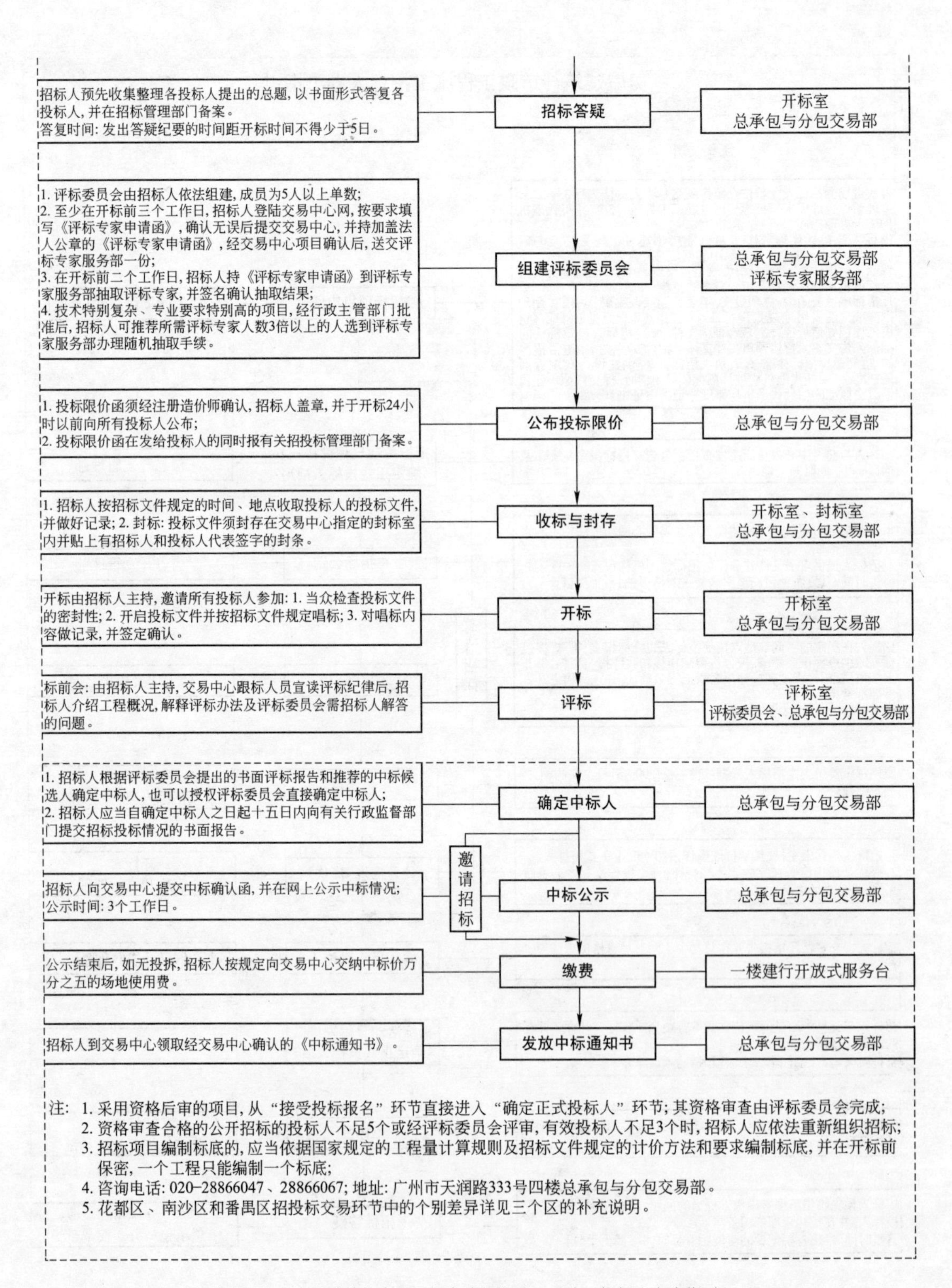

图 4-1-8　广州建设工程交易中心实施计算机电子评标房建与市政工程施工招标人办事指引（二）

显得越来越重要。为了保证招投标工作顺利、高效的进行，为了推动整个建筑行业健康有序的发展，除了积极响应国家相关行政法规和评标工作相关措施外，这里还得理清现今形势下评定标工作应该包括的内容和基本流程。

评标工作一般分为开标、清标、评标等环节。清标环节是整个评定标工作的初始部分，它主要的目的是保证投标文件能响应招标文件所要求的基本点以及行业相关规定，起到把关的作用，这一步如果做不好将会给评标和中标后的工作都带来巨大的影响。

（2）清标工作的主要内容

现阶段，工程量清单计价模式下的清标工作主要由评标委员会及发包人委托的工程造价咨询专业造价工程师进行，主要是把各投标单位的清单报价进行汇总分析，得出各项目的相对报价，依据工程量清单招标文件、招标方编制的标底进行对比审查，其重点内容有以下几项：

① 在评标委员会评标之前审查投标文件是否完整、总体编排是否有序、文件签署是否合格、投标人是否提交了投标保证金、有无计算上的错误等。

② 算术错误将按以下方法更正：若单价计算的结果与总价不一致，以单价为准修改总价；若用文字表示的数值与用数字表示的数值不一致，以文字表示的数值为准。如果投标人不接受对其错误的更正，其投标将被拒绝。

③ 在详细评标之前，审查每份投标文件是否实质上响应了招标文件的要求。实质上响应的投标应该是与招标文件要求的关键条款、条件和规格相符，没有重大偏离的投标。

④ 对关键条文的偏离、保留或反对，例如关于投标保证金、适用法律、税及关税等内容的偏离将被认为是实质上的偏离。

针对以上几个要点，在清标过程中如发现问题，都应在答辩会上提出，由投标人作出解释或在保证投标报价不变的情况下，由投标人对其不合理单价进行变动。另外，在施工中变更施工方案、采取赶工措施等是否增加费用，也应加以明确。

清标不仅在建设工程招投标活动中对维护市场经济秩序产生了积极的意义，同时对于招标人、投标人以及相关建设管理部门发现问题、改进工作也带来了各种启发。但清标工作工作量巨大、繁琐，不仅要审查量，还要分析价，借助计算机电子清标软件，充分利用和发挥计算机的数据处理优势进行工程量审查、综合单价对比分析、工料机价格对比、计算错误审查等，迅速准确，大大提高了清标工作效率。

3）计算机电子清标评标系统应用

计算机电子清标评标系统中提供各种简捷实用的对比分析功能，可以大大减少评标工作需要的人力物力，以及以往评标工作中容易出现的漏评错评的现象，使得评标需要的时间由原来的几天甚至几个星期缩短到几个小时。评标专家在浩瀚的数据文件和记录中得到解放，摆脱大部分的机械重复工作，把精力最大限度地专注于各投标人报价的合理性判断上来。另外由于大部分机械重复的计算都由计算机自动完成，减少了专家手工计算出错的可能性，提高了评标工作的公平公正。

具体来说，计算机电子清标评标系统主要优势可以体现在以下几点：

（1）将投标书与招标书做对比，根据国标规定的清单项目的四统一，检查投标书中是否有错漏增项；（2）对投标书中的数据进行计算检查，如各清单项填报的总价是否与其单价与工程量的乘积相一致；（3）各单位工程的合价是否与整个建设项目的总报价相一致；专家可以选择特定的子目，将投标书与标底或者其他投标书做充分的对比，将标书之间的差异性以非常醒目的方式呈现给专家；（4）对特定的清单子目和材料，专家可以查询参考历史工程中的报价信息，帮助专家更明确地分析报价的合理性。

系统中投标书之间差异对比的分析结果如图 4-1-9 所示：

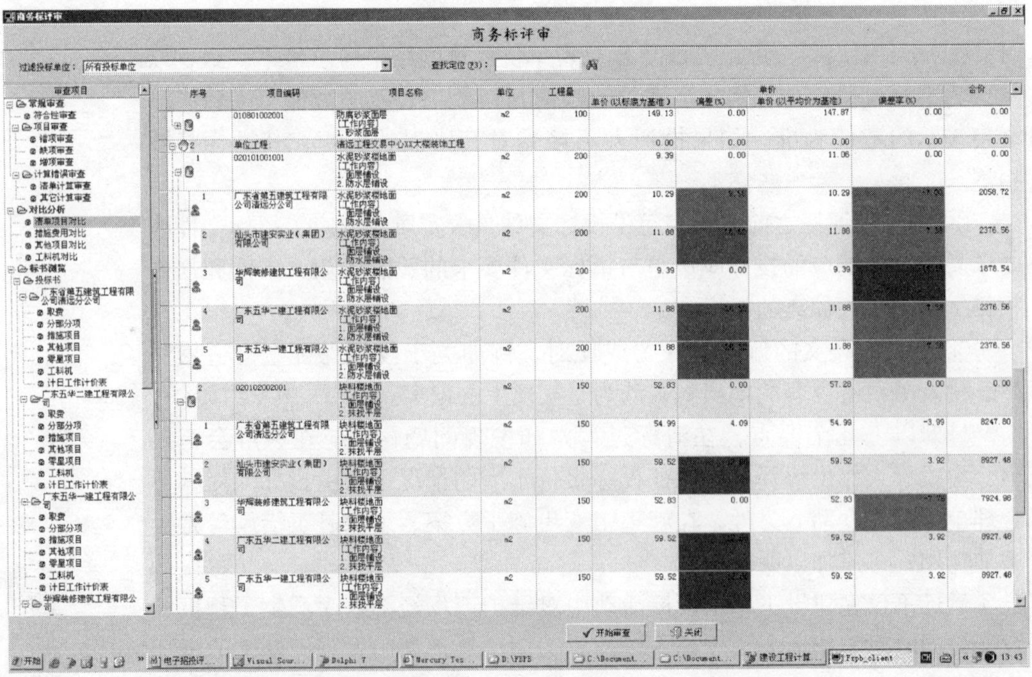

图 4-1-9　系统中投标书之间差异对比的分析结果

另外实施辅助评标系统后，历史投标工程的数据可以得到最大限度的循环利用，可以对历史数据进行挖掘分析，比如可以分析某种建筑材料市场价格的走势分析，为后期制作标书提供数据支持，并可以为领导层决策提供依据。

图 4-1-10 为工程数据在系统中循环利用的示意图。

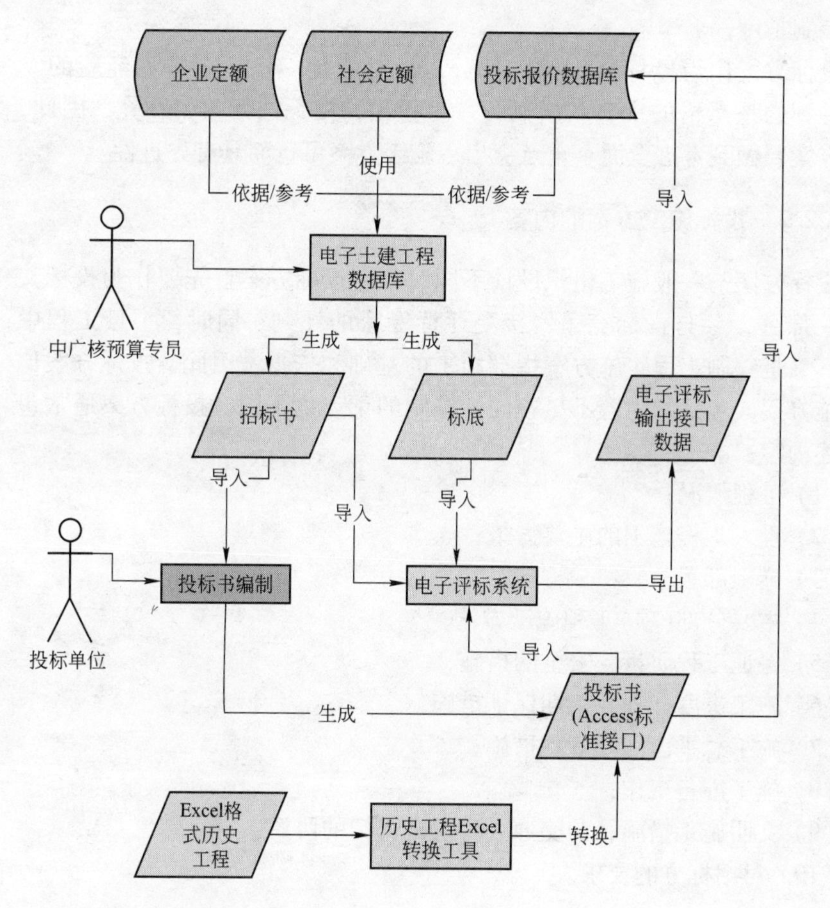

图 4-1-10　工程数据在系统中循环利用

4.2　投标施工方案编制

通过投标的方式来承接工程施工任务，目前已成为建筑施工企业承揽工程的一项主要途径。投标施工组织设计(一般可以简称为投标方案)就是用于投标的工程施工组织设计，作为工程投标文件的一项组成部分，编制好投标方案无疑是给工程的中标增添了制胜的砝码。

4.2.1　投标施工方案的特点

投标方案是施工企业对拟建工程施工所作的总体部署和对工程质量、安全、工期等所作的承诺，也是招标方了解投标方企业管理水平、施工技术水平、机械设备装备能力等各方面情况的一个窗口。因此，投标方案从总体上来说，应体现本企业的综合能力，反映出本企业的实际水平。

从发布招标文件到正式投标，时间往往只有半个月，甚至更短，在这期间，从了解情况、审读图纸到编制方案，时间十分紧张。编制投标方案，所提供的资料往往不够齐全，有的无地质报告，有的无齐全的施工图，某小区工程仅有一张总平面图，即招标要求编制投标方案，无疑更增大了编制难度。

投标方案作为投标文件的一部分，面对的是一批具有丰富经验的专家，受到的是严格的审查和质疑，一旦投出，便无法修改、补充，因此，投标方案要做到考虑全面、重点突出、施工方案可行而具有先进性。

4.2.2 投标施工方案的内容

投标方案与一般施工组织设计不同，因为投标方案首先要作为投标文件的一部分，参与投标竞争，接受评标专家的评判；同时，一旦工程中标，其又是编制工程实施方案指导施工的基础和依据。因此，投标方案比之实施方案，包括的内容不尽相同，编制的重点也不同。投标方案通常包括下述内容：

(1) 工程概况；

(2) 投入工程施工的主要力量；

(3) 施工部署；

(4) 主要分部(项)工程施工方法；

(5) 保证工程质量、安全的措施；

(6) 施工进度计划及工期保证措施；

(7) 施工总平面图及管理措施；

(8) 施工准备工作；

(9) 文明施工措施，与交通、环卫等部门的协调；

(10) 对招标方的要求。

4.2.3 投标方案编制要点

1) 工程概况

工程概况除概述工程自身情况、地质情况、现场地貌、交通情况外，对高层建筑深基坑，尤其要对现场周围已有建(构)筑物情况，地上、地下管线情况进行较为详细的介绍，包括：已有建(构)筑物距基坑的距离，建(构)筑物高度，结构类型，基础形式、埋深、裂缝现状。当距离十分接近时，还要说明已有建(构)筑物基础施工时的挡土方法；地上电缆、电线的架设位置、高度；地下管线(煤气、自来水、下水道、各种电缆)的走向、埋置深度、基础做法、管径、管材质等。

此外，在工程概况中还应简述招标文件中对工程质量、工期等方面的要求。

2) 投入工程施工的主要力量

对投入拟建工程的主要施工力量作概括性论述，其目的是使招标方对本企业承建工程的组织安排、劳动力投入、机械、周转材料配置有一个清晰的了解，主要包括下述内容：

(1) 工程管理模式及主要负责人职务、职称、主要工作实绩等；

(2) 劳动力投入：分阶段(基础、主体、装饰)主要工种劳动力投入计划；

(3) 机械设备：主要指塔吊、施工电梯、挖土、混凝土施工机械等大型机械配置打算；

(4) 周转材料：主要有各种模板投入量、钢管支撑投入量、脚手材料投入量等。

3) 施工部署

施工部署是工程施工的战略部署，要经过通盘考虑、运筹后确定，主要包括：施工流水的组织；各后续工种的插入时机；流水段的划分，以及其他专项施工方案：高支模、脚手架、基坑支护、施工用电专项方案等。

确认施工方案一般按下列步骤进行：确认施工程序→研究施工顺序→确认施工方法→施工方案的技术经济比较与计算经济指标。

4) 主要分部(项)工程施工方法

主要分部(项)工程施工方法的编写原则是：重点突出、兼顾全面；结合实际、先进合理；语言简练、切忌繁复。

(1) 高层建筑深基坑支护、大体积混凝土、主体结构模板体系、泵送混凝土、高层脚手架等，是体现方案水平的重点所在，必须详尽论述，所选择的方案必须是先进的、合理的。同时，对其他次要的分部(项)工程施工方法，也应概述，以避遗漏之嫌。

(2) 充分利用现有的规范、规程和施工工法。工法制度的实施，为编制优秀施工方案提供了有力的保证。

5) 保证工程质量、安全的措施

保证工程质量、安全的措施应切实可行。从组织上、技术上分别考虑，最好是针对不同的工程情况和易发生的质量通病，制订较为具体的预防对策。

6) 施工进度计划及工期保证措施

施工进度计划是要在人力、物力、时间的限制条件下，如何作出对这三方面因素的科学安排，得出最佳工期。施工进度计划应以网络图的形式表示，同时制订工期保证措施，说明投标方保证按期竣工是有把握的。

施工进度计划编制的一般步骤：确认施工项目(任务分解)→计算工程量→确定工日数和机械台班量→确认各施工项目的施工天数→初排施工进度→检查与调整施工进度计划。

7) 施工总平面图及管理措施

施工总平面图是施工组织设计中对施工场地内，按施工需要布置的各项设施，经过合理安排作出的设计图。施工总平面图布置原则是：尽量减少施工占地面积；少搭临建设施；缩短场内运输距离；搭设临时设施要方便工人生产、生活；符合各项安全、环境等规定的要求。

施工总平面图应分阶段(基础、主体、装饰)布置。施工总平面图设计一般步骤：确定垂直运输及吊装机械位置→布置仓库、材料、构件堆场→布置道路→临建设施：加工场地和生活办公场地→布置临时水电管网以及其他动力设施等。

8）施工准备工作

施工准备工作：包括技术准备、现场准备、机械、材料准备等，以表格的形式表示。

9）对招标方的要求

对招标方的要求主要包括：现场供水、供电量；设计图纸的交付日期；现场狭小时，另行提供的生产区面积等。

4.2.4 投标方案编制方法

各种技术资料的收集和调查研究是编制投标方案的基础。将各种资料介绍的各地区地质状况资料收集起来，当在该地区参与投标而一时又无地质资料时，参考收集到的该地区的地质状况资料加以分析，以制订合适的施工方案。而对有关地下管线，则更需要做好调查研究，确保所获得的资料的真实性。对本企业实际情况的清楚了解；对招标方案的透彻理解；对施工组织、施工技术的全面掌握；加上简练、顺畅的文字组织，这是投标方案编制必备的条件。

投标工具软件的应用，是编制投标方案的保证。应用计算机编制施工网络计划图，进行深基坑支护结构、大体积混凝土计算以及进行文字编辑工作，可以节约大量时间，这对投标方案的编制尤为适宜。运用工具软件，还能快速地对各种不同施工方法的质量、工期、安全、经济性作综合性的评估，以确保所选用的施工方法是科学的，而这些，如果没有计算机，将不可能实现。

清华斯维尔多年致力于建设工程系列软件的研发，对工程招投标理论与实践结合方面进行了长期的深入研究和跟踪，从用户手中直接获取第一手需求资料，并反映在建设工程系列软件的研发改进上。斯维尔投标工具箱软件是专门满足工程招、投标书编制实践的专业软件系统。斯维尔投标工具箱软件包括标书编制软件、项目管理软件和平面图布置软件三个软件。

其中投标工具箱软件之标书编制软件，内含高层建筑、钢结构、道路桥梁、工业装修、安装工程、铁路工程、市政工程等100多套专业模板和素材。通过系统标书模板库提供的若干实际工程的标书模板，或者直接从系统标书素材库中选择相应标书的具体素材，快速生成初步的标书文档。在此基础上进行编辑、修改以形成最终的工程标书。如图4-2-1所示：

投标工具箱软件之项目管理软件将网络计划技术应用于建设项目的实际管理中，以国内建设行业普遍采用的横道图、双代号时标网络图作为项目进度管理与控制的主要工具。通过挂接各类工程定额实现对项目资源、成本的精确分析与计算。不仅能够从宏观上控制工期、成本，还能从微观上协调人力、设备、材料的具体使用。全面满足投标、工程控制的需求。项目管理软件通过了国家科技成果鉴定，被中国软件行业协会评为全国优秀软件产品，列入建设部科技成果推广项目。如图4-2-2所示。

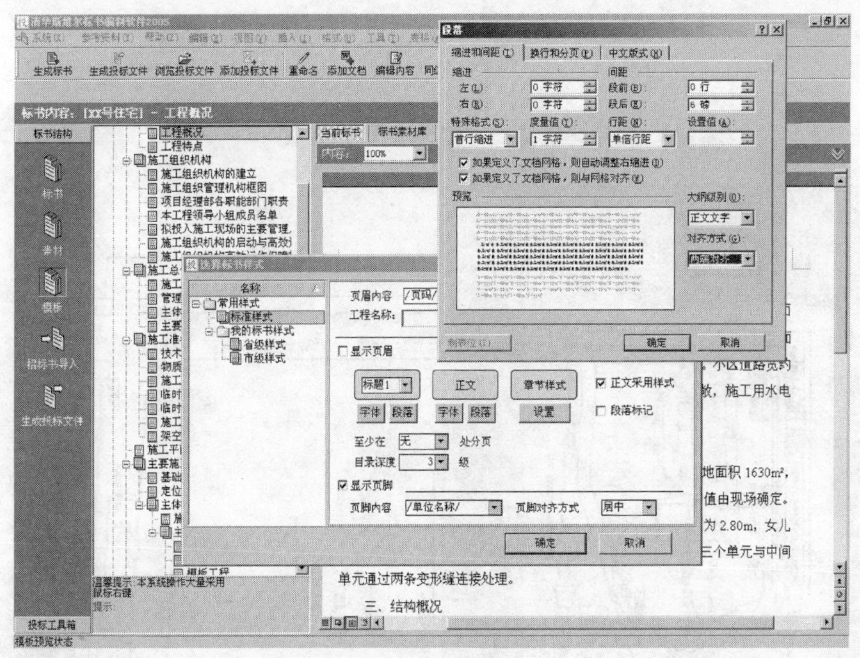

图 4-2-1　标书

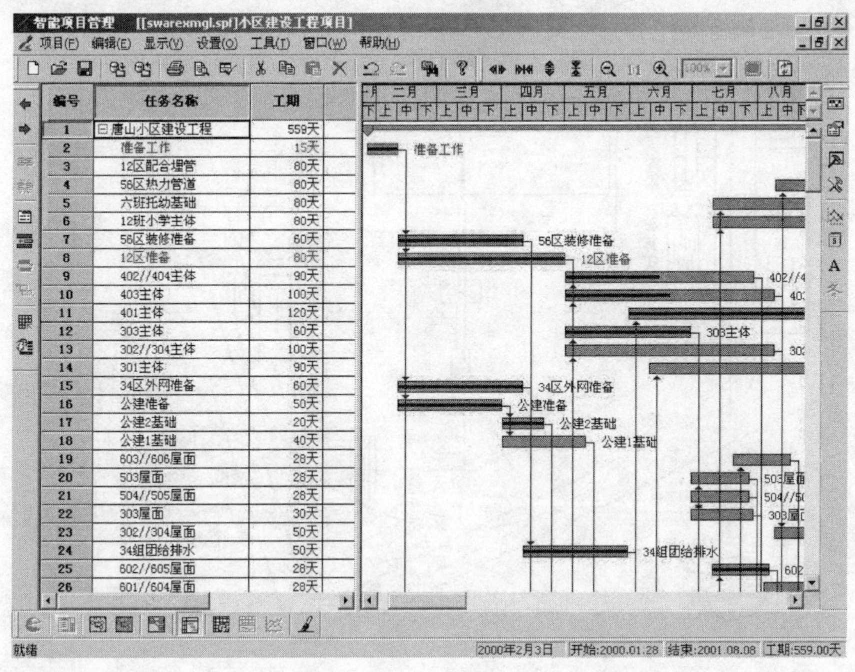

图 4-2-2　横道图

同时投标工具箱软件之平面图布置软件提供丰富的基本图形组件及对其的综合操作，通过组合和编辑可生成各样的工程图形组件；图元库包含标准的建筑图形，所绘制图形可保存到图元库备用。图片、剪贴画、Word文档等任意文档均可插入图纸进行美化，图纸可存为 BMP、EMF 等格式便于交流。操作简便，可从容应对准备时间短而对文档要求极高的投标，及高水平施工组织设计中施工平面图设计的情况，如图 4-2-3 所示。

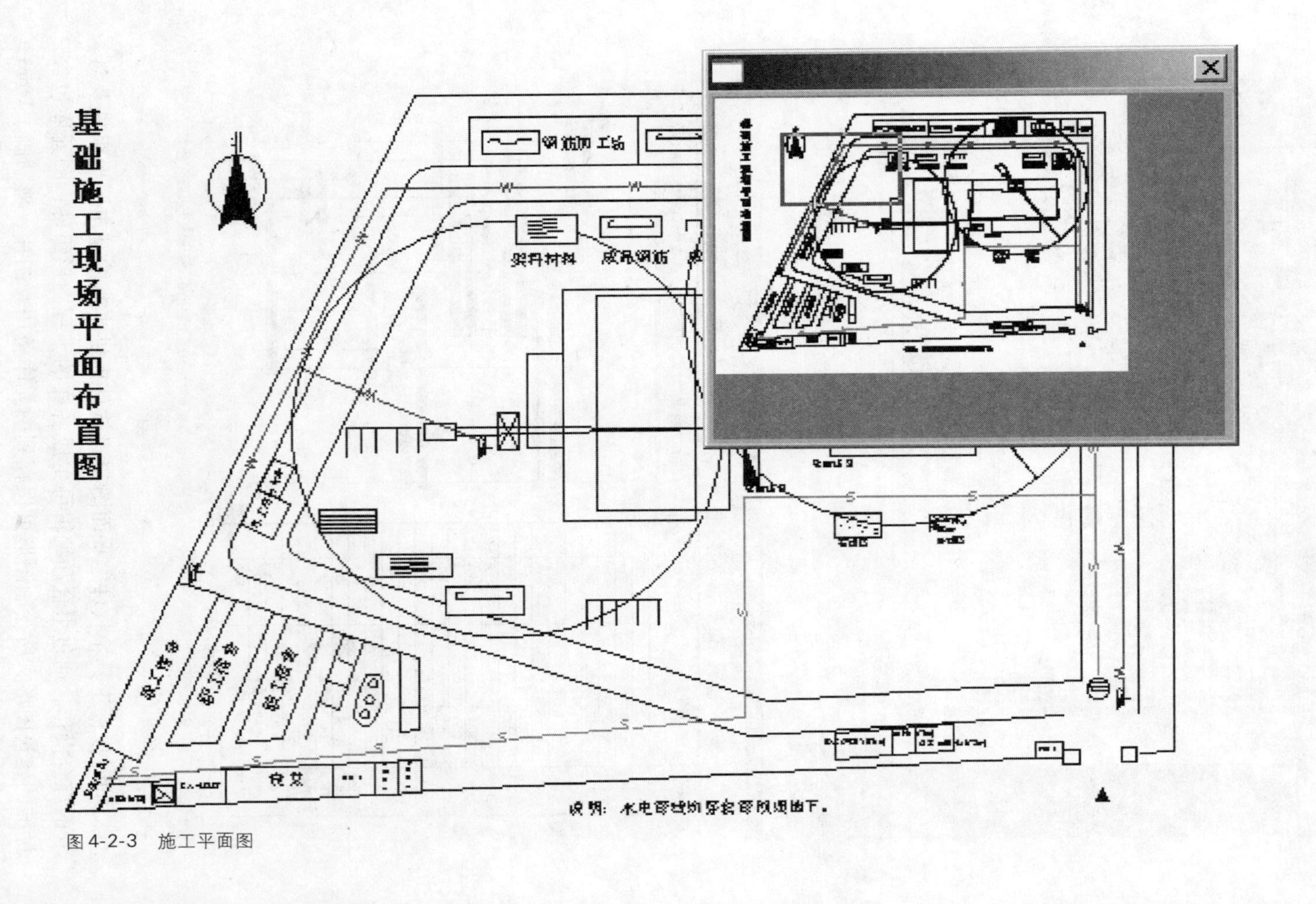

图 4-2-3　施工平面图

第 5 章　标书编制软件应用

本章重点：本章将完整介绍“清华斯维尔标书编制软件”的各项功能，并详细讲解软件的具体使用方法和操作步骤。为了方便说明，后续内容将简称“清华斯维尔标书编制软件”为“标书编制软件”。

5.1　软件概述

清华斯维尔公司经过多年对招投标工作的调查、研究与分析，积累了大量工程建设标书资料，提出了技术标的整体解决方案，推出技术标(施工组织设计)制作集成系统，帮助您准确、快速地制作标书，使投标工作轻松容易。

软件以集成的方式全面地生成建设工程标书所要求各项内容：施工组织设计全部文档、各类施工进度及网络计划图表、施工平面布置图、施工工艺示意图、各类资源计划图表等。

用户可通过系统标书模板库提供的若干实际工程的标书模板，或者直接从系统标书素材库中选择相应标书的具体素材，快速生成初步的标书文档。在此基础上进行编辑、修改以形成最终的工程标书。同时用户在生成某一具体的标书文档时，可在素材库和模板库间进行切换，既可以使用素材库中的文档资料也可同时使用模板库中的文档资料，从而使用户方便快捷地完成标书文档的制作工作。

主要特点：

- 标书内容全面：以集成方式全面组合建设工程的各类标书文档资料、进度计划图表以及商务标投标报价数据。
- 素材模板专业：提供高质量、多领域的标书素材库与模板库方便用户选取与组合，快速生成工程标书。
- 标书操作简易：提供可视化的文档查阅、节点拖拽、文档编辑等操作方式，彻底让用户摆脱重复机械的操作。
- 辅助资料详细：提供强大的标书资料查询功能，可方便地查询工程技术标准与规范。
- 资料扩充方便：提供素材库、模板库资料的维护功能与良好的可扩充性，建立个性化的标书资料库。

主要功能：

- 标书管理：分类管理用户建立的各类工程标书及相关信息。
- 新建标书：依据标书模板库新建工程标书。
- 标书编制：添加、删除、编辑文档，从素材库、模板库引用资料，格式化标书样式，生成 Word 标书。
- 辅助资料：维护、查阅技术规范标准资料库、相关法令法规资料库等。
- 系统维护：编辑维护标书素材库、标书模板库、各类资料库，用户使用权限管理、系统基本信息设置等。
- 相关软件：连接到 Word、网络计划、平面图布置、清单计价等相关软件。
- 数据导入导出：提供素材、模板、标书数据的导入导出，以及旧版本数据的恢复。
- 帮助系统：提供详尽及时的在线帮助。

5.2 软件基本操作流程图

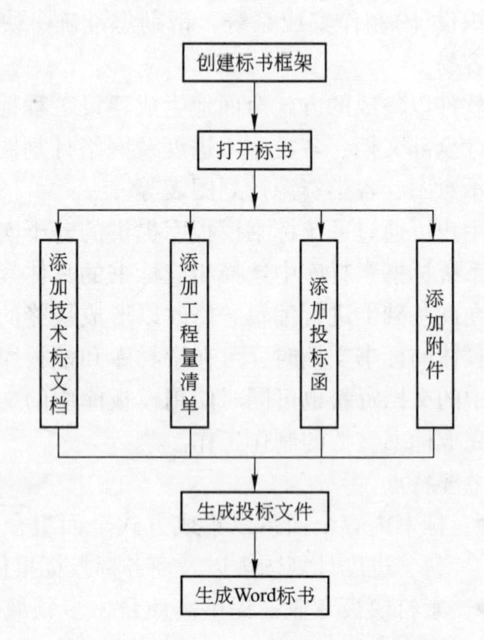

图 5-2-1 投标书编制流程

5.3 软件基本操作流程

5.3.1 常用命令

在不同的地方，会有相应的命令，为了方便查阅，下面汇总了一些常用的命令：

【主菜单】

图标	命令	意　义
	新建	新建标书、素材或者模板
	新建目录	新建标书、素材或者模板的目录
	打开	打开选择的标书、素材或者模板
	删除	删除选择的标书、素材或者模板
	浏览投标文件	浏览制作的电子投标文件
	添加投标文件	添加制作的电子投标文件到我的标书架
	招标书导入	导入电子招标书
	生成投标文件	将当前投标书导出生成上报的电子投标书
	标书导入	由 Word 标书创建标书
	标书制作	生成 Word 格式的投标书，用于排版、打印
	设置标书样式	设置 Word 格式标书的样式
	设置基本信息	设置单位名称、单位编号等
	相关法律法规	查询相关的法律法规
	用户密码设定	设定用户的密码
	退出	退出标书编制软件
	帮助	标书编制软件的使用手册
	关于	标书编制软件的相关信息

5.3.2　创建标书框架

投标书框架可以新建，也可以从招标书生成，这由投标要求的实际情况决定。

5.3.3　编辑标书

在标书管理窗口选择投标书后，点击右键菜单的“打开标书”项，将打开投标书。如图 5-3-1 所示。

打开标书后将进入标书编制界面。

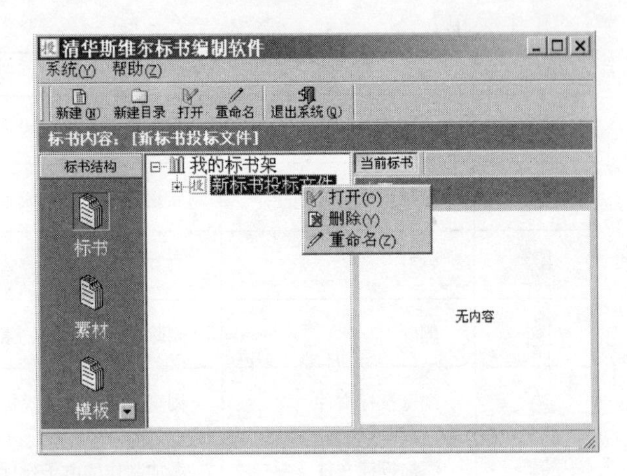

图 5-3-1 打开标书

标书编制界面由左侧的标书节点树与右侧的标书显示区组成。如图 5-3-2 所示：

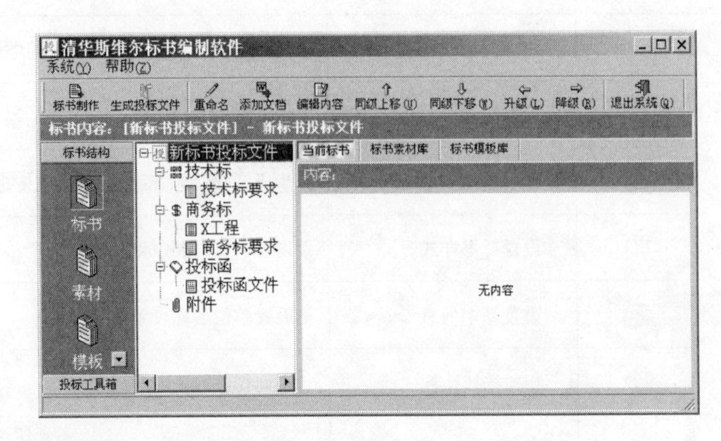

图 5-3-2 标书预览

5.3.4 投标书结构

标书节点树由不同级别的节点组成，每个节点具有各自的操作属性。软件新生成的投标书默认带有四个 1 级节点，由四部分内容组成：技术标、商务标、投标函、附件。

“技术标”是指常规意义上的施工组织设计、施工方案等；

“商务标”是清单计价软件编制的工程量清单报价文件；

“投标函”是投标文件的投标函部分；

“附件”节点下的文档为上述四个节点无法包含而投标时必须提交的文档，包括施工平面图、施工进度计划图、施工图纸等。

5.3.5 添加资源

资源放置区的资源来自素材和模板，在编辑标书、素材或者模板的时候可以选择使用。资源放置区有三个标签页：**“当前标书”**，**“标书素材库”**和**“标书模板库”**，分别用来关闭资源放置区，切换到标书素材库和切换到标书模板库。

如果是第一次选择“**标书素材库**”和“**标书模板库**”，将弹出选择对话框(如图5-3-3)。

图5-3-3　资源选择

素材和模板依然是采用树形结构显示的，标书素材库的根节点是“**标书素材库**”，而标书模板库的根节点是“**标书模板库**”，选择需要的资源后点击“**打开**”就打开一个资源。

如果之前已经选择打开了一个素材或者模板，切换到它们的时候就直接显示之前打开的素材或者模板，如果需要选择其他的素材或者模板，就再次点击一下“**标书素材库**”或者“**标书模板库**”标签就再次弹出了选择对话框。

5.3.6　投标书制作

1）技术标

技术标部分主要包括：施工组织设计或施工方案、项目管理班子配备情况、项目拟分包情况、替代方案和报价(如要求提交)。

导入招标书时生成的投标书范本中已经将技术标的编制要求提取并加入到技术标节点下。点击“**技术标要求**”节点，在标书显示区将显示要求的具体内容(图5-3-4、图5-3-5)。

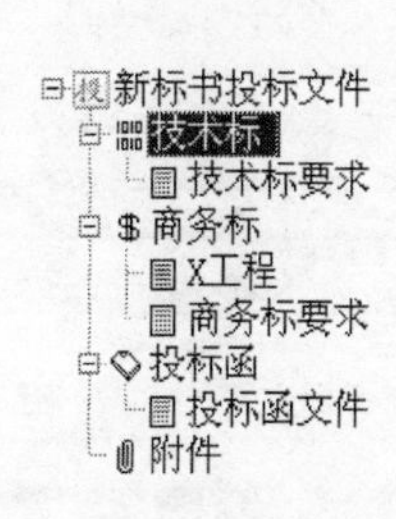

图5-3-4　标书树

技术标的编制主要通过鼠标进行操作。在“**技术标**”节点上方点击鼠标右键将弹出快捷菜单。在技术标的子节点上点击鼠标右键将弹出快捷菜单(图5-3-6)。

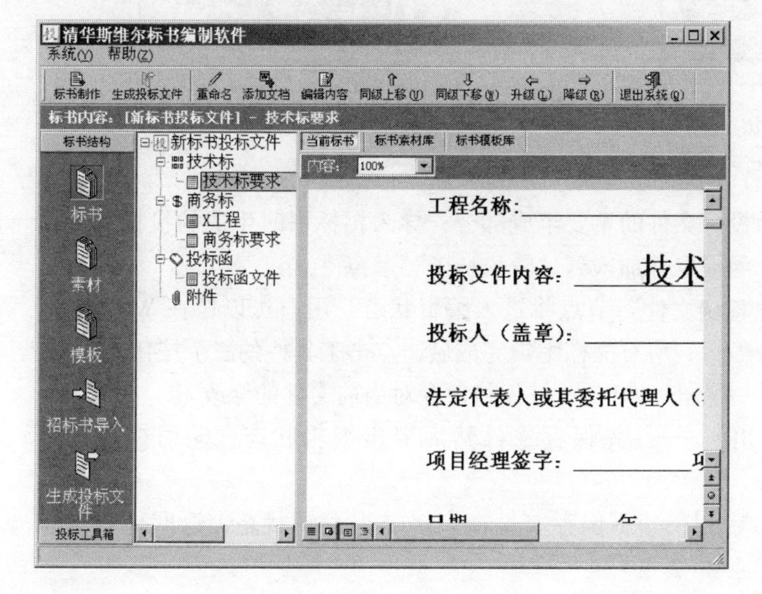

图5-3-5　技术标要求预览

图 5-3-6　技术标节点的快捷菜单

2）商务标

商务标主要包括工程量清单报价文件。导入招标书时生成的投标书范本中已经将商务标的编制要求提取并加入到商务标节点下，“**商务标要求**”以外的节点便是需要上报的商务标清单报价文件。

需要添加的商务标文件个数与名称由招标书指定，用户需要按照招标书的要求分别编制每个商务标文件，并通过在节点上方的右键菜单绑定文件。

在“**商务标要求**”节点上点击右键将弹出如下菜单(图 5-3-7)：

因“**商务标要求**”节点仅是对商务标编制的要求说明，供用户在编制标书时查阅，并不在投标要求之列，因此该节点可以删除。在“**商务标要求**”以外的节点上点击鼠标右键将弹出如下菜单(图 5-3-8)：

图 5-3-7　商务标要求节点的快捷菜单 　　　图 5-3-8　商务标要求以外节点的快捷菜单

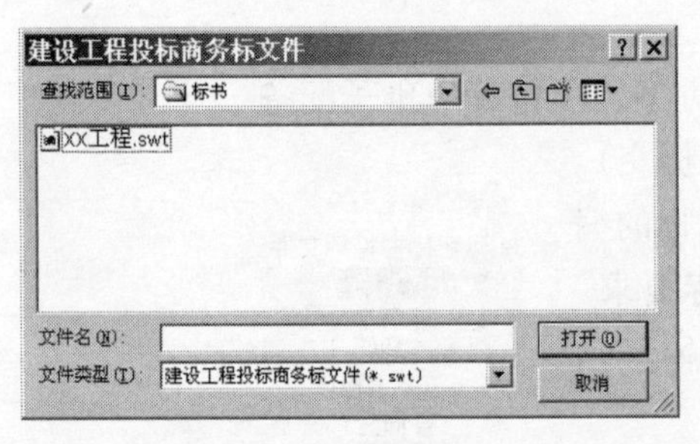

图 5-3-9　选择商务标文件

因该节点为招标书规定必须提交的，所以仅提供绑定文档功能，点击“**绑定文档**”将弹出文件选择对话框(图 5-3-9)。

选择计价文件并点击“**打开**”后，软件将进行文档的绑定工作，绑定成功后，软件将弹出提示对话框(图 5-3-10)。

如果绑定不成功将弹出如下提示对话框(图 5-3-11)。

图 5-3-10　绑定成功

图 5-3-11　绑定失败

3）投标函

投标函为投标文件的重要组成部分，导入招标书时生成的投标书范本中已经将投标函提取并加入到“**投标函**”节点下。

双击“**投标函文件**”节点将进入编辑状态，用户可以像在 Word 中一样对文档进行编辑，所有文档编辑完成后，点击工具栏的三个按钮：

【保存】——点击“**保存**”按钮将保存对当前文件的修改。

【保存退出】——首先保存文件然后退出编辑状态，返回标书预览状态。

【不保存退出】——不保存文件就直接退出编辑状态，返回标书预览状态。

如果不采用系统自动导入的投标函，用户也可以添加已经做好的投标函文件，在“**投标函**”节点上点击鼠标右键将弹出如下菜单(图5-3-12)：

点击“**添加投标函文件**”菜单项将弹出选择文件对话框，选择已经做好的投标函文件添加即可以。

4）附件

附件中文档为上述三个节点无法包含而投标时必须提交的文档，包括**施工进度图表**、施工**平面布置图文件**、施工图纸等。在“**附件**”节点上点击鼠标右键将弹出如下菜单(图5-3-13)：

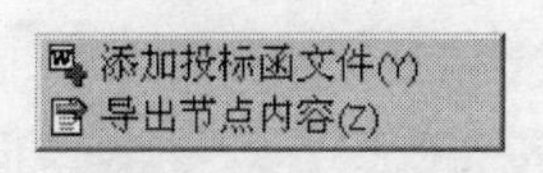

图5-3-12　投标函节点的快捷菜单

图5-3-13　附件节点的快捷菜单

点击“**施工进度图表**”菜单项将弹出选择文件对话框，选择已经做好的**施工进度图表**文件添加即可以。

点击“**施工平面布置图文件**”菜单项将弹出选择文件对话框，选择已经做好的施工**平面布置图文件**添加即可以。

5.3.7　生成 Word 投标书

标书制作完成以后，可以利用软件提供的“**标书制作**”功能将标书输入到 Word 中进行调整与打印。首先需要打开一份投标书，进入标书预览状态后点击“**系统**”菜单的“**标书制作**”，软件将自动提取投标书中的所有 Word 文档并组合成为新的完整标书。

首先弹出标书样式对话框(图5-3-14)：

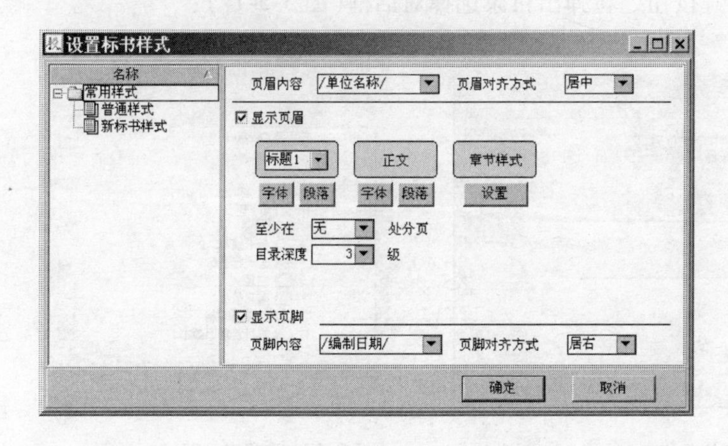

图5-3-14　设置标书样式

这里可以设定将要生成的标书的段落、文字风格、页眉、页脚内容等。设置样式后，点击“**确定**”将进行标书的合成工作。

生成工作完成后将进入如图5-3-15界面，右侧的 Word 文档可以直接编辑，且工具栏中将多出三个按钮：“**保存**”、“**保存退出**”、“**不保存退出**”。

【保存】——点击“保存”按钮将弹出保存文件对话框，输入文件名称后Word招标文件将被保存到指定位置。

【保存退出】——首先保存文件然后退出编辑状态，返回标书预览状态。

【不保存退出】——不保存文件就直接退出编辑状态，返回标书预览状态。

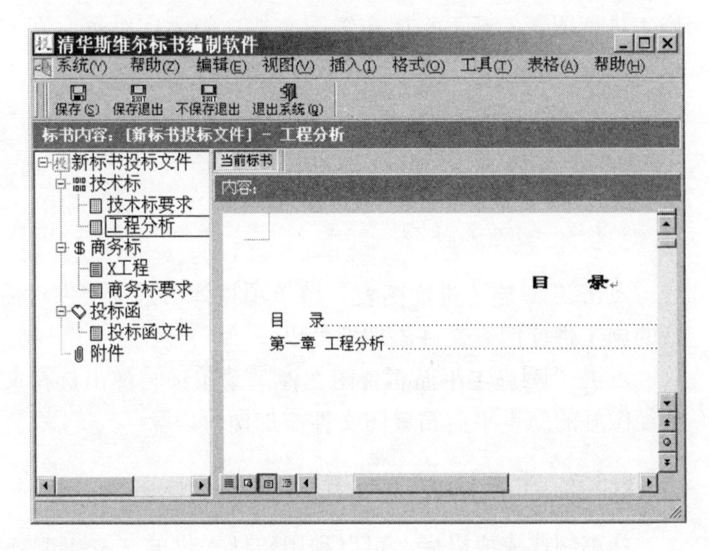

图5-3-15 生成Word标书

5.3.8 生成投标文件

编制完成投标文件后，点击工具栏的“**生成投标文件**”按钮，将弹出“**生成投标文件**”对话框(图5-3-16)。

点击“**浏览**”按钮，将弹出目录选择对话框(图5-3-17)：

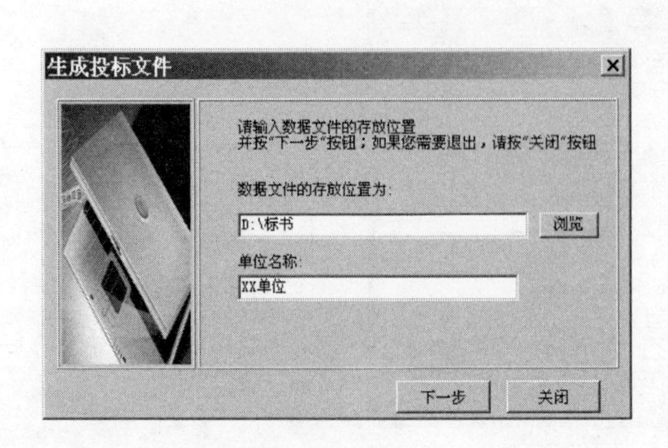

图5-3-16 选择存放路径及单位名称

图5-3-17 选择存放路径

选择存放位置并输入公司名称后，点击“**导出**”按钮，导出完成后将弹出提示框(图5-3-18)：

点击“**确定**”按钮后，“**生成投标书**”对话框也将被关闭，进入电脑中保存的目录可以看到生成的投标文件(图5-3-19)：

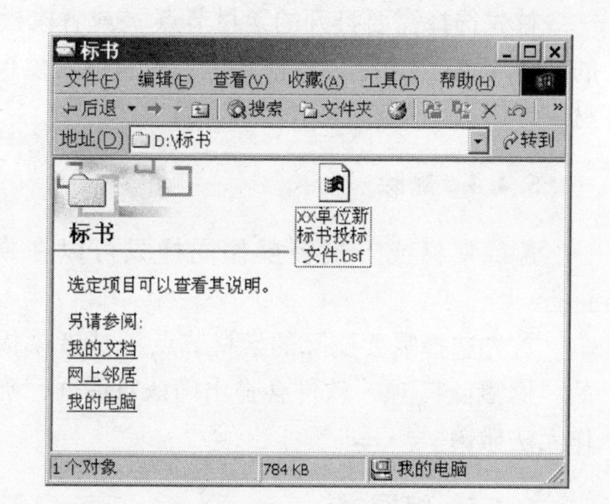

图 5-3-18　投标文件生成成功　　　　图 5-3-19　标书生成确认

到此，一份电子投标书文件就制作完成了。另外，还可以通过“系统”菜单下的“**浏览标书文件**”命令来浏览制作的投标文件。

5.4　素材与模板的维护

5.4.1　新建

在素材管理状态和模板管理状态下，选择新建素材和模板命令后弹出“新 〖”对话框(图 5-4-1)。

输入新建的素材或者模板名称后，选择“✓**确定**”就可以看到新建的素材或者模板了。

5.4.2　新建目录

目录用来将不同类型的素材或者模板分开存放，在素材管理状态或者模板管理状态下，选择工具栏的“ 新建目录”命令，将弹出“新建目录”对话框，输入名称后选择“✓**确定**”就可以看到新建的目录了(图 5-4-2)。

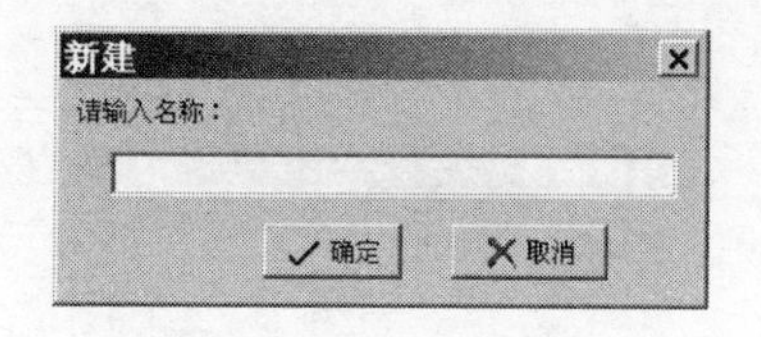

图 5-4-1　新建对话框

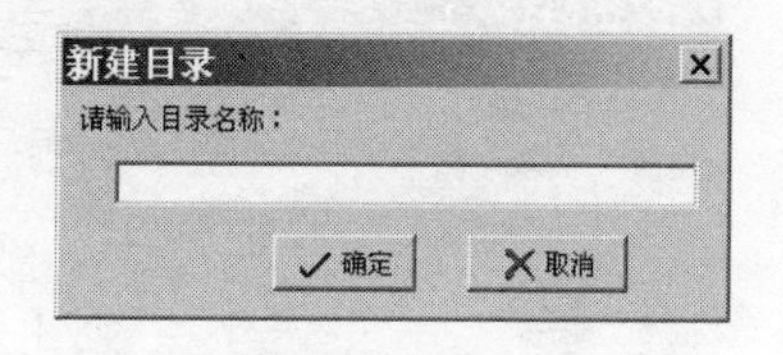

图 5-4-2　新建目录对话框

5.4.3　打开

打开素材或者模板操作只可以在素材或者模板的管理状态下进行。

首先选择需要打开的素材节点或者模板节点，然后选择右键菜单的“打开”命令。软件将进入素材或者模板的预览状态，就可以预览素材或者模板中所有的文件了。

5.4.4 删除

删除素材或者模板操作同样只可以在素材或者模板的管理状态下进行。

首先选择需要删除的素材节点或者模板节点，然后通过鼠标右键的“删除”项。软件会弹出确认对话框，确认后将删除该节点，且该操作无法撤销。

5.4.5 编辑

像标书一样，素材和模板也是可以编辑和修改的，处理的方法也相同，这里不再重复了。

5.4.6 标书与素材、模板的转换

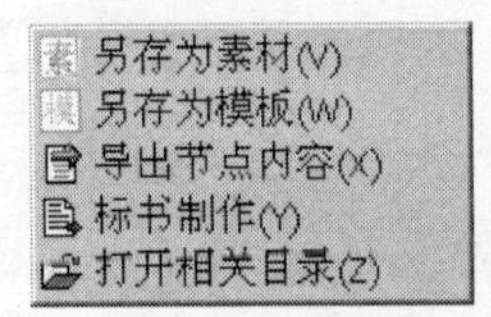

图5-4-3 标书根节点的快捷菜单

在标书预览状态下，右击标书树的根节点，在出现的快捷菜单中有“另存为素材”“另存为模板”命令，如果选择“另存为素材”命令，再次切换到素材管理状态就会看见新生成的素材，模板也是一样的(图5-4-3)。

5.4.7 用户密码设定

为了方便管理，应用程序提供了密码保护的功能，设定密码的方法如下：使用“系统”菜单的“密码设定”对话框可以修改密码(图5-4-4)。

在输入分别旧密码和两次相同的新密码(密码由数字和英文字母组成)之后，选择确定，新密码就启用了。以后启动软件时，就会弹出“身份确认”对话框，请求输入密码，只有密码正确，才可以启动系统(图5-4-5)。

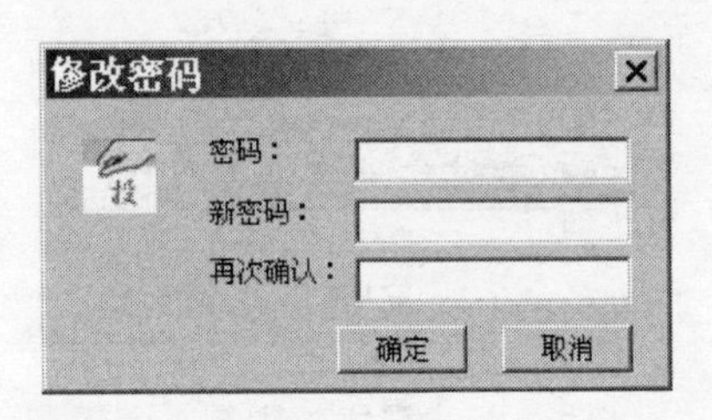

图5-4-4 “修改密码”对话框

图5-4-5 “身份确认”对话框

如果修改密码时空缺两个新密码编辑框，就清除了密码，以后启动软件时，将不会弹出“身份确认”对话框。

5.4.8 法律法规查询

标书编制软件内置了查询相关的法律法规的功能，选择“系统”菜单下的“相关法律法规”命令，就会弹出“法律法规查询”对话框（图5-4-6）。

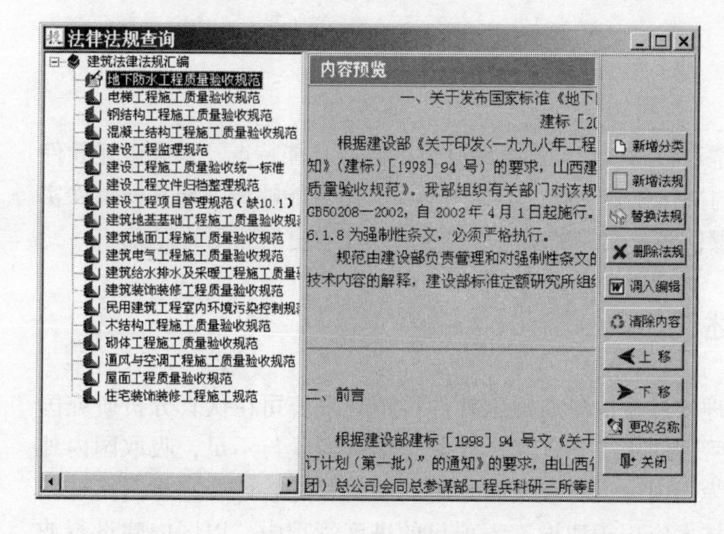

图5-4-6 “法律法规查询”对话框

界面分为三个部分：法律法规列表，内容预览，命令按钮。选择一个需要的法规后，选择“调入编辑”命令将法规调入WORD中使用。

5.4.9 基本信息设定

基本信息包括“单位名称”和“单位编号”，可以选择主菜单的系统下的“设置基本信息”命令来打开基本信息对话框（图5-4-7）。

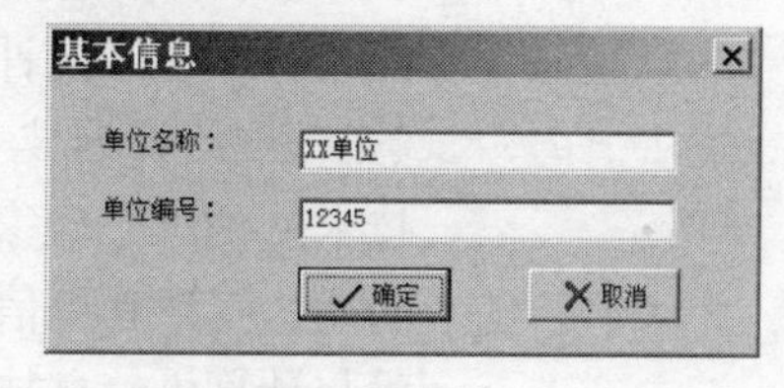

图5-4-7 基本信息设定

基本信息用于打印和生成投标文件的缺省值，这样可以避免多次输入同样的信息。

第一次运行标书编制软件时自动弹出这个对话框。

5.4.10 素材和模板的下载更新

（1）到清华斯维尔的网站www.thsware.com上下载需要的素材和模板更新包。

（2）双击运行更新包，更新将自动定位标书软件数据目录并自动更新素材模板。

第 6 章　项目管理软件应用

本章重点：本章将向读者全面介绍软件的各类功能特点，系统讲述软件的具体操作流程与操作步骤。通过本章的学习，读者能够清晰地掌握软件实现的具体操作步骤，并对软件实现的项目管理功能有更加深刻的理解。

6.1　软件概述

智能项目管理软件是清华斯维尔软件科技有限公司在认真分析研究国内建设行业项目管理的历史与现状，充分总结其经验与不足，吸取国内外同类软件优点，为国内建设行业精心定制的项目管理软件。它将网络计划技术、网络优化技术应用于建设工程项目的进度管理中，以国内建设行业普遍采用的双代号时标网络图作为项目进度管理及控制的主要工具。在此基础上，通过挂接建设行业各地区的不同种类定额库与工料机库，实现对资源与成本的精确计算、分析与控制，使用户不仅能从宏观上控制工期与成本，而且还能从微观上协调人力、设备与材料的具体使用，并以此作为调整与优化进度计划，实现利润最大化的依据。

该软件具有如下软件主要特点：

（1）软件设计符合国内项目管理的行业特点与操作惯例，严格遵循《工程网络计划技术规程》（JGJ/T 121—99）的行业规范，以及《网络计划技术》的三个国家标准，提供单起单终、过桥线、时间参数网络图等主要功能，将计算机信息技术在网络计划的全过程中进行应用，是网络计划技术与计算机信息技术的有机结合。

（2）操作流程符合项目管理的国际标准流程，首先通过项目的范围管理，在横道图界面中方便地进行工作任务分解，建立任务大纲结构，从而实现项目计划的分级控制与管理。在此基础上分析并定义工作间的逻辑关系，并通过定额数据库、工料机数据库等进行项目资源的合理分配，最终完成项目网络模型的构筑。系统将实时计算项目的各类网络时间参数，并对项目资源、成本进行精确分析，其数据结果作为项目网络计划优化与项目追踪管理的依据。

（3）除横道图建模方式外，为方便用户操作也提供了双代号网络图、单代号网络图等多种建模方式，同时能够模拟工程技术人员手绘网络图的过程，提供拟人化智能操作方式，实现快速高效绘制网络图的功能。智能流水、搭接、冬歇期、逻辑网络图等功能更好地满足实际绘图与管理的需要。

（4）支持搭接网络计划技术，工作任务间的逻辑关系可以有多种：完成-开始(FS)关系、完成-完成(FF)关系、开始-开始(SS)关系、开始-完成(SF)关系，同时可以处理工作任务的延迟、搭接等情况，从而全面反映工程现场实际工作的特性。

（5）图表类型丰富实用，制作快速精美，满足工程项目投标与施工控制的各类需求。用户可任选图形或表格界面录入项目的各类任务信息数据，系统自动生成施工横道图、单代号网络图、双代号时标网络图、资源管理曲线等各类工程项目管理图表，输出图表美观、规范，能够满足建设企业工程投标的各类需求，增强企业投标竞争实力。

（6）兼容微软 PROJECT 2000 项目管理软件，十分快捷、安全地从 Microsoft project 2000 中导入项目数据，可迅速生成国内普遍采用的进度控制管理图表——双代号时标网络图。并可完成工程项目套用工程定额等操作，实现对工程项目资源、成本的精确计算、分析与控制等功能，使其更能满足建设行业项目管理的实际需求，从而实现国际项目管理软件的本地化与专业化功能。

（7）满足单机、网络用户的项目管理需求，适应大、中、小型施工企业的实际应用。系统既可支持单机用户的使用，又可充分利用企业的局域网资源，实现企业多部门、多用户协同工作。

6.2 软件基本操作流程图

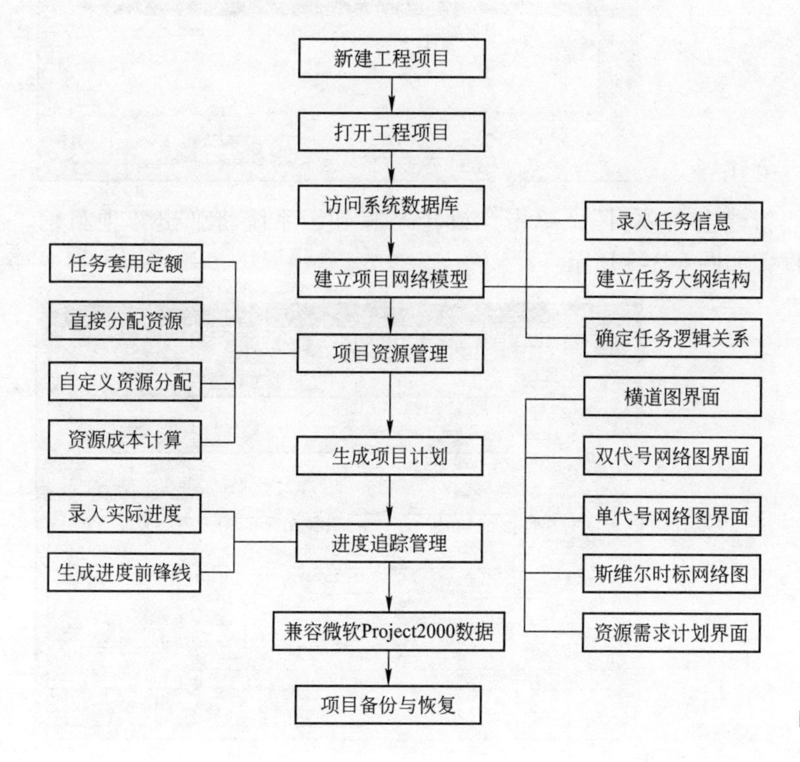

图 6-2-1 软件基本操作流程图

6.3 软件基本操作流程

为方便用户更加深刻地掌握软件的操作流程，将按整个流程顺序，介绍使用智能项目管理软件进行建设项目项目管理的基本步骤与过程。

6.3.1 启动软件

图 6-3-1　直接双击桌面快捷启动

从“开始”菜单选择或者在桌面上直接双击图标启动本系统。如图 6-3-1 所示：

6.3.2 新建工程项目

当用户启动智能项目管理软件后，便可弹出如图 6-3-2 所示的“新建”对话框。

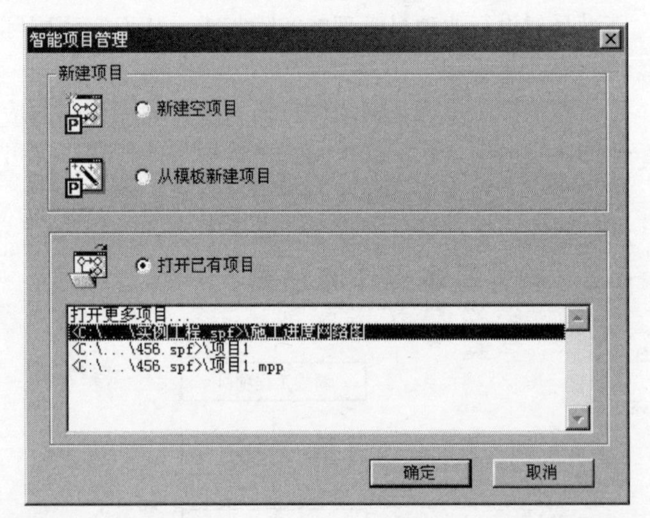

图 6-3-2　新建对话框

选择“新建空白项目”，单击“确定”按钮，系统将弹出“项目信息”对话框，如图 6-3-3 所示：

图 6-3-3　“项目信息”对话框

用户可在“项目信息”对话框中录入项目的各类信息，包括：项目常规信息、工程信息、各类选项信息以及备注信息等。按“确定”按钮完成项目信息的录入。

在介绍任务的基本操作前，首先向大家简单介绍一下软件中最经常使用的一个对话框——“任务信息”对话框，用户在横道图界面、网络图界面中均可通过该对话框完成各类基本的任务操作，如：新建任务、编辑任务、修改或添加任务逻辑关系、进行任务的资源分配、查阅任务的类型以及成本费用值等。“任务信息”对话框有以下一些选择卡构成：“常规”选择卡、“任务类型”选择卡、“前置任务”选择卡、“资源”选择卡、“成本统计”选择卡以及“备注”选择卡。因此“任务信息”对话框汇总了一个任务在软件中具有的各方面信息。

1)“常规”选择卡

“常规”选择卡集中了该任务的各类基本信息，如：任务名称、工期、开始结束时间、网络时间参数值、WBS码值、状态信息、进度信息、成本信息、字体信息等等。其中，有一些信息用户可以直接编辑(高亮显示的数据项)；另一些信息主要是系统经过计算后的结果，供用户查询(变灰的数据项)。“常规”选择卡如图6-3-4所示：

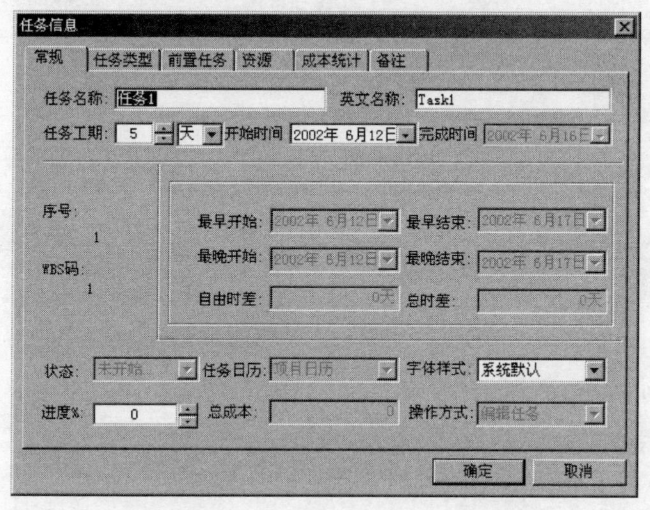

图6-3-4 “任务信息”对话框“常规”选择卡

2)“任务类型”选择卡

“任务类型”选择卡主要显示该任务的具体类型，以方便用户查阅。如图6-3-5所示：

3) 前置任务选择卡

“前置任务”选择卡主要显示该任务的前置任务编号、名称以及两者间的逻辑关系与延迟时间。任务间的逻辑关系可以有四种：完成—开始(FS)关系、完成—完成(FF)关系、开始——开始关系、开始——完成关系，同时用户可确定延隔时间值(正负均可)。“前置任务”选择卡如图6-3-6所示：

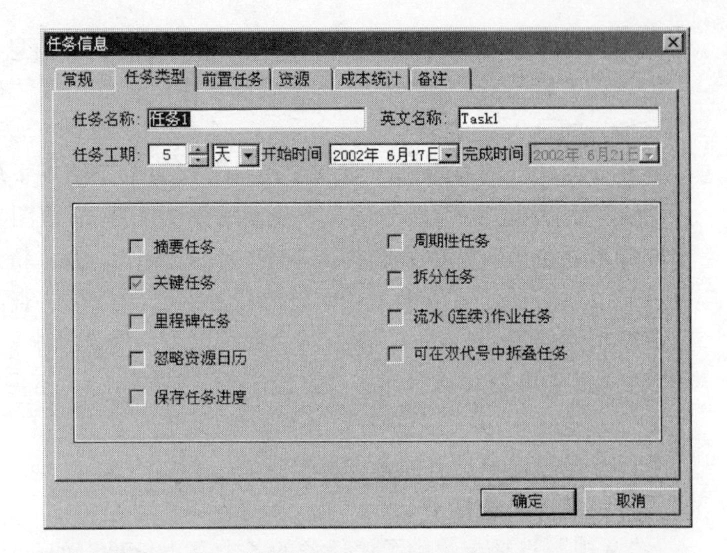

图6-3-5 “任务类型”选择卡

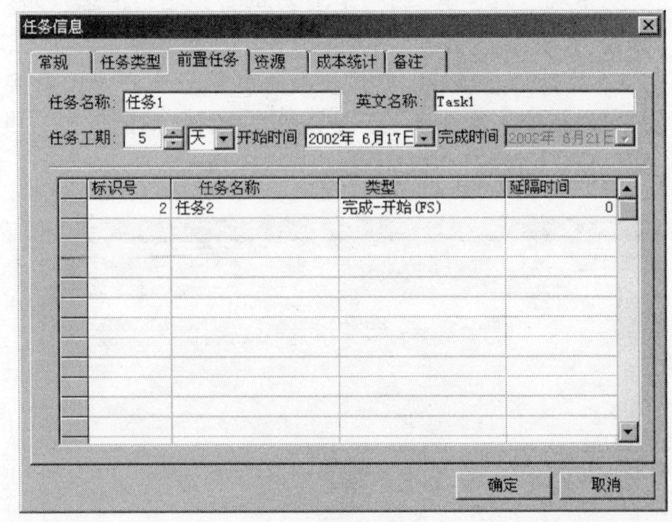

图6-3-6 “前置任务”选择卡

4)“资源”选择卡

“资源”选择卡如图6-3-7所示：

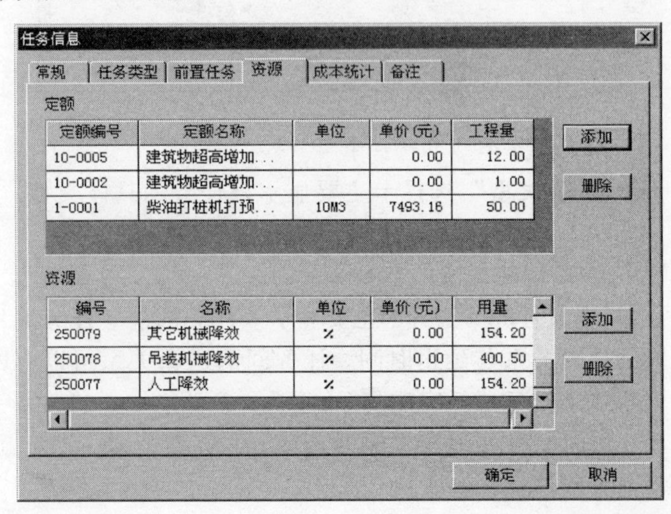

定额编号	定额名称	单位	单价(元)	工程量
10-0005	建筑物超高增加...		0.00	12.00
10-0002	建筑物超高增加...		0.00	1.00
1-0001	柴油打桩机打预...	10M3	7493.16	50.00

编号	名称	单位	单价(元)	用量
250079	其它机械降效	%	0.00	154.20
250078	吊装机械降效	%	0.00	400.50
250077	人工降效	%	0.00	154.20

图6-3-7 “资源”选择卡

"资源"选择卡用来显示和分配任务的资源，界面上部是该任务套用的定额信息、界面下部是该任务具体消耗的资源信息。通过该界面用户可以进行任务的资源分配工作。

5）成本统计选择卡

"成本统计"选择卡主要显示任务的成本计算结果，系统将成本类型划分为六类：人工费、材料费、机械费、设备费、费用、其他费，每一类均与工料机数据库相应类型对应，具体对照关系可点击"说明"按钮。同时依据费用来源将费用划分为标准与自定义两类，"标准"表示该费用来源于系统工料机数据库中的资源消耗，"自定义"表示该费用来源于用户自定义资源库中的资源消耗。"成本统计"选择卡如图 6-3-8 所示：

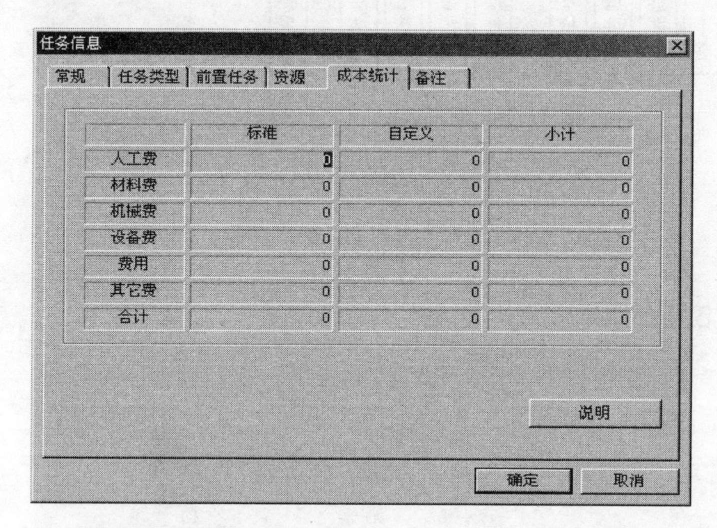

图 6-3-8 "任务信息"对话框"成本统计"选择卡

6）"备注"选择卡

"备注"选择卡主要记录任务的各类备注信息。"备注"选择卡如图 6-3-9 所示：

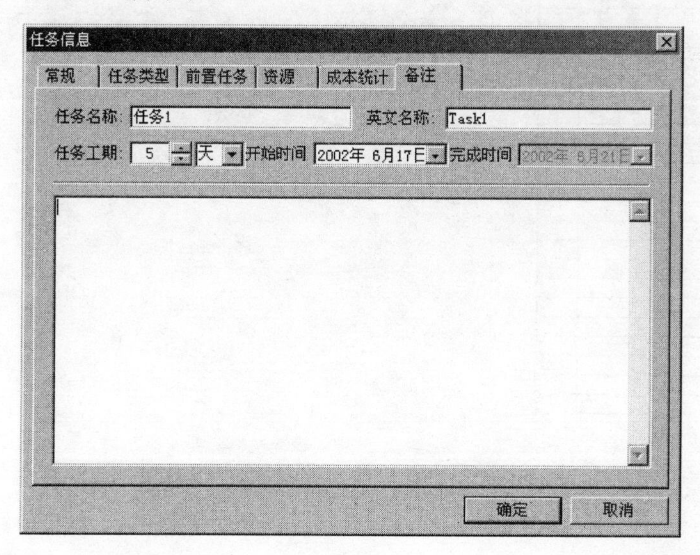

图 6-3-9 "任务信息"对话框"备注"选择卡

6.3.3 分解工作任务

工作任务分解(WBS)是将一个项目分解成易于管理的一些细目，它有助于确保找出完成项目所需的所有工作要素，是项目管理中十分重要的一步。例如用户可将本住宅楼工程具体分解为如图 6-3-10 所示的等级树形式。

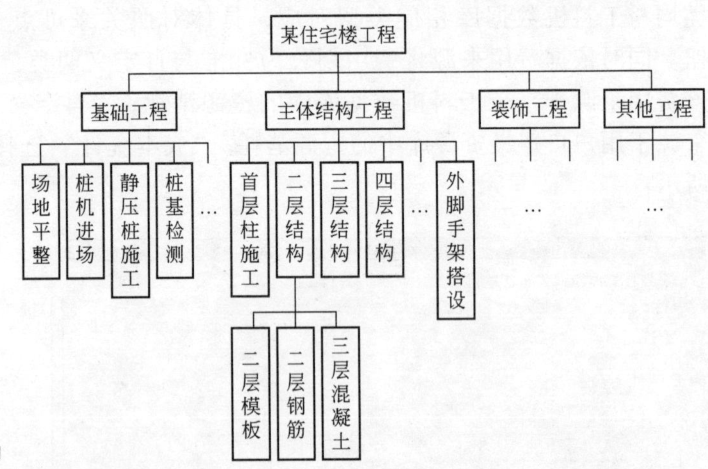

图 6-3-10　某住宅楼工程的 WBS 结构

6.3.4 横道图任务操作

在软件中的横道图新建任务进行工作任务的分解。在此界面中进行任务信息的录入，如图 6-3-11 所示：

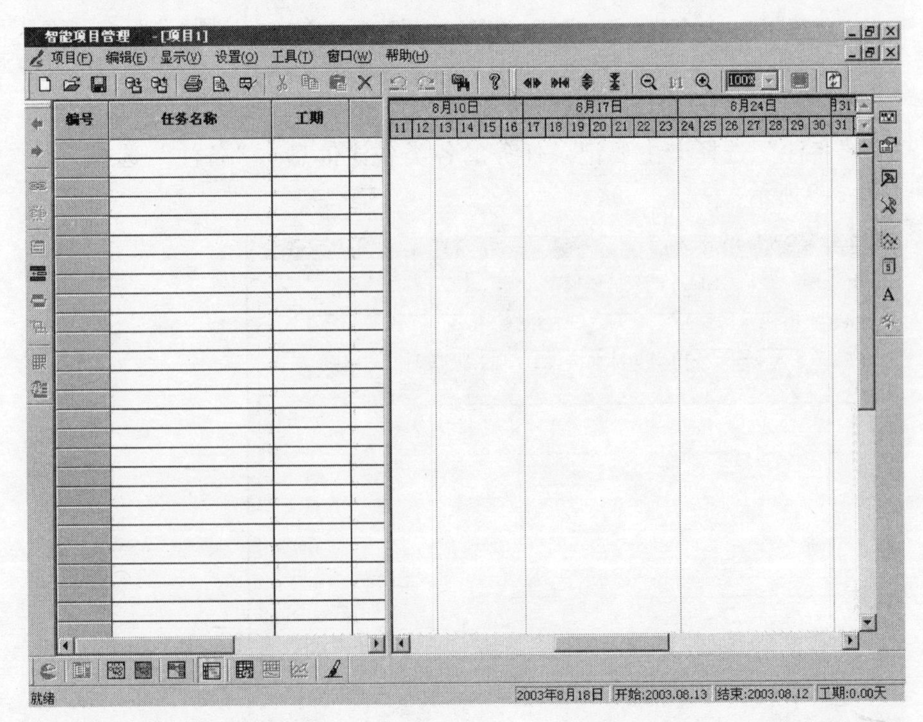

图 6-3-11　横道图编辑界面

1）新建任务

在横道图界面中新建任务的方式主要有三种：

(1) 通过菜单命令新建任务

用鼠标点击“**编辑**”菜单的“**插入任务**”命令，或直接用鼠标点击“**添加新任务**”快捷按钮，系统将弹出“**任务信息**”对话框，在该对话框中用户可录入新建任务的基本信息，主要有：任务名称与任务工期。同时对于任务的“**开始时间**”缺省时为项目的开始时间，当该任务与其他任务间存在逻辑关系时，任务的开始时间依据系统网络时间参数自动计算；当该任务与其他任务间不存在逻辑关系时，任务的开始时间可由用户自行指定。

(2) 直接在任务表格中输入新任务信息

在横道图界面左侧的任务表格中，用户可直接录入新增任务信息——任务名称与任务工期，具体如图 6-3-12 所示。另外对于开始时间项与前述规定的相同。

编号	任务名称	工期	
1	施工准备	5天	

图 6-3-12　在任务表格中新增任务

同时需要注意的是，在横道图界面新建任务时可能有两种新建任务类型，一种是插入的新任务，即在鼠标选中的当前任务表格位置插入新的任务；另一种是添加的新任务，即在任务表格的最尾部添加新的任务。工具栏中的“**添加任务**”快捷按钮是指在任务表格的最尾部添加新任务，而“**编辑**”菜单中的“**插入任务**”命令则是在鼠标指向的任务表格的当前位置处插入新任务。同时为方便用户的插入与添加操作，用户在任务表格中单击鼠标右键便会弹出快捷菜单，选择需要进行的具体操作。

(3) 在横道图条形图中通过鼠标拖拽新建任务。

2）编辑/查询任务信息

当用户需要编辑/查询任务的各类信息时，如：修改任务名称、调整/查询任务工期、重新定义任务间逻辑关系、修改/查询任务分配的资源等，均可通过软件提供的编辑任务功能实现。首先用户应用鼠标选择好待编辑的任务，然后可选取“**编辑**”菜单的“**编辑任务**”命令，或直接点击工具栏上的“**编辑任务**”快捷按钮，系统将弹出前述介绍的“**任务信息**”对话框，通过该对话框用户可方便地修改/查询任务的各方面信息。

实际上，为方便用户的编辑/查询操作，在横道图界面中系统提供了多种方式和途径进行简化操作。例如：在任务表格中直接双击任务所在行的各类信息（任务名称、工期、开始时间等）或直接双击横道图界面右侧任务对应的条形图，系统均将弹出任务信息对话框。在任务表格中选中任务后，单击鼠标右键，在弹出的快捷菜单中也提供了“**编辑任务**”命令。

3）删除任务

当用户需要删除任务时，首先在任务表格中选择待删除的任务，然后选取“**编辑**”菜单的“**删除任务**”命令，后点击鼠标右键在弹出的快捷菜

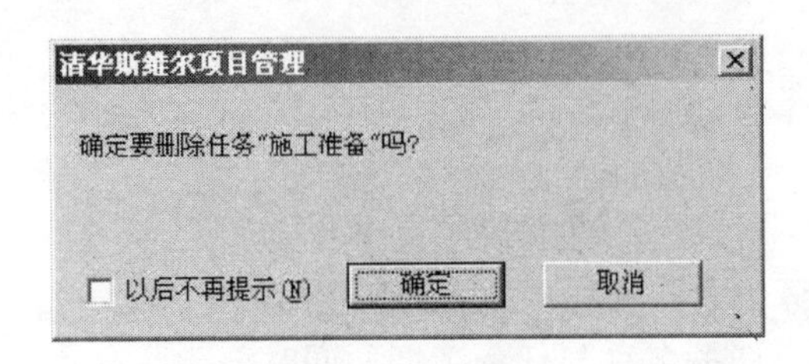

图 6-3-13　删除任务提示信息

单中，选择“删除任务”命令。此时系统将弹出如图 6-3-13 所示的提示信息，要求用户确认：

若用户在该提示信息界面中选中“以后不在提示”选项，则在以后的删除任务操作中，将不再继续给出提示。另外，当用户要删除在任务表格中多个连续的任务时，可首先用鼠标在任务表格中选中多个连续的任务，然后再选择删除操作，如此可同时删除多个任务。

4）链接任务

链接任务是指建立任务与任务间的逻辑关系，是建立项目网络模型中十分重要的一步。因此系统在横道图界面的链接任务功能设计时，充分考虑的用户操作的简便性与方便性，用户可通过多种方式实现链接任务的操作。

方式一：通过“**任务信息**”对话框的前置任务选择卡，实现任务链接操作，具体如图 6-3-14 所示。

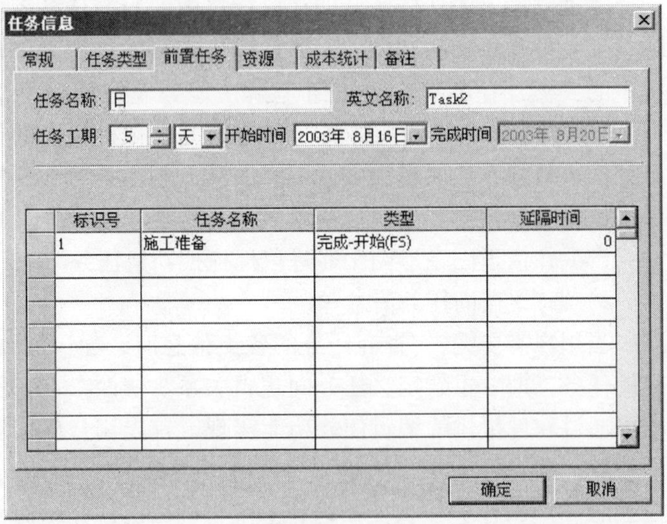

图 6-3-14　链接任务方式一

在“**前置任务**”选择卡中，用户首先应通过“**标识号**”的下拉列表或“**任务名称**”下拉列表，选择当前任务的前置任务，然后通过“**类型**”的下拉列表确定当前任务与前置任务间的逻辑关系类型，同时如果任务间存在延隔时间，需要在“延隔时间”项中输入的具体的数值，默认情况下时间单位为天(d)。

方式二：在横道图界面的条形图中通过鼠标直接拖拽，完成链接任务操作。现以施工准备与土方工程两任务为例，讲解任务链接的具体操作步骤。施工准备与土方工程两者为完成—开始类型的逻辑关系，施工准备为该逻辑关系的前置任务，土方开挖为该逻辑关系的后继任务，具体步骤如下：

（1）将鼠标放置在横道图右侧的任务条形图中的前置任务上，等光标的形式变为十字形，如图 6-3-15 所示：

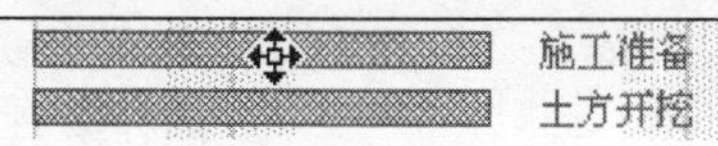

图 6-3-15　十字形光标

（2）按住鼠标左键，此时鼠标形式将变为链接形式，表明可以进行链接操作。按住鼠标左键的同时，进行拖拽操作，将关系线拖拽至后继任务的条形图上，如图 6-3-16 所示：

（3）则将两任务的逻辑关系设置为完成—开始类型。注意，采用该种方式链接任务时，任务间的逻辑关系默认为完成—开始类型。以上操作后的结果如图 6-3-17 所示：

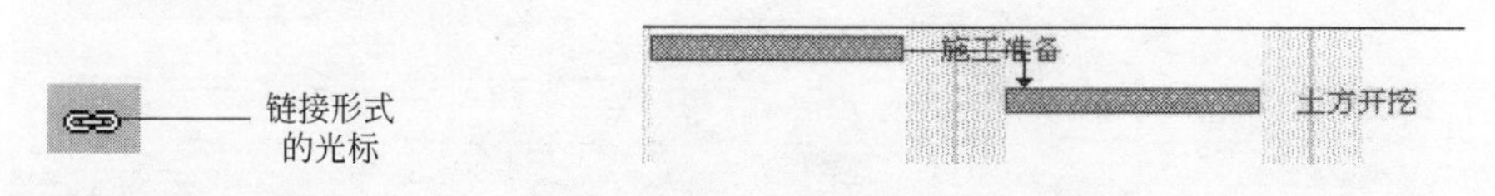

图 6-3-16　拖拽图标　　图 6-3-17　任务链接后的结果

（4）当用户要修改任务间的逻辑关系类型时，例如将上述关系由“**完成—开始**”类型修改为“**开始—开始类型**”，并需要考虑 5 天延隔时间，即施工准备工作开始后 5 天才进行土方开挖工作，可通过以下方法修改任务的逻辑关系类型。首先在将鼠标移动至关系线位置处，然后双击鼠标左键，系统将弹出如图 6-3-18 所示的任务相关性对话框：

在该对话框的类型下拉列表中选择“**开始—开始**(SS)”类型，然后在延隔时间处输入 5 天的数值，最后按“确定”按钮，修改后的条形图变为如图 6-3-19 所示：

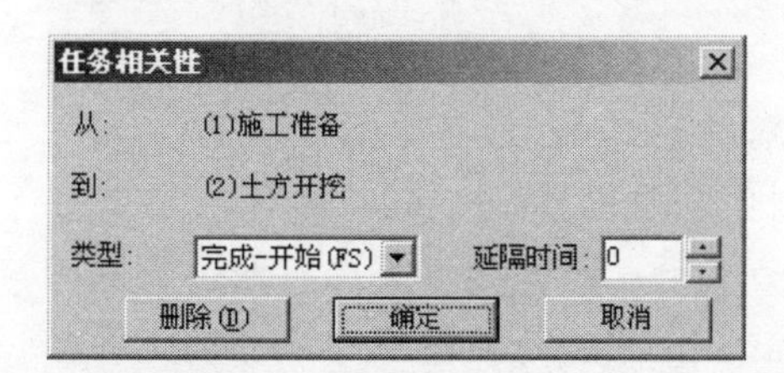

图 6-3-18　任务相关性对话框

图 6-3-19　修改逻辑关系后的条形图

方式三：当用户需要链接在任务表格中多个连续的任务时，为方便用户可采用以下操作：用鼠标在任务表格中选中多个连续的任务，如图 6-3-20 所示：

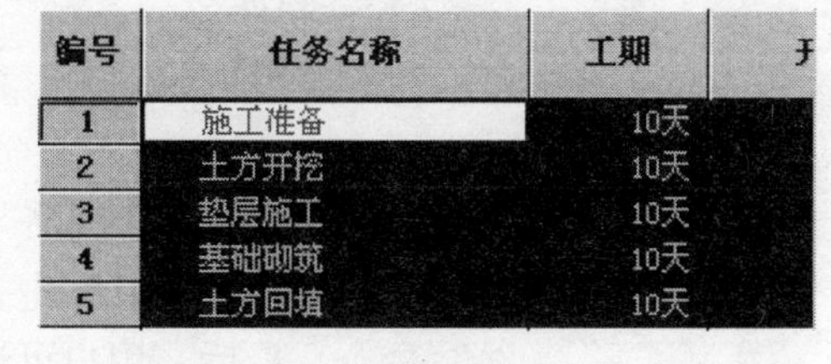

编号	任务名称	工期
1	施工准备	10天
2	土方开挖	10天
3	垫层施工	10天
4	基础砌筑	10天
5	土方回填	10天

图 6-3-20　选中多个连续任务

然后，选取“**编辑**”菜单的“**链接任务**”命令，或直接点击工具栏的“链接任务”快捷按钮，则系统将按顺序将以上任务的逻辑关系设定为“**完成—开始**”类型，其条形图如图 6-3-21 所示：

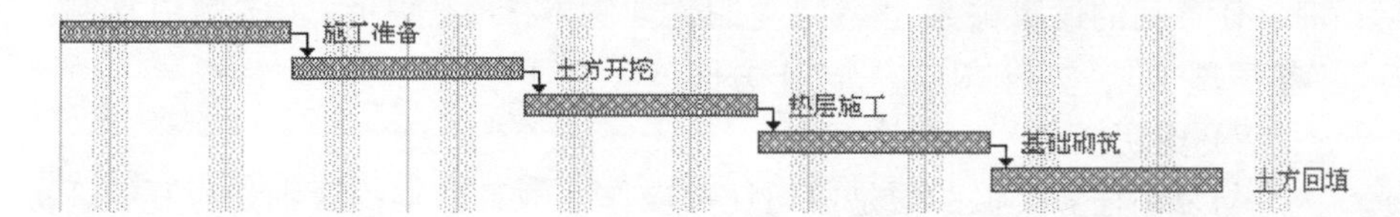

图 6-3-21　对连续任务采用链接命令后的条形图

5）取消任务链接

取消任务连接的操作主要有以下三种方法，其中第一种和第二种方法主要是针对非连续链接的任务，第三种方法主要针对连续链接的任务。方法一：选中已链接任务中的后继任务，在该任务信息对话框的“**前置任务**”选择卡中设定“**类型**”项为“**无**”，如图 6-3-22 所示：

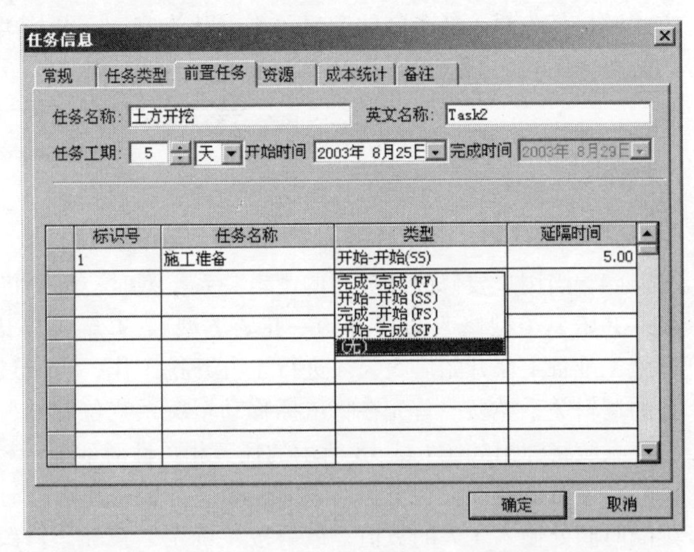

图 6-3-22　取消任务链接方法一

方法二：直接在条形图界面中，将鼠标移动至待取消链接的关系线位置，双击鼠标左键，在弹出的“**任务相关性**”对话框中设定“**类型**”项为“**无**”，如图 6-3-23 所示：

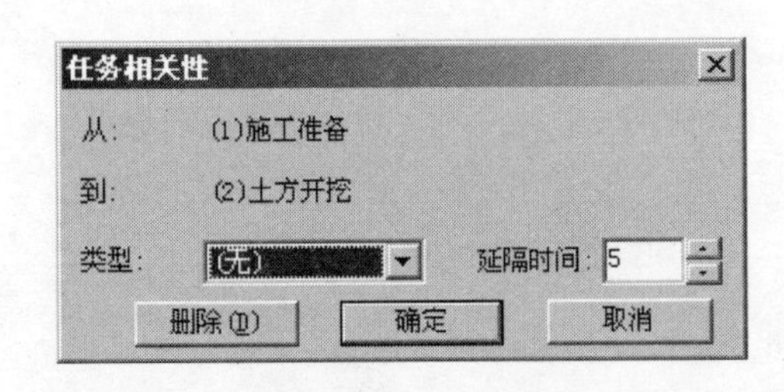

图 6-3-23　取消任务连接方法二

方法三：该操作主要针对连续链接的任务。首先在任务表格中用鼠标选中连续任务，然后选取“**编辑**”菜单的“**取消链接**”命令，或直接点击工具栏的“**取消链接**”快捷按钮，便可完成取消链接操作。

6）复制任务

为方便用户的操作，系统提供了任务复制功能。具体操作方法如下：首先用户应在任务表格中选择需要复制的任务，选择的任务或者为单个任务或者为连续的多个任务。然后选取“**编辑**”菜单的“**复制任务**”命令，或在任务表格界面中单击鼠标右键并在弹出的快捷菜单中选取“**复制任务**”命令。最后，用户可选择需要进行任务复制的具体位置，选取“**粘贴任务**”命令，完成任务的复制与粘贴操作。注意，当是复制多个连续任务时，任务间的逻辑关系也一同复制，如图 6-3-24 所示。（该例中复制了“**垫层施工**”、“**基础砌筑**”、“**土方回填**”三任务）

7）剪切任务

与复制任务类似的便是剪切任务操作，两者的惟一区别是，复制任务不删除原有的任务，而采用剪切任务操作，原有任务将被删除，因此当在

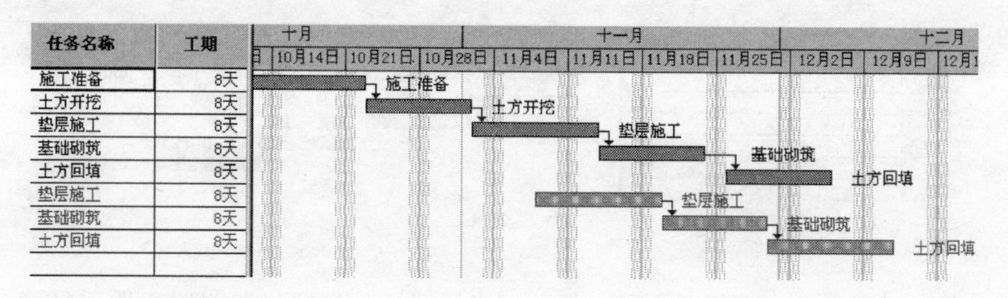

图 6-3-24　复制任务

移动某些任务时请采用剪切与粘贴命令。

8）查找任务

当用户操作的任务较多时，有时需要查找某一任务，系统为用户提供了任务查找功能。用户可点击“**编辑**”菜单的“**查找任务**”命令，或直接点击工具栏上的“查找任务”快捷按钮。系统将弹出如图 6-3-25 所示的“**查找任务**”对话框：

系统提供了两种查找任务的方式，一种是按任务的编号查找任务，该种方式较为简单；另一种便是按任务名称查找任务。

9）子网操作

为方便用户进行工作任务的分解，建立任务的 WBS 结构，系统为用户提供了子网操作命令。子网操作命令主要有两种：降级命令、升级命令。如图 6-3-26 所示。

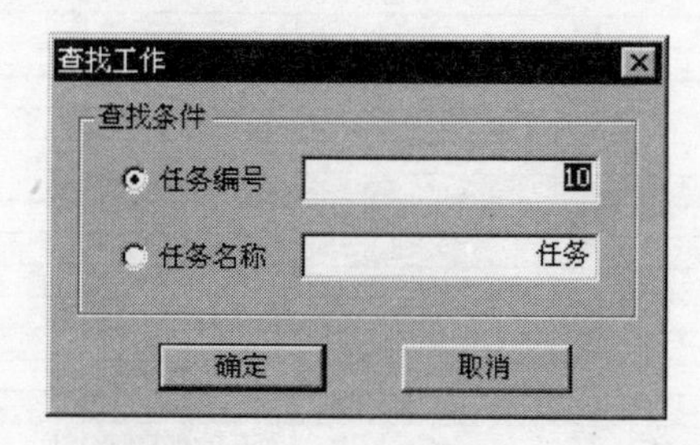

图 6-3-25　查找工作对话框

图 6-3-26　升降级按钮

（1）降级命令

降级命令是将当前选中任务的级别降一级。任务级别指的是它的 WBS 结构，因此 WBS 码可以正确地反映任务级别，在 WBS 码中，每增加一个小数点则表明该任务的级别又降了一级。例如：基础工程由土方工程、垫层施工、基础砌筑和土方回填四项工作构成，则通过降级命令可以正确地反映任务间的这种构成关系。首先在任务表格中选中土方工程等四个任务，然后点击“编辑”菜单的“降级”命令或直接点击工具栏上的“**降级**”快捷按钮，便可将土方工程等四个任务作为基础工程的子任务，在系统中我们将基础工程类型的任务称为摘要任务，与之对应的便是子任务。图 6-3-27 显示了任务间的这种层次关系：

另外，在摘要任务的左侧有一个标记，当标记显示为“－”号时表明

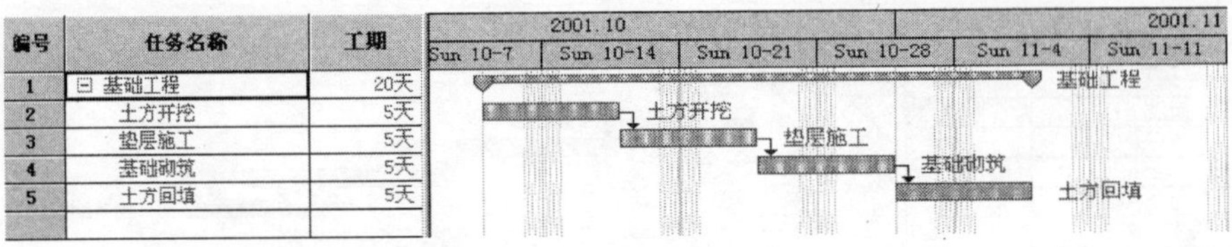

编号	任务名称	工期
1	⊟ 基础工程	20天
2	土方开挖	5天
3	垫层施工	5天
4	基础砌筑	5天
5	土方回填	5天

图 6-3-27　降级操作

已经显示了该大纲任务下的子任务，当标记显示为“ + ”号时表明已经隐藏了该大纲任务下的子任务。

(2) 升级命令

升级命令是降级命令的逆过程，是使当前选中任务的级别升一级，当然如果选中任务的级别本身便是最高级别的任务，则升级命令对该任务不起任何作用。升级命令的操作过程与降级命令类似，首先选中待升级的任务，然后选择“**编辑**”菜单中的“**升级**”命令或直接点击工具栏的“**升级**”快捷按钮。例如，若要将上述示例中的任务回复到未降级之前的情况可对土方工程等四个任务实施升级操作。最后通过软件的操作将 WBS 的任务大纲结构的编码体系 WBS 码在软件中表示出来如图 6-3-28 所示：

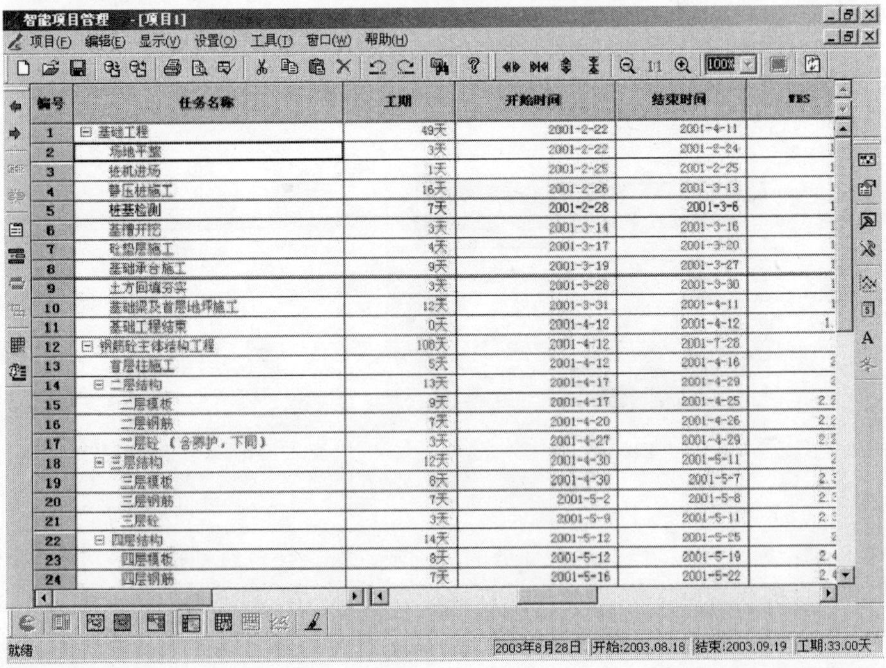

编号	任务名称	工期	开始时间	结束时间	WBS
1	⊟ 基础工程	49天	2001-2-22	2001-4-11	
2	场地平整	3天	2001-2-22	2001-2-24	1
3	桩机进场	1天	2001-2-25	2001-2-25	1
4	静压桩施工	16天	2001-2-26	2001-3-13	1
5	桩基检测	7天	2001-2-28	2001-3-6	1
6	基槽开挖	3天	2001-3-14	2001-3-16	1
7	砼垫层施工	4天	2001-3-17	2001-3-20	1
8	基础承台施工	9天	2001-3-19	2001-3-27	1
9	土方回填夯实	3天	2001-3-28	2001-3-30	1
10	基础梁及首层地坪施工	12天	2001-3-31	2001-4-11	1
11	基础工程结束	0天	2001-4-12	2001-4-12	1.
12	⊟ 钢筋砼主体结构工程	108天	2001-4-12	2001-7-28	
13	首层柱施工	5天	2001-4-12	2001-4-16	2
14	⊟ 二层结构	13天	2001-4-17	2001-4-29	2
15	二层模板	9天	2001-4-17	2001-4-25	2.2
16	二层钢筋	7天	2001-4-20	2001-4-26	2.2
17	二层砼（含养护，下同）	3天	2001-4-27	2001-4-29	2.2
18	⊟ 三层结构	12天	2001-4-30	2001-5-11	2
19	三层模板	8天	2001-4-30	2001-5-7	2.3
20	三层钢筋	7天	2001-5-2	2001-5-8	2.3
21	三层砼	3天	2001-5-9	2001-5-11	2.3
22	⊟ 四层结构	14天	2001-5-12	2001-5-25	2
23	四层模板	8天	2001-5-12	2001-5-19	2.4
24	四层钢筋	7天	2001-5-16	2001-5-22	2.4

图 6-3-28　工程中任务的 WBS 码

10）确定任务的持续时间

确定任务持续时间的方法主要有两种：一种是采用定额套用法，一种是采用“三时估计法”。具体可参阅前面讲的“**网络时间参数计算**”的相关部分。当用户确定好任务的持续时间后，可在“任务信息”对话框的“**任务工期**”数据域中输入该任务的工期。具体如图 6-3-29 所示：

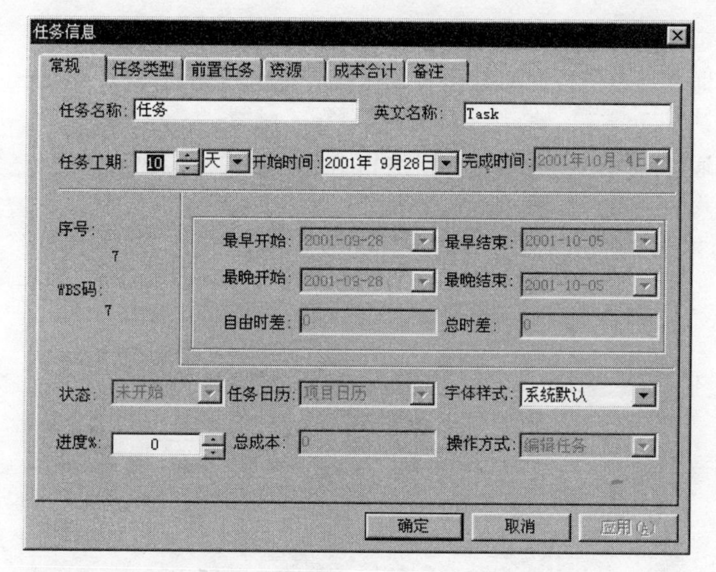

图 6-3-29 确定任务持续时间(任务工期)

11）确定任务间的逻辑关系

确定任务的常规信息后(任务名称、持续时间、WBS 结构等)，便可确定任务与任务间的逻辑关系，通过逻辑关系的确定建立项目基本的网络模型。软件支持搭接网络计划技术，任务和任务之间的逻辑关系可以有四种：完成—开始关系、完成—完成关系、开始—开始关系和开始—完成关系。同时在软件中还可方便地设置任务的正负延迟时间等搭接特性(图 6-3-30)。

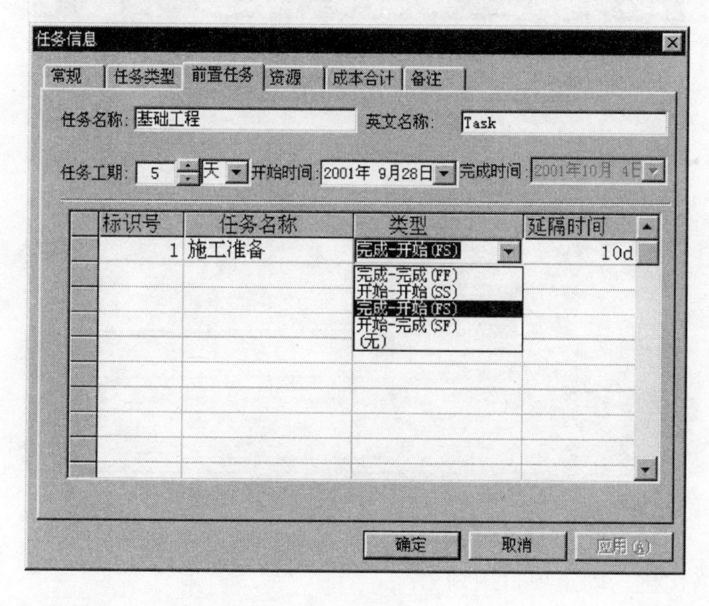

图 6-3-30 确定任务间的逻辑关系

12）任务资源分配及成本计算

为体现建设行业的资源管理特点，系统提供了定额数据库与工料机数据库，用户可通过三种方式进行资源分配工作：

方式一：可对工作任务套用相关定额，系统将依据定额含量自动进行工料机分析，将定额信息转化为资源信息，实现资源的分配工作。

方式二：可通过工料机数据库直接对工作任务指定相关的资源，实现资源的分配工作。

方式三：可通过定额指定与工料机指定相结合的方式，实现资源的分配工作。

具体如图 6-3-31、图 6-3-32 所示：

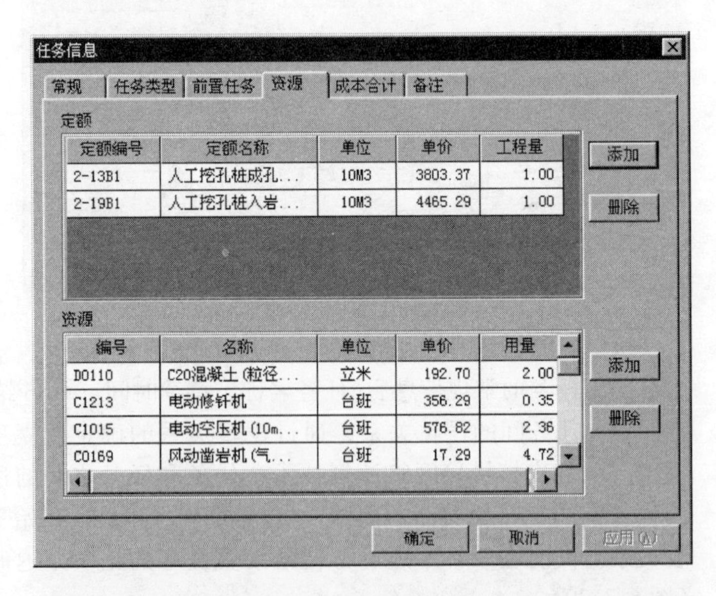

图 6-3-31　任务资源分配

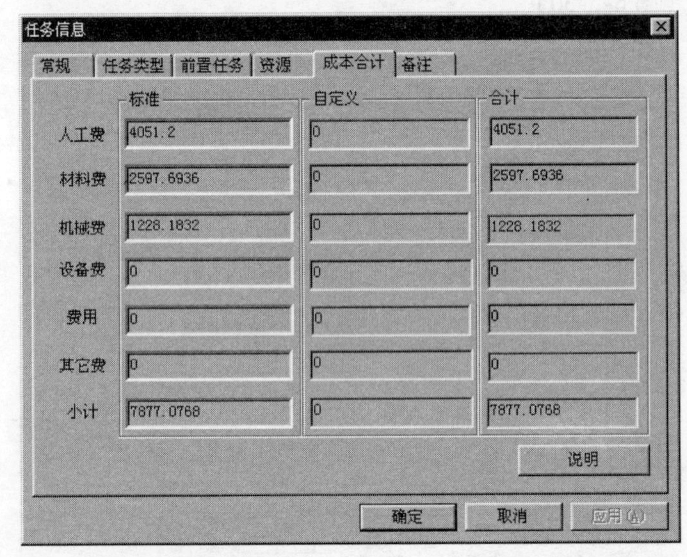

图 6-3-32　任务成本计算

13）进行网络优化，确定项目规划

完成以上步骤后，项目的初步规划阶段便已经结束，用户可依据系统计算的各类网络时间参数值以及项目的资源、成本值，利用网络优化技术对项目的初步规划进行优化，以确定最终的项目规划。网络优化可以采用以下一些方法：①资源有限、工期最优。②工期确定、资源均衡。③费用成本优化等。在项目规划的确定过程中，用户可生成各类项目计划图表，包括单代号网络图、双代号网络图、时标逻辑图等。下面就来依次介绍这几种项目计划图表。

6.3.5 单代号网络图

1）添加任务

用户可在网络图操作界面中方便地添加工作任务，选取“编辑”菜单的“添加任务”命令，或直接点击工具栏中的“添加任务”快捷按钮，将网络图的当前编辑状态设定为“添加任务”状态。

在单代号网络图界面中新建任务的操作，具体步骤如下：选取“编辑”菜单的“添加任务”命令，或直接点击工具栏中的“添加任务”快捷按钮，将网络图的当前编辑状态设定为“添加任务”状态。

在单代号网络图界面中，在需要添加任务的位置，单击鼠标左键，按住鼠标左键不放，同时拖拽鼠标，界面中将出现一个在单代号网络图中用来表示任务的矩形框，然后放开鼠标左键，此时系统将弹出该新建任务的“任务信息”对话框，通过该对话框用户可输入新建任务名称，修改任务开始时间、工期等操作，最后完成新建任务的任务信息录入工作。

2）编辑/查询任务

要在单代号网络图界面中查阅/编辑任务，有两种方法：将鼠标移动至待查看任务图框上（单代号网络图中默认情况下用矩形框表示任务），双击鼠标左键；先在视图中选择一个任务，然后单击工具栏上的“编辑任务”按钮或者单击“编辑”菜单下的“编辑任务”命令。

用上面两种方法执行后，系统将弹出该任务的“任务信息”对话框，通过任务信息对话框，用户可完成对任务的各类信息的查询或编辑操作。

3）删除任务

选中需要删除的任务后点击 DELETE 键或选择菜单“删除任务”，软件将执行删除任务操作，删除前软件将进行删除操作的确认，确认要删除时将最终完成任务的删除操作。

4）调整任务与节点

在单代号网络图编辑界面，用户可以方便地调整节点在网络图中的位置，单代号网络图界面中的调整任务操作与双代号网络图界面十分类似，具体操作如下：

按照前述的方法，将单代号网络图操作界面的编辑状态设定为“调整任务”状态。

将鼠标移动到需要调整位置的任务图框上（默认单代号网络图中默认情况下用矩形框表示任务），光标将变为如图6-3-33所示的“+”型光标形式：

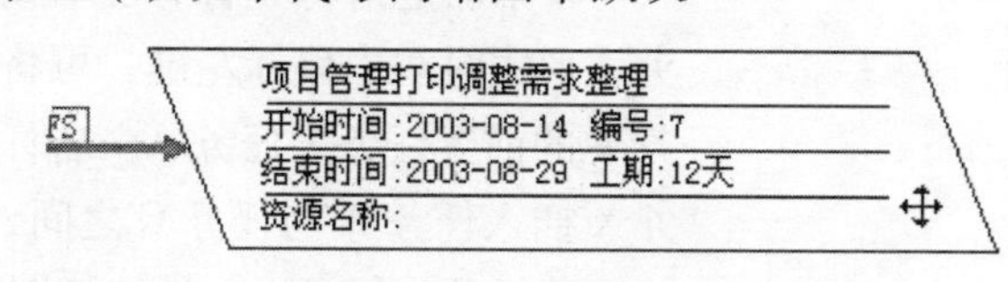

图6-3-33 “+”型光标

此时用户可以按住鼠标左键不放，同时移动鼠标，将任务图框移动至需要的位置。此时软件将自动调整相关节点与箭线的位置，并保证网络图的整体美观。

6.3.6 双代号网络图

1）新建任务

用户可在网络图操作界面中方便地添加工作任务，选取“编辑”菜单的“添加任务”命令，或直接点击工具栏中的“添加任务”快捷按钮。在双代号网络图界面中添加任务主要有三种方式：方式一通过任务箭线添加；方式二通过任务节点添加；方式三在空白处添加。现分别向大家介绍：

（1）通过任务箭线添加

通过任务箭线添加任务又可分为两类，分别为左添加和右添加。

① 左添加

左添加是指将光标移至任务箭线的尾部（左端），当光标的形状变化为“左箭头”形式时，双击鼠标左键，可以将一个新任务 X 添加到任务 A 的左侧，并设定任务 X 为任务 A 的直接前置任务。若任务 A 原来的前置任务为任务 B，则将任务 X 插入至任务 A 与 B 之间，设定任务 X 为任务 A 的前置任务，并设定任务 X 的前置任务为任务 B。如图 6-3-34 ~ 图 6-3-39 所示：

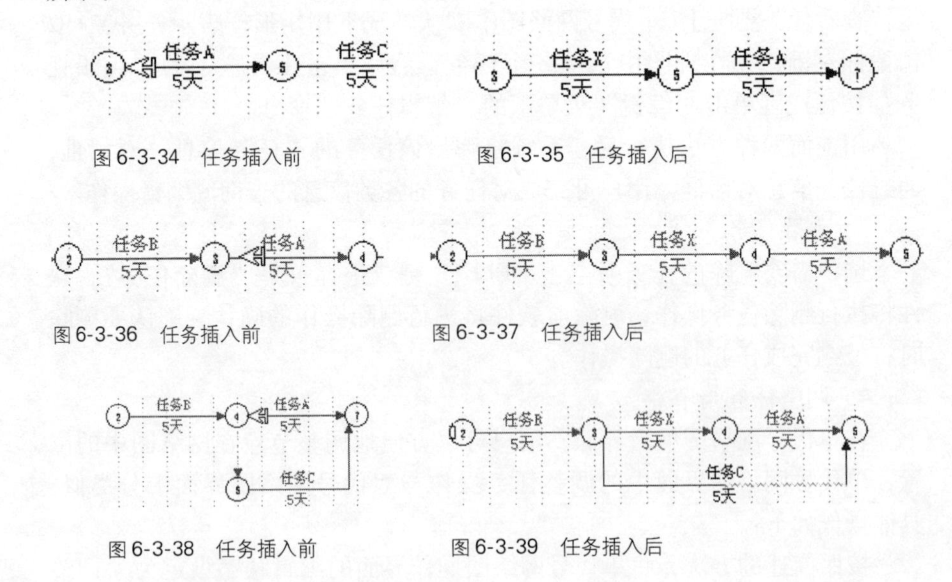

图 6-3-34　任务插入前

图 6-3-35　任务插入后

图 6-3-36　任务插入前

图 6-3-37　任务插入后

图 6-3-38　任务插入前

图 6-3-39　任务插入后

② 右添加

右添加是指将光标移至任务箭线的头部（右端），当光标变为“右箭头”形式时双击鼠标左键，可将一新任务 X 添加至任务 A 的右侧，设定任务 X 的前置任务为任务 A。若任务 A 原来的后继任务为任务 C 时，则将任务 X 插入任务 A 与任务 C 之间，设定任务 A 的后继任务为任务 X，任务 X 的后继任务为任务 C。具体如图 6-3-40 ~ 图 6-3-42 所示：

图 6-3-40　任务 A 无后继任务时右添加任务 X

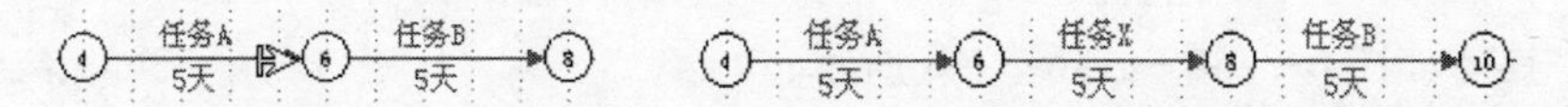

图 6-3-41　任务 A 有后继任务 B 时右添加任务 X

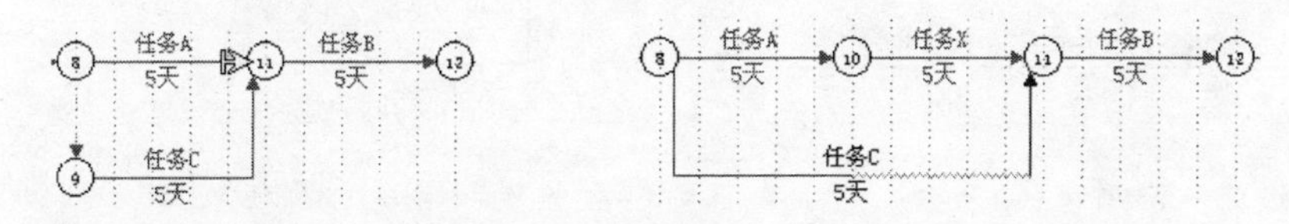

图 6-3-42　任务 A 有平行任务 C 时右添加任务 X

(2) 通过任务节点添加

通过任务节点添加又可分为三类：节点到节点添加、节点到空白处添加以及节点本身添加。

① 节点到节点添加

节点到节点添加是指用鼠标直接点击待添加任务的第一个节点，光标将改变为节点添加形式，接着用户可用鼠标点取待添加任务的第二个节点，从而在两节点间添加一任务 X。此时任务 X 的前置任务为以第一个节点为结束节点的任务，任务 X 的后继任务为以第二个节点为开始节点的任务，同时设定任务 X 的最早开始节点等于第一个节点的最早时间，任务的持续时间等于两节点在时标轴上的投影距离。具体如图 6-3-43 ~ 图 6-3-45 所示：

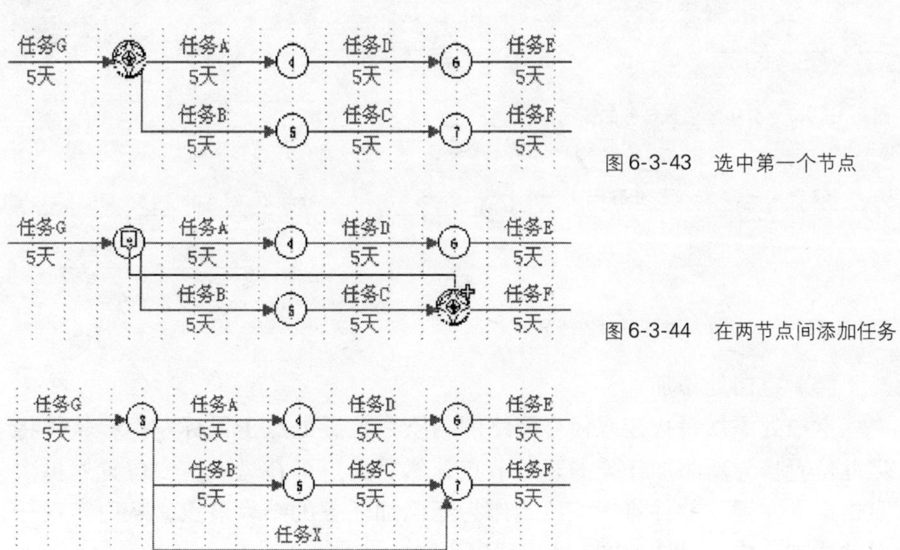

图 6-3-43　选中第一个节点

图 6-3-44　在两节点间添加任务

图 6-3-45　在节点 3、7 间添加任务 X 的效果

② 节点到空白添加

节点到空白添加是指用鼠标点击待添加任务的第一个节点(开始节点)，

光标将变为节点添加形式，接着用户可在一空白处单击鼠标左键，此时系统将在第一个节点与空白位置处添加一任务 X。此时任务 X 的前置任务是以第一个节点为结束节点的任务，并且任务的最早开始时间等于节点的最早时间，任务的持续时间等于第一个节点到空白位置处在时标轴上的投影距离。具体如图 6-3-46 ~ 图 6-3-48 所示：

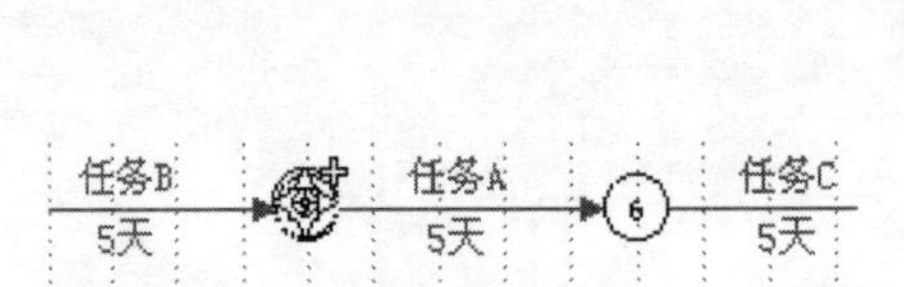

图 6-3-46　选中第一个节点

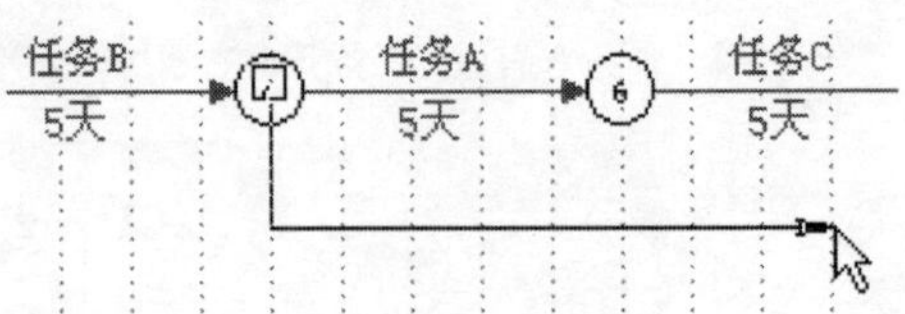

图 6-3-47　在节点和空白处添加任务

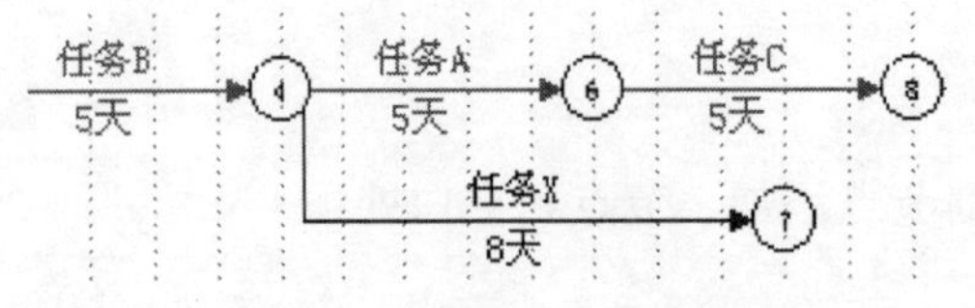

图 6-3-48　在节点 4 和空白处添加任务 X 的效果

③ 节点本身添加

节点本身添加是指在某一任务节点上双击鼠标左键将添加一新任务 X，并且任务 X 的前置任务为以该节点为结束节点的任务，任务 X 的后继任务为一该节点为开始节点的任务。具体如图 6-3-49 ~ 图 6-3-51 所示：

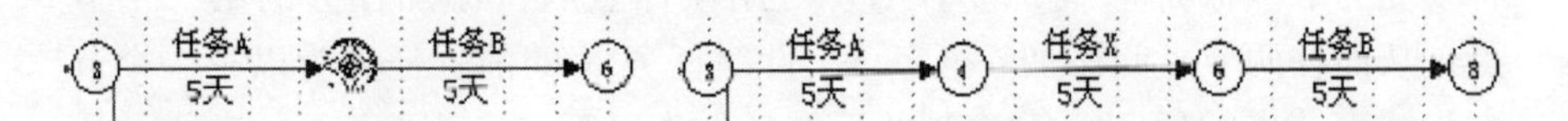

图 6-3-49　在节点 4 处添加任务

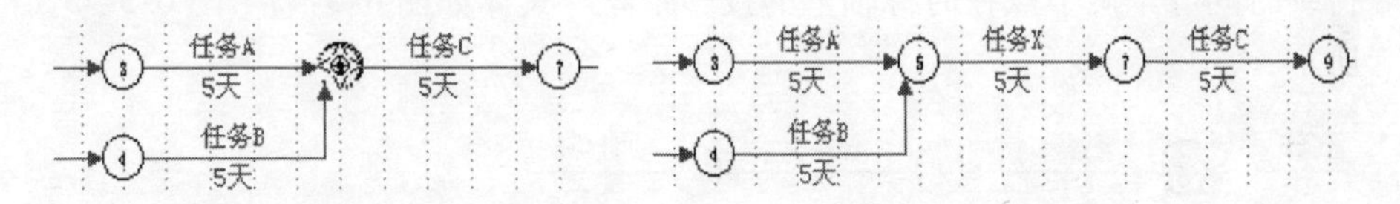

图 6-3-50　当有多个前置任务的情况

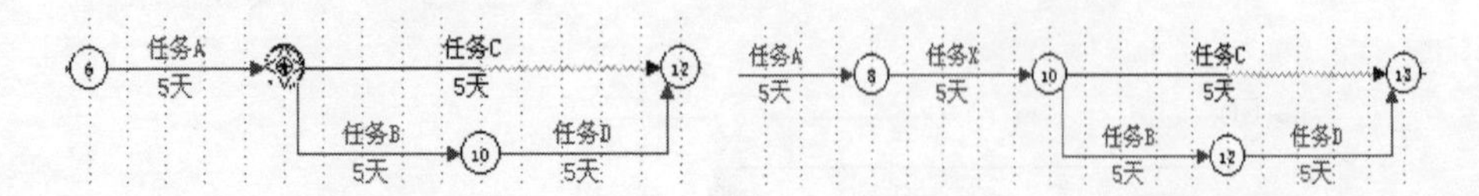

图 6-3-51　当有多个后继任务时的情况

（3）空白处添加

空白处添加是指在双代号网络图的空白位置处点击鼠标左键，软件将以此位置作为新添加任务的开始节点，然后用户可在另一空白位置处再次点击鼠标左键，软件将把该位置作为新添加任务的结束节点，从而实现任务的添加工作，具体如图 6-3-52 所示：

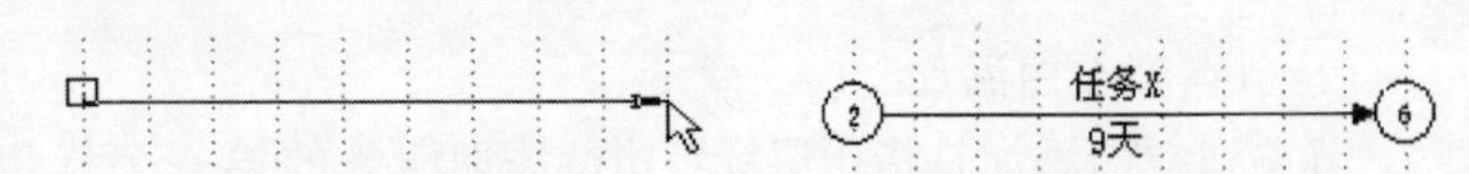

图 6-3-52　空白处添加任务

2）编辑/查询任务信息

（1）编辑任务

在双代号网络图操作界面中，编辑任务的操作步骤如下：

① 将鼠标移动至双代号网络图上待编辑或查看的任务箭线上，使光标变为如图 6-3-53 所示的双向箭头形式；

② 此时双击鼠标左键，将弹出该任务的“任务信息”对话框。

③ 或者在选取了任务后，选择“编辑”菜单的“编辑任务”命令，将弹出该任务的“任务信息”对话框。通过任务信息对话框，用户可完成对任务的各类信息的编辑操作。

（2）查询任务

① 按 CTRL + F 键，或点击编辑菜单里的查找任务菜单。弹出查找工作对话框。见图 6-3-54。

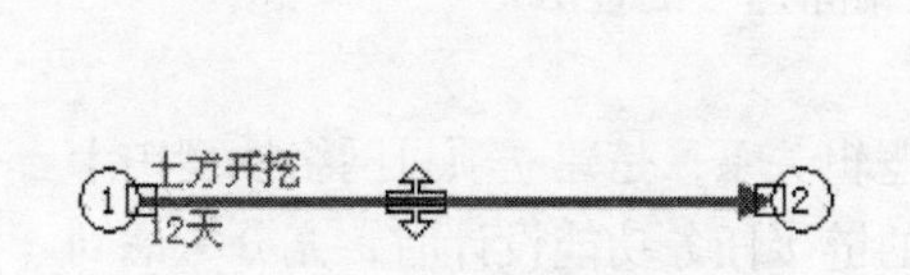

图 6-3-53　编辑/查看任务鼠标样式

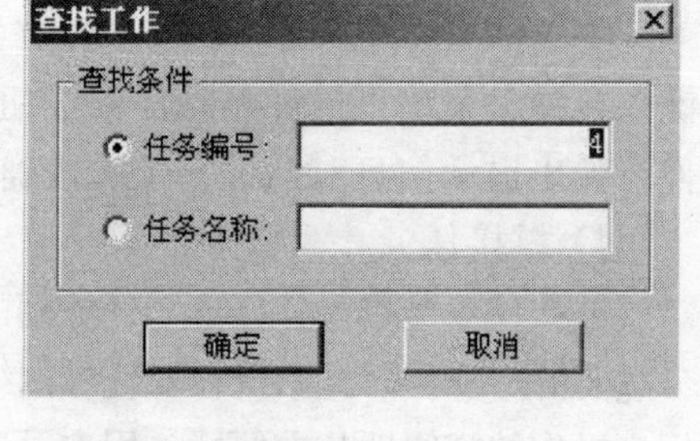

图 6-3-54　查找对话框

② 在查找任务对话框里先选择按任务编号还是任务名称查询，然后输入任务名称或任务编号，如该任务存在，则任务就处于被选中状态。

3）删除任务

在双代号网络图界面中用户可采用以下两种方式删除任务：方式一直接删除单个任务；方式二框选删除指定区域内的任务。现分别进行介绍：

（1）直接删除单个任务

① 将鼠标移至要删除的任务中部，选中该任务，选中后任务的两个端点有两个小矩形。如图 6-3-55 所示。

② 按 DELETE 键，或点击鼠标右键，在弹出菜单里选择删除任务按钮，或在编辑菜单里选择删除任务，软件将弹出如图 6-3-56 所示的提示信息对话框：

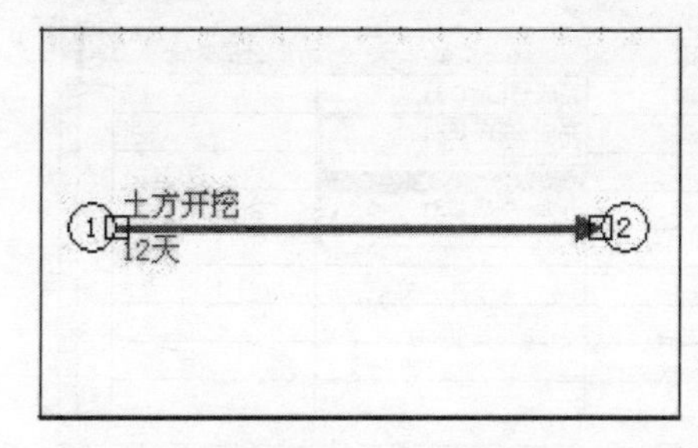

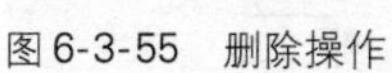

图 6-3-55　删除操作

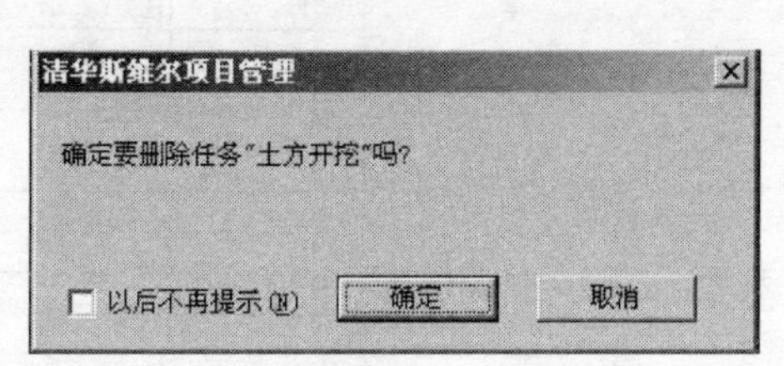

图 6-3-56　删除任务提示信息

③ 选择“确定”按钮后可完成任务的删除工作。

(2) 框选删除任务

① 用鼠标左键框选待删除任务的特定区域，具体如图 6-3-57 所示：

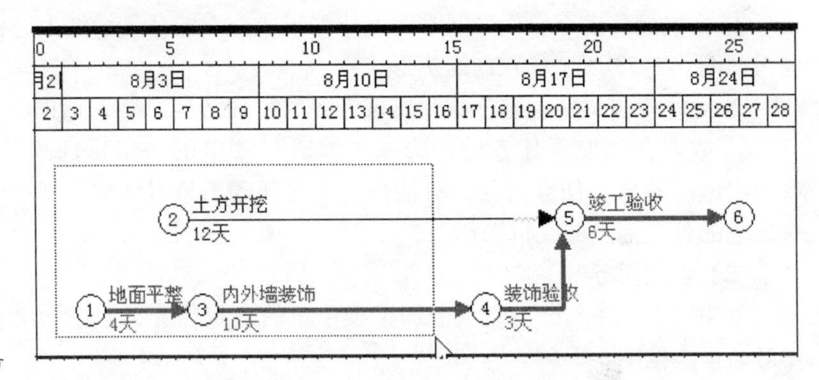

图 6-3-57 用鼠标框选任务

② 放开鼠标左键，现在任务已经选定。按 DELETE 键，或点击鼠标右键，在弹出菜单里选择删除任务按钮，或在编辑菜单里选择删除任务，软件将弹出提示信息对话框，依次按确定删除选中的任务。

4) 链接任务

链接任务是指建立任务与任务间的逻辑关系，是建立项目网络模型中十分重要的一步。因此系统在双代号网络的链接任务功能设计时，充分考虑到用户操作的简便性与方便性，用户可通过两种方式实现链接任务的操作。

(1) 通过“任务信息”对话框设置

在双代号网络图里，选中任务，双击鼠标左键，在弹出的任务信息对话框里，选择前置任务选择卡，在“前置任务”选择卡中，用户首先应通过“标识号”的下拉列表或“任务名称”下拉列表，选择当前任务的前置任务，然后通过“类型”的下拉列表确定当前任务与前置任务间的逻辑关系类型(图 6-3-58)，如果任务间存在延隔时间，需要在“延隔时间”项中输入的具体的数值，默认情况下时间单位为天(d)。

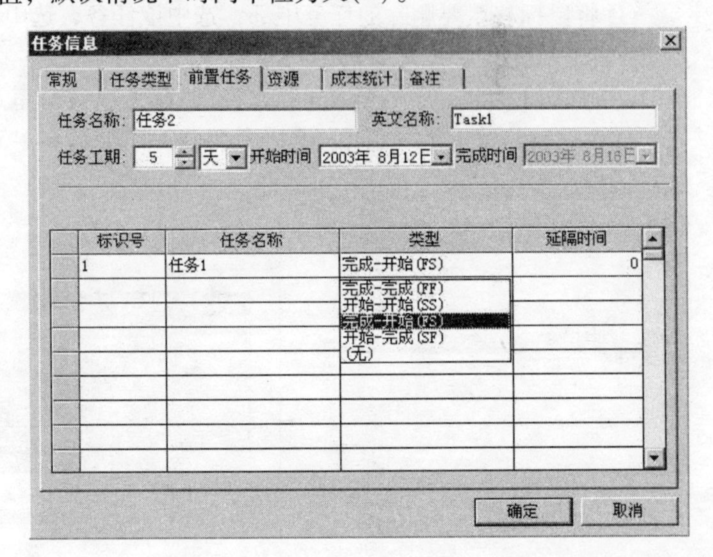

图 6-3-58 任务信息对话框

（2）通过鼠标链接

① 将鼠标移至任务的左端或右端，在鼠标样式变为图 6-3-59 所示的样式后，单击鼠标左键，然后放开鼠标左键。

② 拖动鼠标至目标任务的左端或右端，待鼠标后面出现链接关系代码后，单击鼠标左键，链接任务完成。如图 6-3-60 所示。

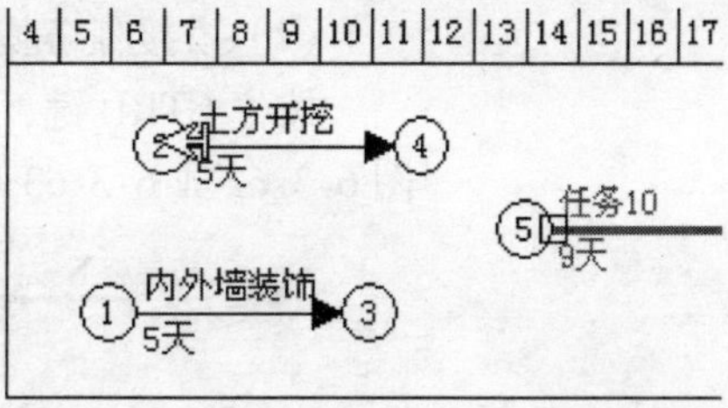

图 6-3-59　链接操作

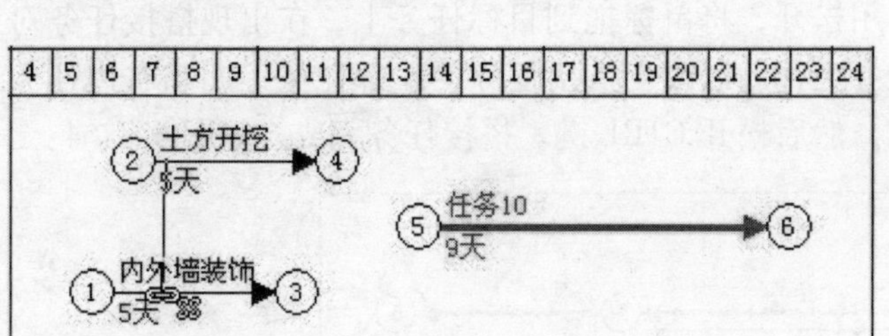

图 6-3-60　链接任务完成（图中的 SS 即为关系代码）

5）复制任务

为方便用户的操作，系统提供了任务复制功能。具体操作方法如下：首先用户应选择需要复制的任务，选择的任务或者为单个任务或者为连续的多个任务。然后选取“编辑”菜单的“复制任务”命令，或单击鼠标右键并在弹出的快捷菜单中选取“复制任务”命令。选取“粘贴任务”命令，完成任务的复制与粘贴操作。注意，当是复制多个连续任务时，任务间的逻辑关系也一同复制，如图 6-3-61 所示。（该例中复制了“垫层施工”、“基础砌筑”两个任务）。

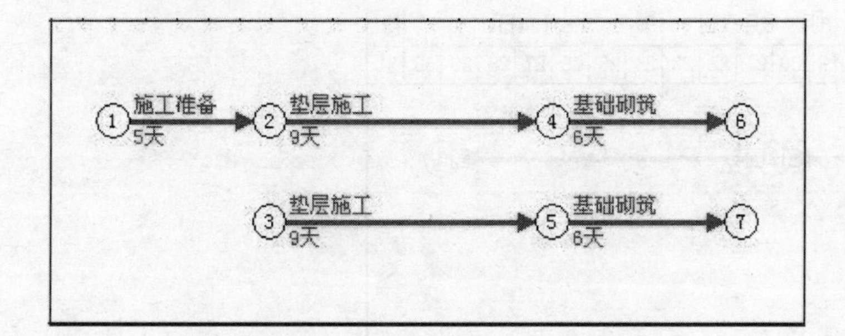

图 6-3-61　复制了两个任务

6）搭接任务

（1）搭接任务功能

目前任务间的链接可表达四种逻辑关系（SS/SF/FS/FF）和延迟关系。计算关键线路按整个工作持续时间来计算，不能表达一个工作中一段时间是关键线路，一段是非关键的情况。

由于在实际工作中出现一个工作开始一段时间后另一个工作开始是非常常见的，而且会有一个工作中一段是关键线路，一段是非关键的情况。按照《规范》要求这种情况需要把一个工作拆开名位任务 1、任务 2。为了表达清楚这种关系，在 6.0 里面新添加了搭接任务功能。

（2）搭接任务操作

按住 CTRL 键，同时将鼠标移至要操作的任务上，在鼠标样式变为图 6-3-62 或 6-3-63 所示时，按下鼠标左键。

图 6-3-62　移动鼠标至任务节点　　图 6-3-63　可移动状态

按住鼠标左键不用松开，将鼠标拖到目标任务上，在出现搭接任务对话框后，可在目标任务上移动以改变搭接任务的左部任务工期和右边任务工期。放开鼠标左键，然后松开 CTRL 键。搭接任务完成。如图 6-3-64：

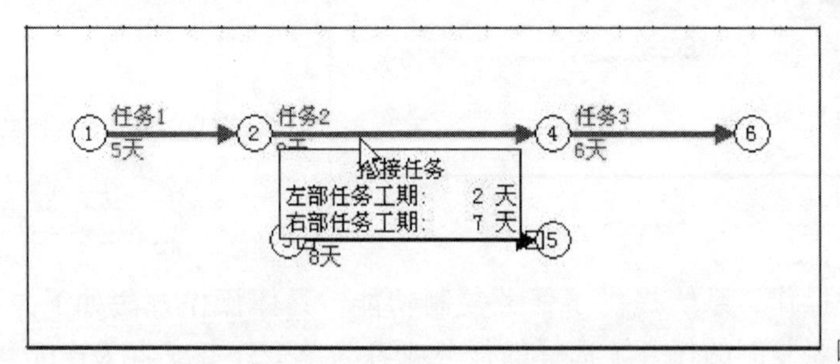

图 6-3-64　完成搭接任务

7）流水操作

在建设工程的实际施工中经常需要采用流水施工方法，流水操作的步骤如下：

（1）选择需要创建流水的几个任务。如图 6-3-65 所示，选中了任务 1 和任务 2。

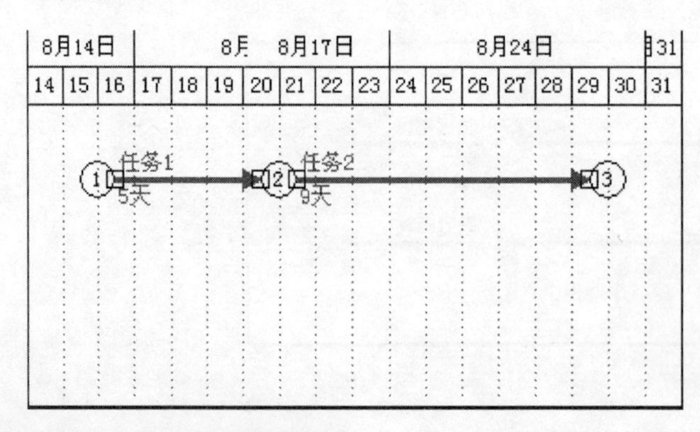

图 6-3-65　选择任务

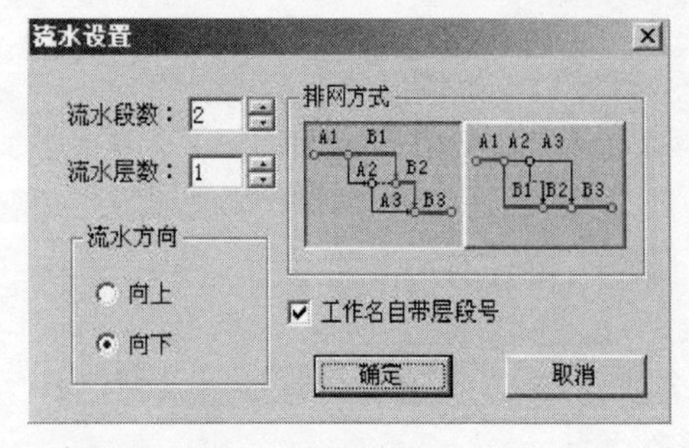

图 6-3-66　设定流水参数

（2）单击左边工具栏上的流水按钮，弹出如图 6-3-66 所示的对话框：

（3）选择段数、层数和排网方式等，按“确定”生成如图 6-3-67 所示的流水网络图：

8）调整任务

（1）位置调整

用户在双代号网络图界面中可方便地调整任务箭线与节点位置。移动节点的操作如下：

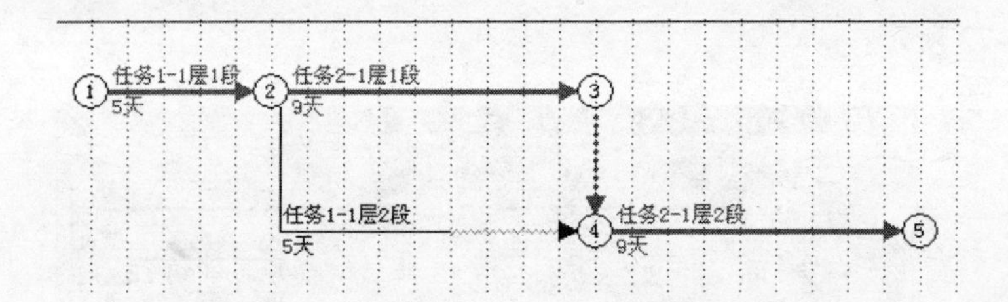

图 6-3-67　生成流水施工图

① 移动鼠标至任务节点上，当鼠标样式变为如图 6-3-68 所示时，按下鼠标左键。

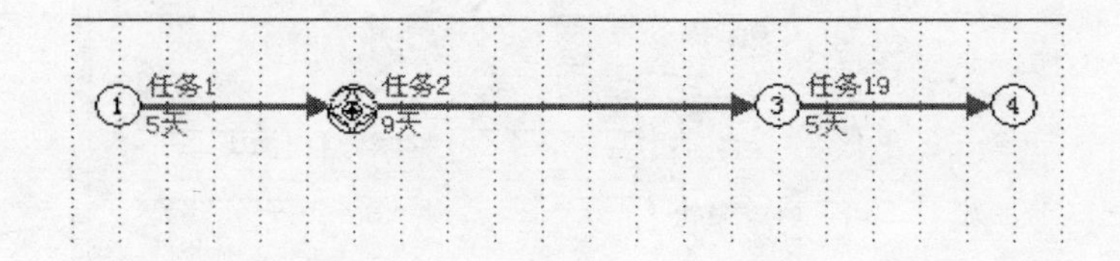

图 6-3-68　选择任务接点

② 拖动鼠标至合适的位置，松开鼠标左键，移动任务节点完成。如图 6-3-69 所示：

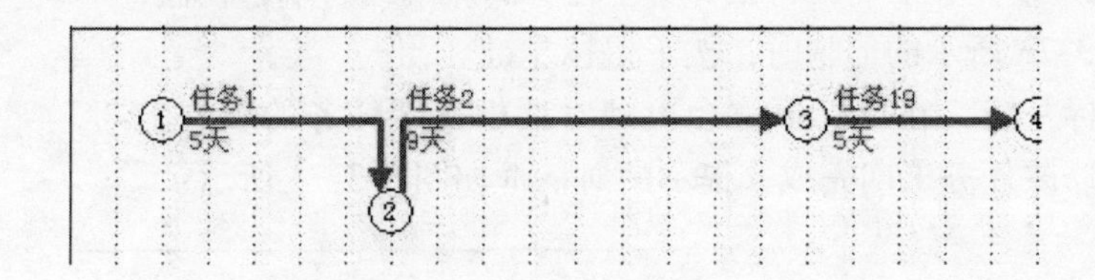

图 6-3-69　移动任务接点

移动任务的箭线位置操作如下：

① 选中该任务的箭线，在鼠标变为如图 6-3-70 所示的形状后，按下鼠标左键：

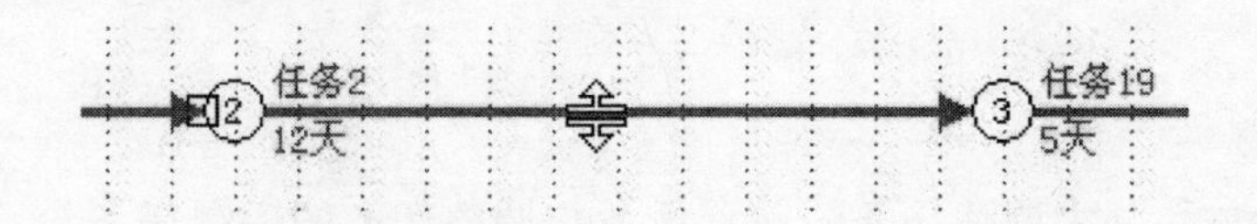

图 6-3-70　选择任务箭线

② 拖动鼠标至目标位置，松开鼠标左键，移动任务箭线位置操作完成，如图 6-3-71 所示：

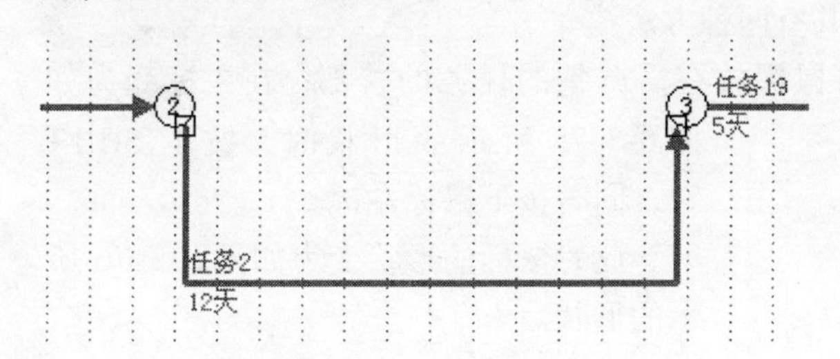

图 6-3-71　完成箭线移动

(2) 工期调整

工期调整有两种方式：

① 选中任务后双击任务，在弹出的任务信息对话框里直接修改任务工

期，如图 6-3-72 所示：

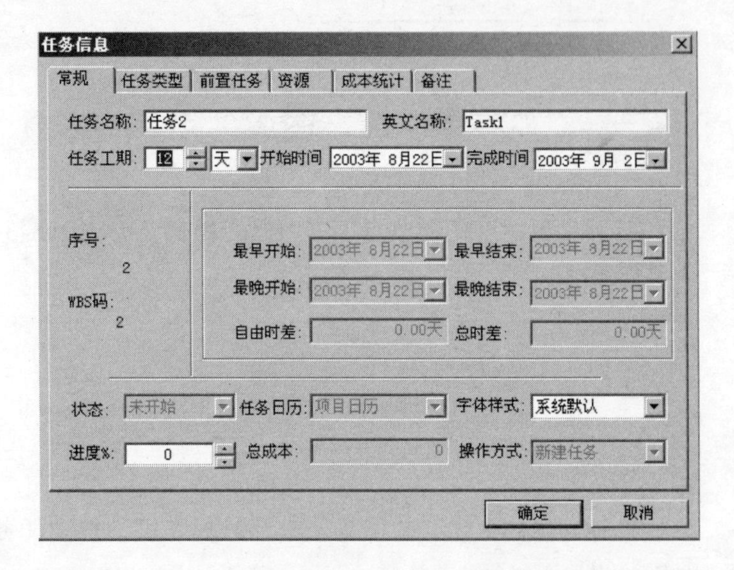

图 6-3-72　任务对话框

② 通过鼠标调整任务工期，将鼠标移至任务的左端或右端，在鼠标的样式变为如图 6-3-73 所示的形状时，按下鼠标左键。

然后拖动鼠标左键，在鼠标下方会出现对话框提示任务的新的工期，松开鼠标左键后修改任务工期完成。提示的对话框如图 6-3-74 所示：

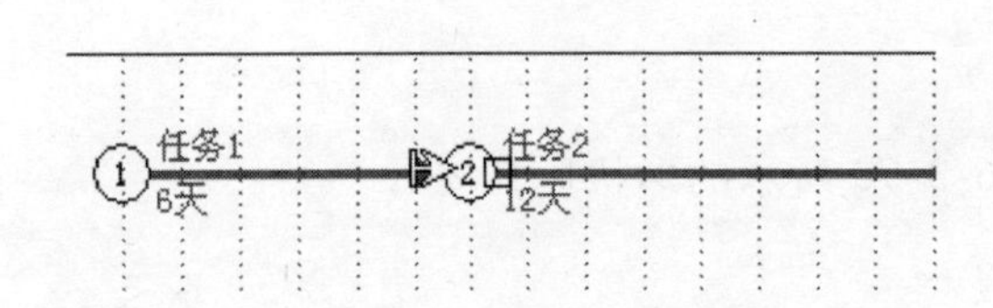

图 6-3-73　移动鼠标至任务两端

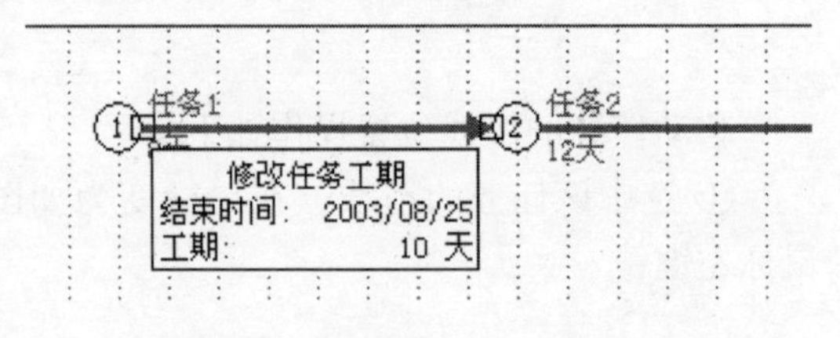

图 6-3-74　修改任务工期

9）逻辑关系调整

调整任务的逻辑关系分为调整任务的前置任务与调整任务的后继任务两类，现分别进行介绍：

（1）调整任务的前置任务

调整任务的前置任务共有两种方法：

① 通过鼠标调整：将鼠标放在需调整的任务的首部，在鼠标变为如图 6-3-75 所示的形状时，按下 SHIFT 键，同时按下鼠标左键。

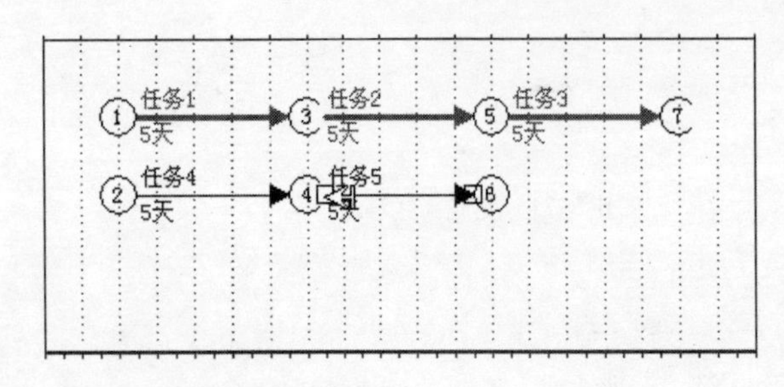

图 6-3-75　鼠标放任务首部

此时鼠标的形状变为如图 6-3-76 所示的形状。

现在松开鼠标左键和 SHIFT 键，移动鼠标至目标节点上，按下鼠标左键，弹出如图 6-3-77 所示的对话框，按确定，修改成功。

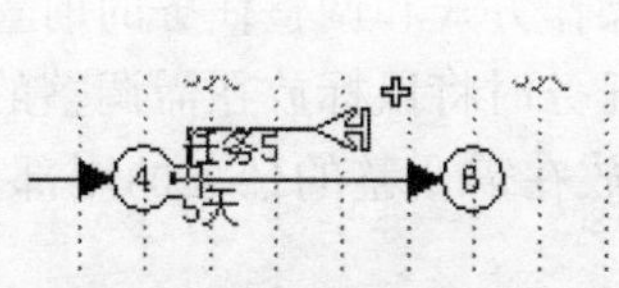

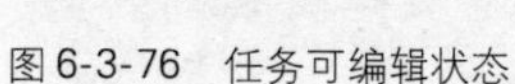

图6-3-76　任务可编辑状态

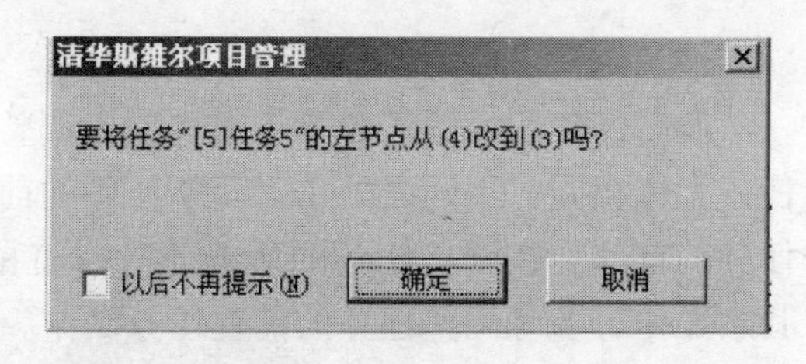

图6-3-77　任务移动对话框

② 通过任务信息对话框操作：将鼠标移动到需调整的任务的中部，双击任务，弹出“任务信息”对话框，在对话框中选择“前置任务”选项卡。进入如图6-3-78所示的页面：

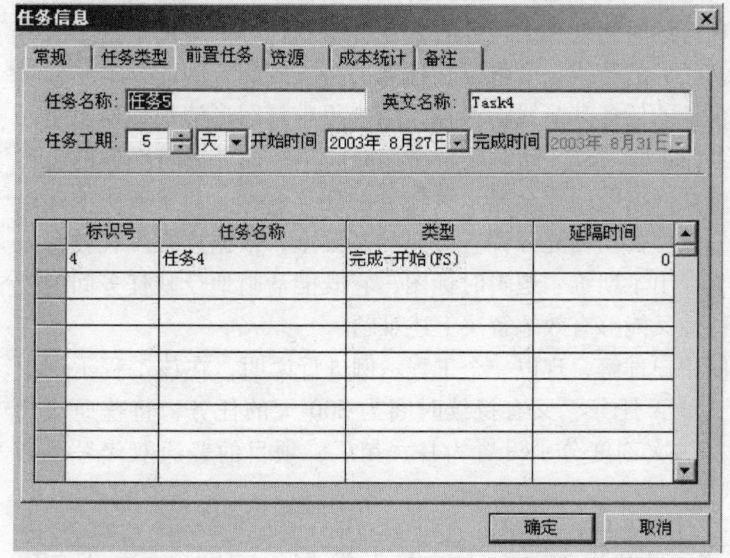

图6-3-78　前置任务

在页面的表格里点击“任务名称”标题下面的表格，修改前置任务，在下拉列表框里选择任务1，调整任务的前置任务操作完成。如图6-3-79所示。

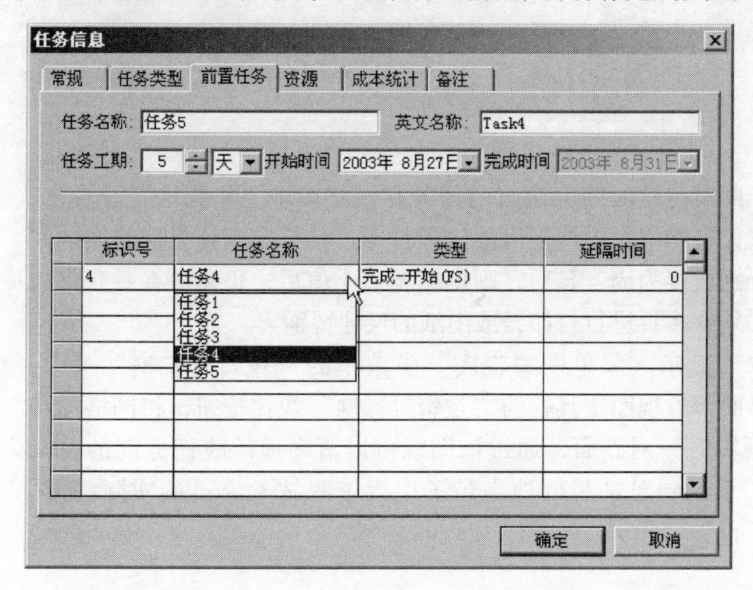

图6-3-79　任务信息对话框

(2) 调整任务的后继任务

调整任务的后继任务只能通过鼠标调整，操作方式和调整任务的前置任务大体相同，不同之处是：调整任务的前置任务时将鼠标放在需调整的任务的首部，在调整任务的后继任务时将鼠标放在需调整的任务的尾部。其余操作可参考调整任务的前置任务操作。

6.3.7 逻辑时标图

1）斯维尔时标网络图概述

用户在使用普通双代号网络图进行工程图纸打印、进度计划输出过程中，经常会遇到这样一个难题：当用户的工程项目中既存在持续时间很短的任务、又存在持续时间很长的任务时，在普通双代号网络图中由于时标是完全成比例，任务的箭线长度将反映任务的持续时间。因此这类工程项目中持续时间很长的任务其箭线将很长，用户很难将图形清晰地输出至一张正常的图纸上(如 A3 纸)，同时对于持续时间很短的任务若任务的名称很长，则也很难在网络图中完全显示该任务的任务名称。为了解决上述难题，清华斯维尔软件公司在充分调查研究的基础上，依据广大工程技术人员的实际需要，提出了斯维尔逻辑时标图，它既能清晰地反映任务间的逻辑关系、时间特性又能够有效地解决上述难题。

为更加方便用户理解，现以一个工程示例进行说明，在该工程示例中既有持续时间为 2 天任务、又有持续时间为 200 天的任务，将普通双代号网络图的时标主次刻度分别设置为月、旬后，项目的普通双代号图如图 6-3-80 所示：

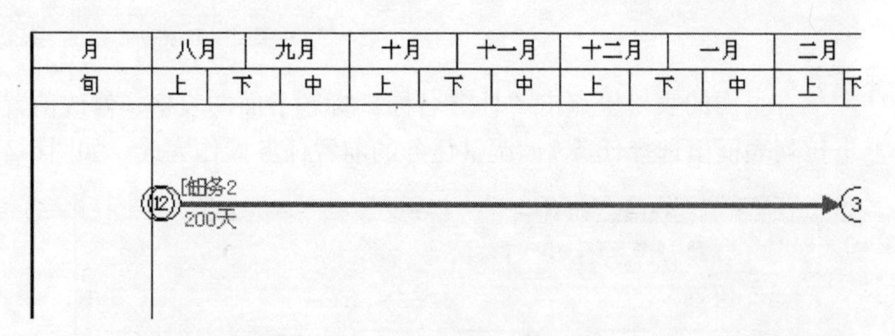

图 6-3-80　任务 1 没有完全显示

注意由于此时持续时间为两天的任务在网络图中已经无法完全显示，因此在普通双代号网络图中将不可能清晰打印。将普通双代号网络图的时标主次刻度分别设置为周、日后，则压缩至最小值后，仍无法在一张常规的图纸上，必须要多页进行打印，或图纸的尺寸特别大。

通过选取“显示”菜单中“**视图**”子菜单的“**逻辑时标网**”菜单，或直接点击界面下方视图工具栏的“**逻辑时标网**”快捷按钮，将网络图切换至斯维尔逻辑时标网界面，通过该图既可以清晰地反映任务间的逻辑关系、时间关系，同时又很好地满足了广大工程技术人员的实际需求。如图 6-3-81 所示。

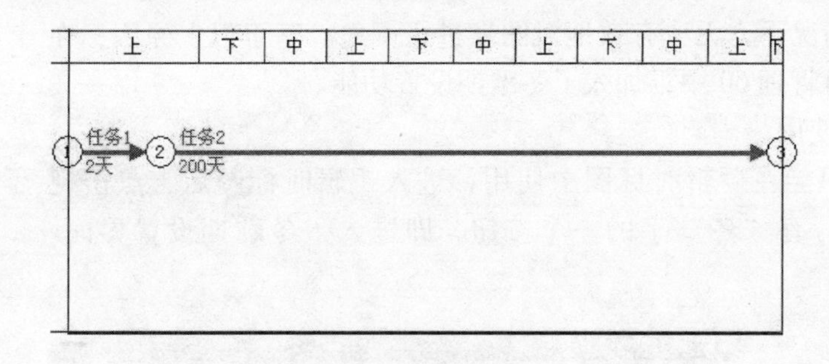

图 6-3-81　任务 1 完全显示

2）斯维尔时标网络图调整

时间标尺调整

在逻辑时标图中，由于在缺省设置下，时间刻度是由程序自动计算的，因此用户不能自己改变时间刻度。如需要改变时间刻度，应首先将“显示”菜单下的“时间标尺”里的“刻度自动适应”设为没选中状态。如图 6-3-82 所示：

然后在逻辑时标图中，将鼠标放在绘图区上方的时间标尺的分割线上，在鼠标样式变为如图所示的形状后，就可以通过移动鼠标来改变时间标尺的刻度。如图 6-3-83 所示：

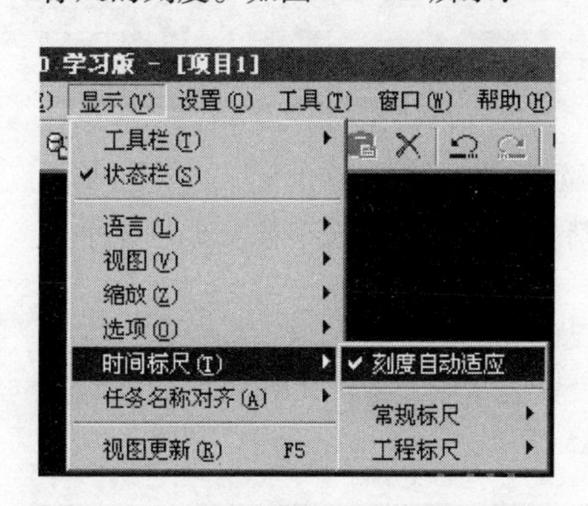

图 6-3-82　时间标尺设定

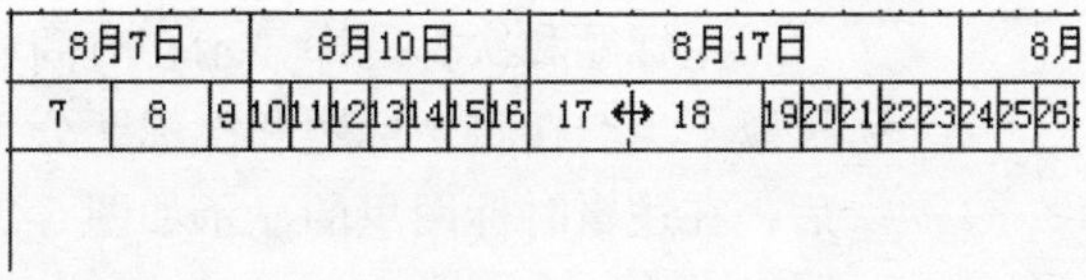

图 6-3-83　时间标尺显示

与在普通双代号里面不同的是，在逻辑时标图中，修改的是单个的时间标尺刻度，而在普通双代号里，所有的时间标尺刻度相同，因此修改了一个后，全部都改变了。

6.3.8　冬歇期功能

1）冬歇期功能概述

在北方地区的工程施工中，由于冬季气温很低，因此在施工过程中，都要避开气温最低，不能施工的一段时间，这段时间叫作冬歇期。

在智能项目管理 60 之前，由于没有冬歇期设置功能，在绘制有冬歇期的双代号网络图时，冬歇期将整个视图分成孤立的两个部分，没有正确表现实际情况，图形很不美观；由于冬歇期不能施工，因此在计算任务工期时，将冬歇期也计算进去也不合理；在绘制包含跨越冬歇期任务的图时，在冬歇期较长的情况下，无法有效地对图形进行调整。基于以上原因，在新开发的智能项目管理60中，加入了冬歇期设置功能。

2）冬歇期的使用

冬歇期功能只能在逻辑时标图中使用，进入逻辑时标图后，点击视图右边工具条上写有“冬”字的一个按钮，即进入了冬歇期设置界面。如图6-3-84。

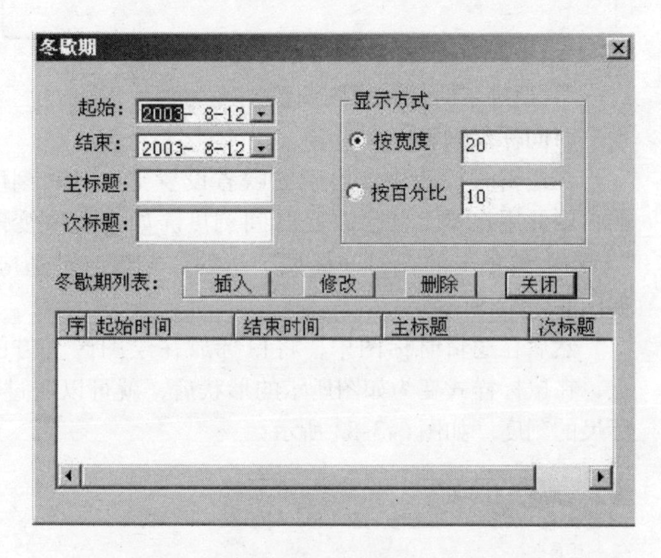

图6-3-84　冬歇期设置界面

在图6-3-84中，起始和结束即冬歇期的起始和结束时间，起始和结束的日期必须在工程的工期内。起始和结束之间的时间按节假日处理，不计算在任务的任务工期内。该项必须填写。

主标题和次标题即显示在时间标尺的主刻度和次刻度上的内容。该项可以不填。在将主标题和次标题分别设置成“东北地区”和“冬歇期”之后，在逻辑时标图里的显示如图6-3-85所示：

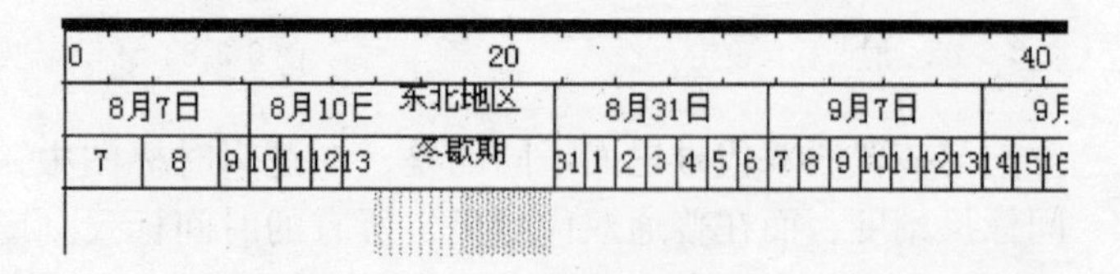

图6-3-85　主标题和次标题的显示

显示方式框里的按宽度是指整个冬歇期在逻辑时标图里的宽度，单位是像素按百分比，是指冬歇期内每天的宽度和标准宽度的百分比。该项必须填写。图6-3-85里冬歇期的宽度就是按宽度是70设置的，如图6-3-86所示：

在填好相应数据后，单击插入按钮，即将冬歇期插入到了工程中，同一个工程里，可以创建多个冬歇期。在冬歇期列表中选中一项，即可进行修改、删除等操作。单击关闭按钮后关闭该对话框。

图6-3-87和图6-3-88是冬歇期设置前后的对比图，图6-3-86宽度较大，为了能全部显示出来，进行了缩放。

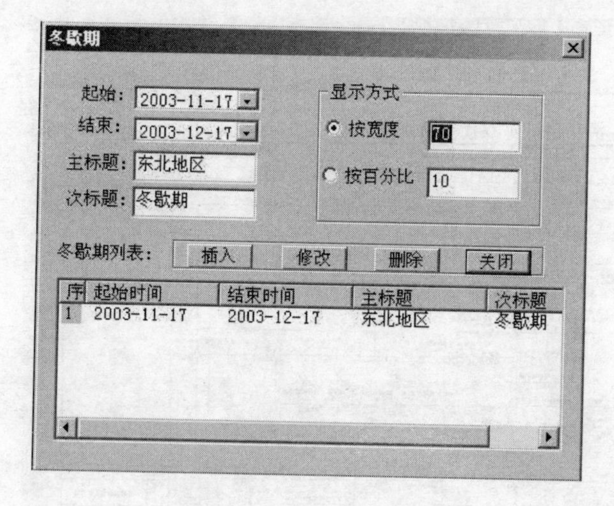

图 6-3-86　冬歇期设置对话框

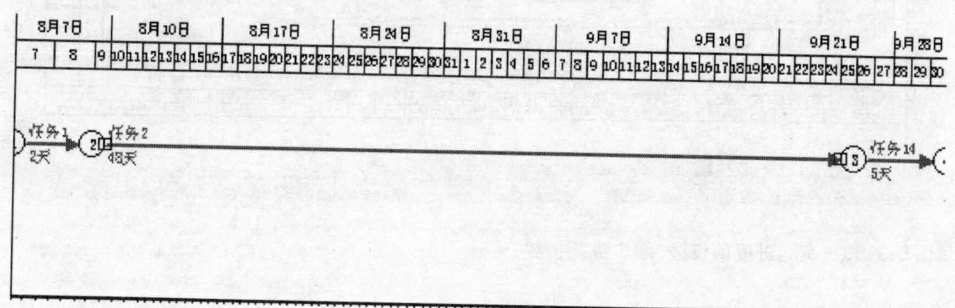

图 6-3-87　缩放后的图形

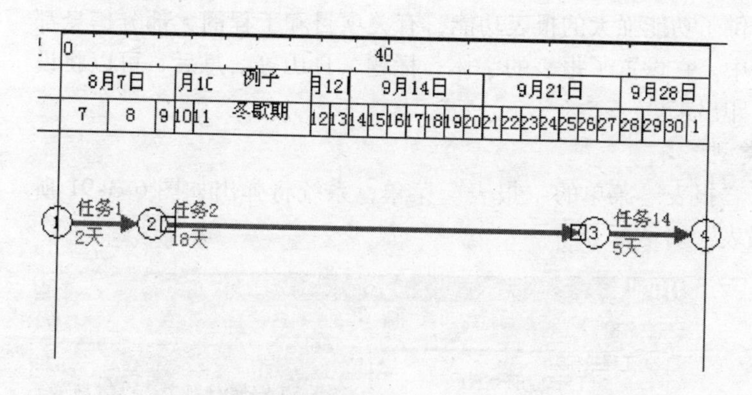

图 6-3-88　设置了冬歇期后

6.3.9　进度追踪与管理

用户可在项目执行过程中，追踪项目的实际执行情况，以便及时发现问题，正确的进行处理。进度追踪与管理的工作主要是用实际进度前锋线。实际进度前锋线是在双代号时标网络图中任务实际进度前锋点的连线，用户可在任务的执行过程中随时更新任务的实际进度百分比，系统将在双代号网络图中生成状态时刻的实际进度前锋线，具体如图 6-3-89、图 6-3-90 所示：

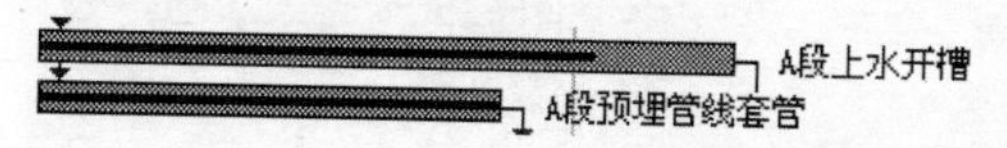

图 6-3-89　横道图显示的实际进度情况（黑线条表示实际完成程度）

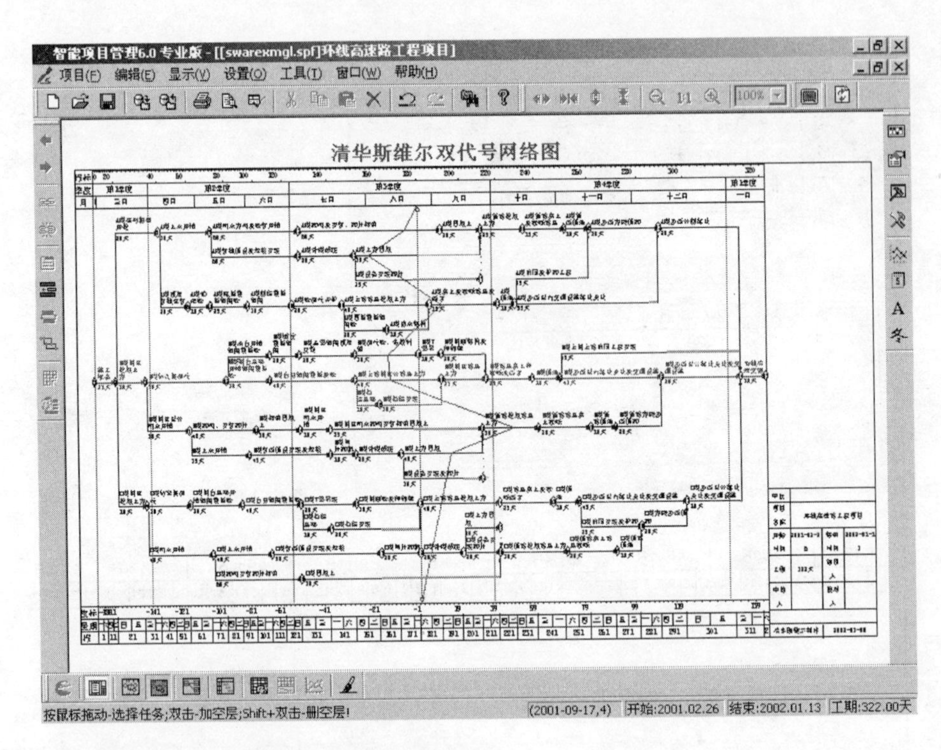

图6-3-90 实际进度前锋线(图中纵向折线)

6.3.10 报表输出

本软件提供了功能强大的报表功能，有关项目和工程的大部分信息都汇总到了报表中。在设置了报表的字体、标题、日历等信息后，可以将设置好的报表打印出来。

1）报表类型

用户选取“报表”菜单的“报表”菜单，系统将弹出如图6-3-91所示的“打印报表”对话框。

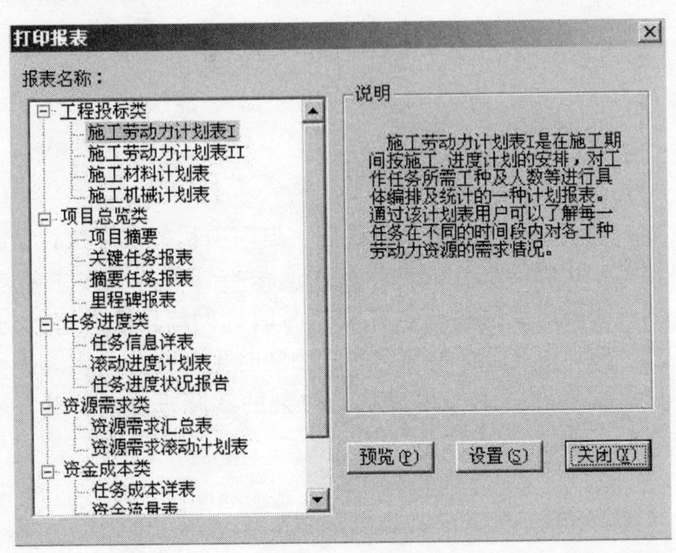

图6-3-91 “打印报表”对话框

软件提供的报表共计 16 张，这些报表从不同的角度反映了工程项目的各类信息，主要可分为六类：工程投标类报表、项目总览类报表、任务进度类报表、资源需求类报表、资金成本类报表、任务资源分配报表。

2）报表的输出

在预览窗口里，除了可将内容打印出来外，还可以导出到 Excel 里面，生成格式、内容等同报表一致的电子文档，方便了用户对信息的多样化处理。

在预览窗口里单击导出到 Excel 按钮，程序就会启动 Excel，将报表的内容放到 Excel 里面去，在导出结束后，保存 Excel 文档就可以了。

6.4 报表功能与基本样式

6.4.1 施工劳动力计划表 I

施工劳动力计划表是指在施工期间按施工进度计划的安排，对所需工种及人数等进行具体编排及统计的一种计划报表。施工劳动力计划表 I 统计的主要对象是工作任务，因此，通过该计划表用户可以了解每一任务在不同的时间段内对各工种劳动力资源的需求情况。值得注意的是，表中劳动力的统计单位有两种："工日"与"人数"，用户可通过设置功能进行选择。当用户采用定额数据或工料机数据进行任务资源分配时，人工类型的资源单位均为"工日"，在此种情况下，软件无需进行单位换算便可直接显示结果。但当用户设定计划表中的劳动力统计单位为人时，则需要进行统计单位的换算，换算的公式为：总工时 = 任务工期 × 资源数量，在资源消耗的总工时与任务工期已知的情况下，据此可求得资源的数量。采用此种方式的前提是资源需求在整个任务工期范围内是均衡的，即每人每天工作 8 小时。但实际工程中可能会有所不同，这点需要特别向用户说明。施工劳动力计划具体表格的形式如表 6-4-1、表 6-4-2 所示：

施工劳动力计划表 I（劳动力统计单位："工日"）　　表 6-4-1

序号	任务名称	任务时间		工期	总工日数（工日）	主要工种施工工日数				
		开始时间	结束时间			普工	瓦工	钢筋工	混凝土工	吊装工
1	基础工程	2001-01-01	2001-03-01	60	1900	1250	200	200	250	
2	挖土	2001-01-01	2001-01-20	20	500	500				
3	垫层施工	2001-01-21	2001-01-30	10	200	150			50	
4	基础砌筑	2001-02-01	2001-02-20	20	1000	400	200	200	200	
5	回填土	2001-02-21	2001-03-01	10	200	200				
6	主体工程	2001-03-02	2001-08-01	150	9000	4500	1500	1800	1800	900
7	砌砖墙	2001-03-02	2001-07-01	120	1800	360	1200		240	

续表

序号	任务名称	任务时间		工期	总工日数（工日）	主要工种施工工日数				
		开始时间	结束时间			普工	瓦工	钢筋工	混凝土工	吊装工
8	一层	2001-03-02	2001-03-21	20	300	60	200		40	
9	标准层	2001-03-22	2001-06-11	80	1200	240	800		160	
10	顶层	2001-06-12	2001-07-01	20	300	60	200		40	

施工劳动力计划表Ⅰ（劳动力统计单位：“人”）　　**表 6-4-2**

序号	任务名称	任务时间		工期	总施工人数(人)	主要工种施工人数(人)				
		开始时间	结束时间			普工	瓦工	钢筋工	混凝土工	吊装工
1	基础工程	2001-01-01	2001-03-01	60	34	21	4	4	5	
2	挖土	2001-01-01	2001-01-20	20	25	25				
3	垫层施工	2001-01-21	2001-01-30	10	20	15			5	
4	基础砌筑	2001-02-01	2001-02-20	20	50	20	10	10	10	
5	回填土	2001-02-21	2001-03-01	10	20	20				
6	主体工程	2001-03-02	2001-08-01	150	60	30	10	12	12	6
7	砌砖墙	2001-03-02	2001-07-01	120	15	3	10		2	
8	一层	2001-03-02	2001-03-21	20	15	3	10		2	
9	标准层	2001-03-22	2001-06-11	80	15	3	10		2	
10	顶层	2001-06-12	2001-07-01	20	15	3	10		2	

6.4.2　施工劳动力计划表Ⅱ

施工劳动力计划表Ⅱ与计划表Ⅰ是有差别的，计划表Ⅰ是以工作任务为主要对象来进行劳动力分配，而施工劳动力计划表Ⅱ是反映以施工的各工种类别为主要对象来对工程项目的劳动力进行分配的。通过施工劳动力计划表Ⅱ，用户可了解每一施工工种在不同的时间段内的需求数量。与计划表Ⅰ类似，计划表Ⅱ中劳动力的统计单位也有两种，分别为“工日”与“人数”，两者进行换算及假设条件均与计划表Ⅰ相同。施工劳动力计划表Ⅱ的具体表格形式如表6-4-3、表6-4-4所示：

施工劳动力计划表Ⅱ（劳动力统计单位：工日）　　**表 6-4-3**

序号	(主要)施工工种	施工工时总需求(工日)	2001年						
			1月	2月	3月	4月	5月	6月	7月
1	普工	2020	250	280	300	300	330	300	260
2	瓦工	1100	0	200	200	200	300	100	0
3	钢筋工	800	100	150	150	200	200		
4	混凝土工	1000	100	200	200	200	200	100	

续表

序号	(主要)施工工种	施工工时总需求(工日)	2001 年						
			1 月	2 月	3 月	4 月	5 月	6 月	7 月
5	架子工	800	100	200	100	100	100	100	100
6	油漆工	400					100	100	200
	……	……	……	……	……	……	……	……	……
	总计	7000	700	800	1000	1200	1500	1000	800

施工劳动力计划表Ⅱ(劳动力统计单位：人)　　表 6-4-4

序号	(主要)施工工种	施工人员总需求(人)	2001 年						
			1 月	2 月	3 月	4 月	5 月	6 月	7 月
1	普工	33	25	28	30	30	33	30	26
2	瓦工	12	0	5	8	12	8	5	0
3	钢筋工	20	2	8	15	20	14	8	2
4	混凝土工	15	5	5	8	15	8	5	5
5	架子工	10	2	2	4	8	10	10	6
6	油漆工	5	0	0	2	4	5	5	5
7	……	……	……	……	……	……	……	……	……
8	总计	95	34	48	67	89	78	63	44

6.4.3　施工材料计划表

施工材料计划表是将施工期间所需要使用的各类材料(钢筋、水泥、砂、石、模板等)在单位时间内的使用量用表格的形式反映出来。通过施工材料计划表用户可了解各种材料在不同时间段内的需求量，材料计划表的具体表格形式如表 6-4-5 所示：

施工材料计划表　　表 6-4-5

序号	(主要)材料名称	单位	材料总用量	2001 年上半年					
				1 月	2 月	3 月	4 月	5 月	6 月
1	40#混凝土	M3	5000	500	800	1000	1000	1000	700
2	Φ25 钢筋	T	1000	100	200	200	200	200	100
3	……	……	……	……	……	……	……	……	……

6.4.4　施工机械计划表

施工机械计划表是将施工期间所需要使用的各类机械在单位时间内的使用量用表格的形式反映出来。通过施工机械计划表用户可以了解各种机械在不同时间段内的需求情况。与劳动力计划表类似，施工机械计划表中机械的统计单位也有两种，分别为：“台班”和“台数”，用户可通过报表设置功能进行选择。用户采用定额数据或工料机数据进行任务资源分配时，机械类型的资源单位均为台班(一般情况下，一个台班表示一台机械正常工作8小时)，因此当计划表中劳动力的统计单位为台班时，软件无需进行单位换算便可直接显示结果。但当用户设定计划表中的机械统计单位为台数时，则需要进行统计单位的换算，换算的公式为：总台班 = 任务工期 × 机械台数，在机械消耗的总台班与任务工期已知的情况下，据此可求得机械的数量。需要特别向用户说明的是采用此种方式需要先假定机械需求在整个任务工期范围内是均衡的，并且均是每天工作8小时，但实际工程中可能会有所延误。施工机械计划表具体表格的形式如表6-4-6、表6-4-7所示：

施工机械计划表(机械统计单位：台班)　　**表6-4-6**

序号	主要施工机械名称	施工机械总需要(台班)	2001年					
			1月	2月	3月	4月	5月	6月
1	自卸汽车	850	100	150	280	200	70	50
2	1.5m^3 挖掘机	200	100	100				
3	……	……	……	……	……	……	……	……

施工机械计划表(机械统计单位：台)　　**表6-4-7**

序号	主要施工机械名称	施工机械总需要量(台)	2001年					
			1月	2月	3月	4月	5月	6月
1	自卸汽车	20	10	15	28	20	20	10
2	1.5m^3 挖掘机	5	2	5	2	1	1	1
3	……	……	……	……	……	……	……	……

6.4.5 项目摘要表

项目摘要表以简明的方式反映项目的整体状况，包括项目的时间信息、任务信息、资源信息、成本信息以及其他相关信息等，通过项目摘要表用户能够快速地了解项目的整体情况。项目摘要表的具体表格形式如表6-4-8所示：

项目摘要表　　**表6-4-8**

项目名称	清华斯维尔世纪大厦工程					
项目工期	项目开始时间	2001-01-01	项目结束时间	2001-10-01	总工期	270
项目任务信息	项目任务总数	100				
	摘要任务数目	8	关键任务数目	20	里程碑任务数目	5
	任务最高级别	3				
项目资源信息	项目资源总数	42				
	工种类别数量	5	材料类别数量	30	机械类别数量	5
	设备类别数量	2	其他类别数量	0		

续表

项目成本信息	项目总成本	5000000				
	项目人工成本	180000	项目材料成本	3500000	项目机械成本	300000
	项目设备成本	500000	项目费用成本	20000	项目其他成本	0
项目工程信息	建设单位	清华斯维尔软件科技有限公司				
	设计单位	省建筑设计院				
	施工单位	省建一公司				
	监理单位	省监理工程公司				
	负责人	张三				

6.4.6 关键任务报表

关键任务报表显示了项目中的关键任务(包括摘要的关键任务)，通过关键任务报表用户能够从任务数目繁多、关系复杂的项目任务中找到影响项目工期的关键性任务，从而指导项目管理者集中资源和力量保证项目计划的正常完成。关键任务报表的具体表格形式如表6-4-9所示：

关键任务报表 **表6-4-9**

序号	关键任务名称	关键任务类型	工期	开始时间	结束时间
1	施工准备	关键一般	10	2001-01-01	2001-01-10
2	基础工程	关键摘要	50	2001-01-11	2001-03-01
3	挖土	关键一般	21	2001-01-11	2001-01-31
4	铺垫层	关键一般	10	2001-02-01	2001-02-10
5	筑基础	关键一般	15	2001-02-11	2001-02-25
6	回填土	关键一般	4	2001-02-26	2001-03-01
	……	……	……	……	……

6.4.7 摘要任务报表

摘要任务报表显示了项目中的所要摘要任务，通过摘要任务报表用户能够快速地了解项目的总体计划情况，从而可以从整体上把握工程进度计划。摘要任务报表的格式如表6-4-10所示：

摘要任务报表 **表6-4-10**

序号	摘要任务名称	摘要任务类型	工期	开始时间	结束时间
1	施工准备	关键摘要	10	2001-01-01	2001-01-10
2	基础工程	关键摘要	50	2001-01-11	2001-03-01
3	主体工程	关键摘要	120	2001-03-02	2001-06-30
4	屋面工程	非关键摘要	30	2001-07-01	2001-07-30
—	……	……	……	……	……

6.4.8 里程碑任务表

里程碑任务表显示了项目中的所有里程碑，通过里程碑报表用户可以了解项目在进度计划中有里程碑性质的重要时刻及相关的里程碑事件，里程碑任务报表的具体格式如表 6-4-11 所示：

里程碑任务报表 **表 6-4-11**

序号	任务名称	任务类别	里程碑任务时间
1	施工准备完成	关键	2001-01-20
2	基础工程验收	非关键	2001-03-01
3	主体工程验收	关键	2001-07-01
4	屋面工程验收	非关键	2001-08-20
5	水电工程验收	非关键	2001-09-01
6	竣工验收	关键	2001-10-01

6.4.9 任务信息详表

任务信息详表显示了任务的各类时间进度信息，包括：任务的 WBS 码、任务的六类网络时间参数(最早开始、最早结束、最迟开始、最迟结束、自由时差、总时差)、任务的类型与进度状态。通过任务信息详表用户能够完整地了解任务的进度计划情况。任务信息详表的具体格式如表 6-4-12 所示：

任务信息详表 **表 6-4-12**

状态时间：2001-01-01

序号	任务名称	WBS码	任务类型	任务状态	最早开始	最早结束	最迟开始	最迟结束	自由时差	总时差
1	施工准备	1	关键一般	已完成	2001-01-01	2001-01-30	2001-01-01	2001-01-30	0	0
2	基础工程	2	关键摘要	正在进行	2001-02-01	2001-03-20	2001-02-01	2001-03-20	0	0
3	挖土	2.1	关键一般	已完成	2001-02-01	2001-02-20	2001-02-01	2001-02-20	0	0
4	铺垫层	2.2	关键一般	已完成	2001-02-21	2001-02-28	2001-02-21	2001-02-28	0	0
5	砌基础	2.3	关键一般	已完成	2001-03-01	2001-03-15	2001-03-01	2001-03-15	0	0
6	回填土	2.4	关键一般	已完成	2001-03-16	2001-03-20	2001-03-16	2001-03-20	0	0
	……	……								

6.4.10 滚动进度计划表

滚动进度计划表主要用来显示项目进度计划中从滚动周期的起始日期至滚动周期结束日期内的计划开工和正在进行(包括在该时间段内完成)的任务。因此通过滚动计划表并合理的设定滚动周期，用户能够进行工程项目的周报、旬报、月报、季报、年报甚至任意时间段内的进度计划表编制。因此在生成滚动计划表前，用户必须确定好计划的滚动周期开始时间和滚动周期结束时间，其具体的计算公式为：滚动周期结束时间 = 滚动周期开始时间 + 滚动周期。而滚动进度计划表中显示的任务实际是项目计划中与该确定的时间段有关联的各类任务。滚动进度计划表的具体表格形式如表 6-4-13 所示：

滚动进度计划表 **表 6-4-13**

开始时间：2001-01-01 结束时间：2001-01-31 滚动周期：30 天

序号	任务名称	任务类型	任务状态	工期	开始时间	结束时间
1	施工准备	关键非摘要	正在进行	32	2000-12-15	2001-01-15
2	基础工程	关键摘要	未进行	31	2001-01-16	2001-02-15
3	挖土	关键非摘要	未进行	10	2001-01-16	2001-01-25
	……	……	……	…	……	……

6.4.11 任务进度状态报告

任务进度状况报告主要反映项目在进行的过程中，实际进度与计划进度的比较状况。软件中进度管理的主要工具是实际进度前锋线，实际进度前锋线与状态基线位置的比较可以得到项目的进度状态，在基线右侧的任务表示进度超前于计划，在基线左侧的任务表示进度滞后于计划。进度状态报告是对双代号时标网络图中的实际进度前峰线图形的报表化描述，其主要包括以下信息：任务类型、任务状态、进度状态、进度偏差、实际进度百分比、任务工期、任务开始时间(计划)、结束时间(计划)、自由时差、总时差以及相应提示信息等。同时软件对于进度有差异的任务进行了详细分析，任务的滞后情况可分为以下三类：

类型一：任务的滞后将直接影响项目的总工期。此时又可分为两种情况。一种是关键任务的滞后，当项目中的关键任务滞后时若不采取措施将肯定会影响项目的总工期；一种是非关键任务的滞后，当一个非关键任务滞后的天数大于该任务的总时差时，若不及时采取措施将肯定影响项目的总工期。对于影响项目总工期的任务滞后，软件中用红颜色标识，并在提示栏中标注“影响总工期”的文字，提醒项目管理者马上采取有效措施进行补救，防止项目工期的延迟。

类型二：任务的滞后目前还不会影响项目的总工期，但直接影响其后继任务。此种情况主要针对非关键任务的滞后，当进度滞后的天数大于该任务的自由时差而小于总时差时，会出现上述的情况。对于影响后继但不影响项目工期的任务滞后的情况，软件中用蓝颜色标识，并在提示栏中标柱“影响后继任务”的文字，提醒项目管理者密切关注该任务的滞后，并采取有效措施防止滞后进一步扩大，从而最终发展到影响整个项目的工期。同时管理者也应适当调整后继任务的计划，以免造成资源供应混乱、施工组织失调等情况的发生。

类型三：任务的滞后目前既不会影响项目的总工期也不会影响其后继任务。此种情况主要是非关键任务的滞后，当进度滞后的天数小于该任务的自由时差时会出现上述情况。对于该种情况的任务滞后，软件中用深蓝颜色标识，此时项目管理者一般无需采取具体措施，而只要给予一定程度的注意便可，因为此种滞后可以在任务的机动时间内完全由任务本身进行调整便可消除。当任务的滞后进一步发展后，才需要采取具体措施。

任务进度状态报告的表格形式如表6-4-14所示：

任务进度状态报告　　　　表6-4-14

状态时间：2001-03-20

序号	任务名称	任务类型	任务状态	进度状态	进度(%)	进度偏差	工期	开始时间	结束时间	自由时差	总时差	提示
1	1#主体二层施工	关键一般任务	正在进行	滞后	40	-2	20	2001-03-11	2001-03-30	0	0	影响总工期
2	1#一层砌墙	一般任务	未开始	滞后	0%	-5	15	2001-03-16	2001-3-30	2	10	影响后继任务
3	2#土方开挖	一般任务	完成	超前	100%	+5	20	2001-03-06	2001-03-25	2	10	
4	3#施工准备	一般任务	正在进行	滞后	20%	-7	15	2001-03-11	2001-03-25	10	12	
…	……	……	……	……	……	……	…	……	……	…	…	……

6.4.12　资源需求汇总表

通过资源需求汇总表用户可以全面了解项目中的所有资源在不同时间段内的需求量。资源需求汇总表显示了项目中所有资源的需求计划，是对施工劳动力资源、材料资源、机械资源以及其他资源的汇总统计，汇总表的内容包含了工程投标类报表中的施工劳动力计划表Ⅱ、施工材料计划表、施工机械计划表三者的内容。对于劳动力资源软件可采用两种统计单位：“工日”和“人数”；对于机械资源也可采用两种统计单位：“台班”与“台数”。用户可通过报表设置功能选择资源的统计单位。在前述的报表(施工劳动力计划表Ⅰ、施工机械计划表)说明中已经详细介绍了两种单位间进行换算的方法与假设，在此不再赘述，资源需求汇总表的具体表格形式如表6-4-15、6-4-16所示：

资源需求汇总表(劳动力统计单位：工日、机械统计单位：台班)

表 6-4-15

序号	(主要)资源名称	资源类别	单位	总需求量	2001 年上半年					
					1 月	2 月	3 月	4 月	5 月	6 月
1	普工	人工	工日	2000	200	300	500	500	300	200
2	钢筋工	人工	工日	800		200	400	200		
3	推土机	机械	台班	200	150	50				
4	挖掘机	机械	台	300	150	100	50			
5	钢筋	材料	吨	50	2	8	15	15	5	5
6	水泥	材料	吨	15	1	2	3	6	2	1
	……	……	……	……	……	…	……	……	……	……

资源需求汇总表(劳动力统计单位：人、机械统计单位：台)

表 6-4-16

序号	(主要)资源名称	资源类别	单位	总需求量	2001 年上半年					
					1 月	2 月	3 月	4 月	5 月	6 月
1	普工	人工	人	50	30	38	46	50	40	30
2	钢筋工	人工	人	20	0	8	15	20	15	5
3	推土机	机械	台	15	15	15	10	5	5	5
4	挖掘机	机械	台	8	5	8	8	3	2	0
5	钢筋	材料	吨	50	2	8	15	15	5	5
6	水泥	材料	吨	15	1	2	3	6	2	1
	……	……	……	……	……	……	……	……	……	……

6.4.13 资源需求滚动计划表

资源需求滚动计划表显示了在滚动周期内具体资源的计划使用情况、规划情况，按照项目整体计划具体资源的需求用量情况。通过资源滚动计划表，用户可以进行资源需求周报、旬报、月报、季报、年报甚至任意时间段内的资源需求计划报表。因此在生成资源需求滚动计划表前，用户必须确定好计划的滚动周期开始时间和滚动周期结束时间，其具体的计算公式为：滚动周期结束时间 = 滚动周期开始时间 + 滚动周期。同时劳动力资源的统计单位分为“工日”与“人数”两种，机械资源的统计单位也分为“台班”与“台数”两种，用户可以通过报表设置功能选择其单位，在前述报表(施工劳动力计划Ⅰ、施工机械计划表)中已经详细介绍了两种单位间的换算方法与假设条件，在此不再赘述。资源需求滚动计划表的具体表格形式如表 6-4-17、表 6-4-18 所示：

资源需求滚动计划表（劳动力统计单位：工日、机械统计单位：台班）

表 6-4-17

开始时间：2001-03-01　　结束时间：2001-03-31　滚动周期：30 天

序号	（主要）资源名称	资源类别	单位	总需求量	2001 年上半年					
					1	6	11	16	21	26
1	普工	人工	工日	600	100	100	100	100	100	100
2	钢筋工	人工	工日	300	100	100	100			
3	挖掘机	机械	台班	80		20	20	20	20	
4	钢筋	材料	吨	10	2	2	2	1	1	2
	……	……	……	…	…	…	…	…	…	…

资源需求滚动计划表（劳动力统计单位：人数、机械统计单位：台数）

表 6-4-18

开始时间：2001-03-01　　结束时间：2001-03-31　滚动周期：30 天

序号	（主要）资源名称	资源类别	单位	总需求量	2001 年 3 月					
					1	6	11	16	21	26
1	普工	人工	人	20	10	15	20	20	20	20
2	钢筋工	人工	人	10	0	0	5	10	10	10
3	挖掘机	机械	台	4	2	2	2	4	2	2
4	钢筋	材料	吨	10	2	2	2	1	1	2
5	……	……	……	…	…	…	…	…	…	…

6.4.14　任务成本详表

任务成本详表主要显示了任务的各类成本信息，包括任务的总成本、人工成本、材料成本、机械成本、设备成本、费用成本和其他成本。并显示了任务类型、实际进度等相关信息。通过任务成本详表用户可以全面地了解项目中各任务的成本情况，任务成本详表的表格形式如表 6-4-19 所示：

任务成本详表　　**表 6-4-19**

序号	任务名称	任务类型	任务状态	进度（%）	开始时间	结束时间	总成本	人工成本	材料成本	机械成本	费用成本	其他成本
1	施工准备	关键非摘要	已完成	100	2001/01/01	2001/01/31	50000	30000	10000	5000	5000	0
2	基础工程	关键摘要	正在进行		2001/02/01	2001/03/01	200000	50000	100000	30000	10000	10000
3	挖土	关键非摘要	完成	100	2001/02/01	2001/02/10	35000	15000	5000	10000	5000	
4	铺垫层	关键非摘要	完成	100	2001/02/11	2001/02/15	30000	15000	5000	5000	5000	

续表

序号	任务名称	任务类型	任务状态	进度（%）	开始时间	结束时间	总成本	人工成本	材料成本	机械成本	费用成本	其他成本
5	砌基础	关键非摘要	完成	80	2001/02/16	2001/02/25	100000	10000	80000	10000		
6	回填土	关键非摘要	未开始	80	2001/02/26	2001/03/01	35000	10000	10000	5000		10000

6.4.15 资金流量表

资金流量表显示了项目进行过程中各类资金在不同时间段内的需求量，通过资金流量表用户可以了解项目中资金流的整体情况并了解某一类别的具体资金在不同时间段内的变化情况，从而方便用户进行成本管理并制定相应的成本控制措施。资金流量表的表格形式如表6-4-20所示：

资金流量表 **表6-4-20**

序号	资金类别	需求总量（万元）	2001年上半年(万元)					
			1月	2月	3月	4月	5月	6月
1	人工费	50	5	10	15	15	50	
2	材料费	500	10	90	200	150	50	
3	机械费	100	10	40	30	20	10	
4	设备费	50		20	30			
5	专项费用	10	2	2	2	2	2	
6	其他费用	10	2		4	4		
7	项目总成本	720	29	162	281	191	112	

6.4.16 任务资源分配表

任务资源分配表主要显示了每一任务具体的资源需求情况，通过任务资源分配表用户可以全面的了解项目中每一任务资源的消耗情况。表格样式如表6-4-21所示：

任务资源分配表(劳动力统计单位：人、机械统计单位：台)

表6-4-21

序号	任务信息					资源信息			
	任务名称	任务类型	工期	开始时间	结束时间	资源名称	资源类别	单位	需求总量
1	施工准备	关键非摘要	10	2001-01-01	2001-01-10	普工	人工	人	20
						挖掘机	机械	台	5
						推土机	机械	台	5
						水泥	材料	吨	0.5

续表

序号	任务信息					资源信息			
	任务名称	任务类型	工期	开始时间	结束时间	资源名称	资源类别	单位	需求总量
2	基础工程	关键摘要	30	2001-01-11	2001-01-9	普工	人工	人	50
						混凝土工	人工	人	10
3	挖土	关键非摘要	20	2001-01-11	2001-01-30	普工	人工	人	30
						挖掘机	机械	台	10
						……	……	……	……
……	……	……	……	……	……	……	……	……	……

第 7 章　平面图布置软件应用

本章重点：本章将向读者全面的介绍软件的各类功能特点，系统讲述软件的具体操作流程与操作步骤。通过本章的学习，读者能够清晰地掌握软件实现的具体操作步骤，并对软件有更加深刻的理解。

7.1　软件概述

在一套完整的施工组织设计中，现场施工平面布置图是重要的组成部分，而编制平面图一向费时、费力。施工平面图绘制软件是清华斯维尔自主开发的完全脱离 AutoCad 平台的矢量图绘制软件，采用先进高效的图形引擎、美观友好的用户界面、简单便捷的操作方式，降低操作人员对电脑知识的要求，快速、美观出图，符合绘制施工平面布置图的特点和要求。

软件能够很方便地制作出各种各样的工程图纸，包含了丰富的基本图形组件以及对这些基本图形组件的综合操作。通过组合和编辑这些基本图形组件可以生成各样的工程图形组件。软件自带的图元库包含了标准的建筑图形，使您绘图更加便捷，并且可以将您绘制的图形保存到图元库，方便您下次使用。您还可以插入图片、剪贴画、Word 文档以及其他任何支持插入的文档，使您的图纸更加美观，而且可以将您绘制的图纸保存为通用的 BMP、EMF 等文件格式，方便图纸的交流。

（1）便捷的属性设置

每个对象都可以定义属性，且软件为对象提供了丰富的属性设置，包括文本、线条、填充、阴影以及其他属性，除了在各个属性的设置对话框中修改对象的属性外，软件还提供了在对象属性条中统一设置的方法。

（2）通用的操作方式

每个对象都可以进行移动、编辑、复制、粘贴、缩放、组合等操作，而且软件也提供对对象操作的撤销与恢复。

（3）便捷的新建功能

软件提供了齐全的工具有直线、箭线、自由曲线、封闭自由曲线、多边形、封闭多边形、椭圆、圆形、矩形、正方形、贝赛尔曲线、封闭贝赛尔曲线、圆弧、文本、图片等标准操作，还提供了直线字线、圆弧字线、多线、边缘线、标注、塔吊、斜文本等专业的新建对象操作。

(4) 不失真的无级缩放

矢量图的最大优点就是图形的无级缩放，图形的自由放大、缩小可以保证图形的质量。

(5) Visio 样式的图库操作

软件采用 Visio 样式的图库，即用鼠标直接将所需的图形组件拖拽到需要的位置，反之向系统图库中添加新的组件也只需将绘制好的图形拖拽到图库框中即可，大大提高了图库元素的使用效率并增加了图库维护的便捷。软件提供了建筑企业使用的图元库(根据国家规范)，有地形地貌、动力设施、堆场、交通设施、控制点、施工机械以及其他，使用它们可以大大减轻工作量。

(6) 符合 Cad 习惯的操作

软件提供采用鼠标控制的实时平移和实时缩放功能，可以自定义的多线，以及符合 Cad 规定习惯的快捷键设置。

(7) 功能强大的 Ole

强大的 Ole 功能可以让您将 Word 文档、Excel 图表等电子文档插入到平面图中，甚至 Cad 文档也可以，您可以选择在平面图软件中新建 Ole 对象或者插入已经存在的电子文档。

(8) 简单易用的图层

任何对象都是绘制在图层上的，可以将已绘制好的对象置于合适的图层，并根据需要设置它们的状态为隐藏、可编辑、只显示等。这对于绘制复杂的平面图来说是很实用的功能。

(9) 与项目管理的结合

平面图中绘制的图形可以直接通过复制然后在项目管理软件中粘贴的办法实现与项目管理矢量图绘制模块的交互，而项目管理保存的网络图矢量图形也可以在平面图中进行进一步的改进与打印。

(10) 便捷的打印调整与打印。

7.2 软件基本操作流程

7.2.1 准备绘图

1) 施工平面图

新建施工平面图有三种方法：

(1) 系统启动时会默认新建一个空的施工平面图文档。

(2) 通过“**文件**”菜单或者“**常用**”工具栏中的［新建］命令新建一个空的施工平面图文档。

(3) 通过“**查看**”菜单→“**页面**”菜单或者“**工具**”工具栏中的

［添加一个页面］命令新建一个施工平面图页面。

由于系统允许创建多个项目文档，所以用户在创建新项目文档前，既可以关闭原先打开的项目文档(如果有文档存在)，也可以不关闭它们，方法(1)与(2)正是通过该特性新建施工平面图文档。

由于系统允许在一个施工平面图文档中创建多个页面，所以方法(3)利用该特性在文档中新建页面。

图纸设置包括图纸设置、边框设置、背景设置、页眉页脚、网格设置，用于设置施工平面图的图纸、边框以及绘图区背景属性等。

图纸设置包括图纸的大小、横纵向和比例尺，如图 7-2-1 所示。

在选取纸张大小“自定义”时，将显示另一对话框，如图 7-2-2 所示。

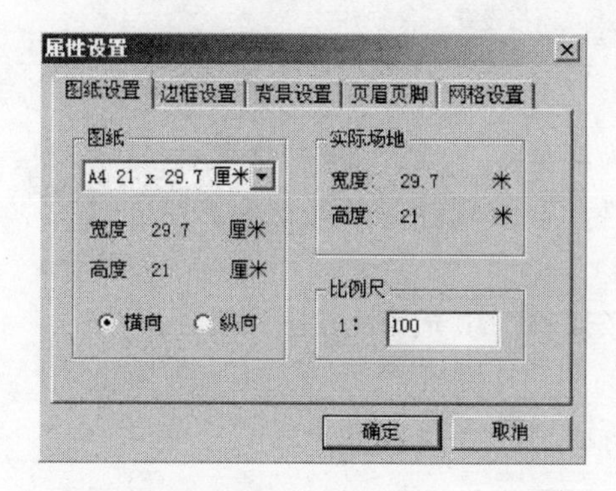

图 7-2-1　属性设置

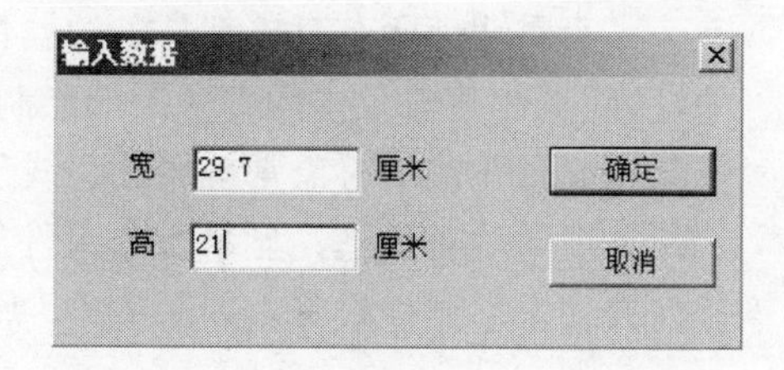

图 7-2-2　输入对话框

用户可以依据实际情况设置图纸的高、宽值，单位毫米(mm)。边框设置，用于设置图纸四周的空余边框(默认值都为 10，单位：毫米 mm)。以及边框线的宽度(默认值为 10，单位：1/10 毫米 mm)和颜色(默认值为黑色)。如图 7-2-3 所示。

页眉页脚包括图纸左、中、右的页眉页脚文本以及字体设置。如图 7-2-4 所示。

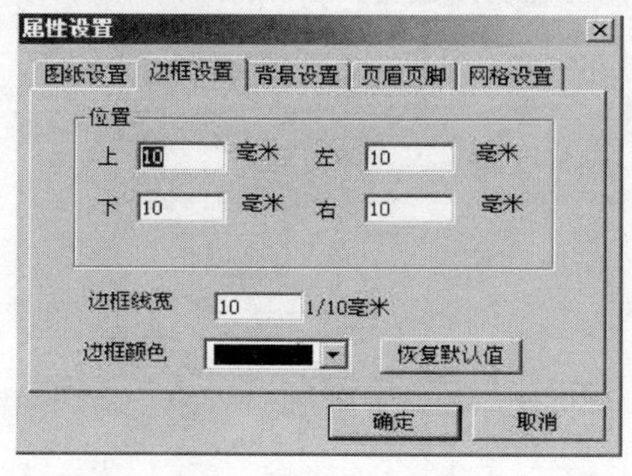

图 7-2-3　边框设置

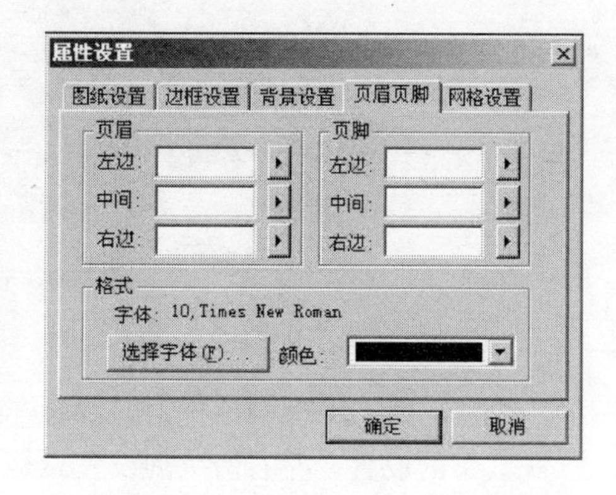

图 7-2-4　页眉页脚设置

背景属性包括绘图区背景的填充样式以及背景网格的显示样式。如图 7-2-5、图 7-2-6 所示。

图 7-2-5　背景设置

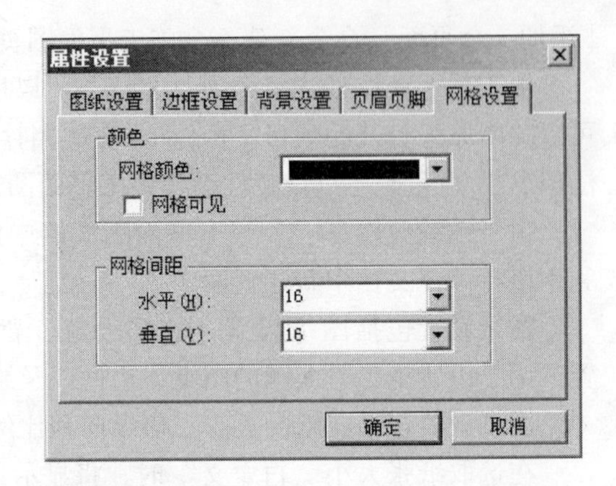

图 7-2-6　网格设置

2）对象属性

施工平面图系统中的对象属性分为两类：一般属性与高级属性。

一般属性为所有对象都具备的属性，高级属性为某些对象自带的独特的设置（见创建对象中的专业图形绘制）。

一般属性包括对象常规属性、线条属性、填充属性、阴影属性。

常规属性对话框，显示所选组件的名称、是否可见、文本水平和垂直排列方式、字体样式等。如图 7-2-7 所示。

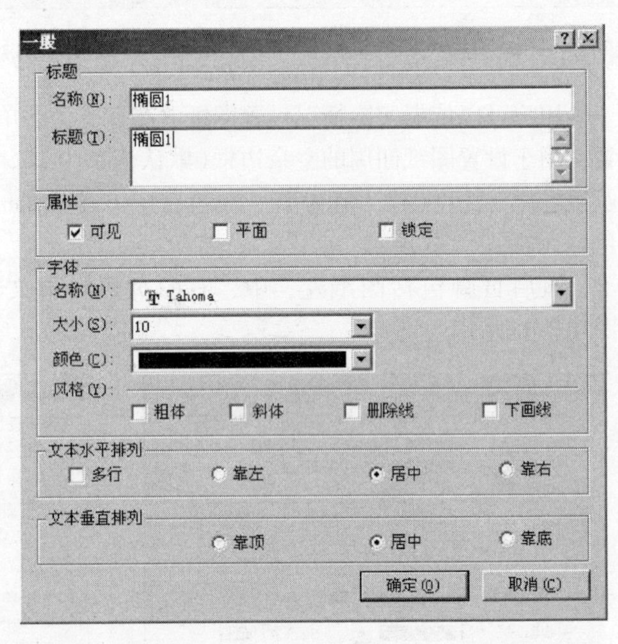

图 7-2-7　常规属性对话框

线条属性对话框，显示所选组件的线条颜色、线型、线宽以及左右箭头的设置。左右箭头的设置只是对线类对象才有效。如图 7-2-8 所示。

填充属性对话框，显示所选组建的填充样式以及填充颜色。系统共提供 92 种填充样式，分三页提供，包括模式、阴影、纹理，搭配不同的填充颜色可以产生各种所需的填充效果。填充只对封闭的图形和弧线才有效。

如图 7-2-9 所示。

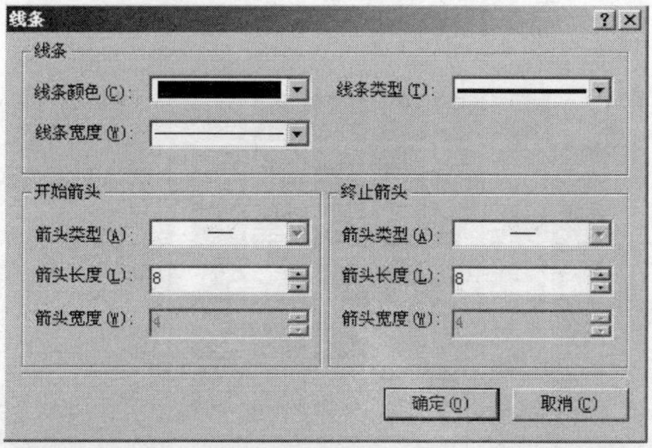

图 7-2-8　线条属性框

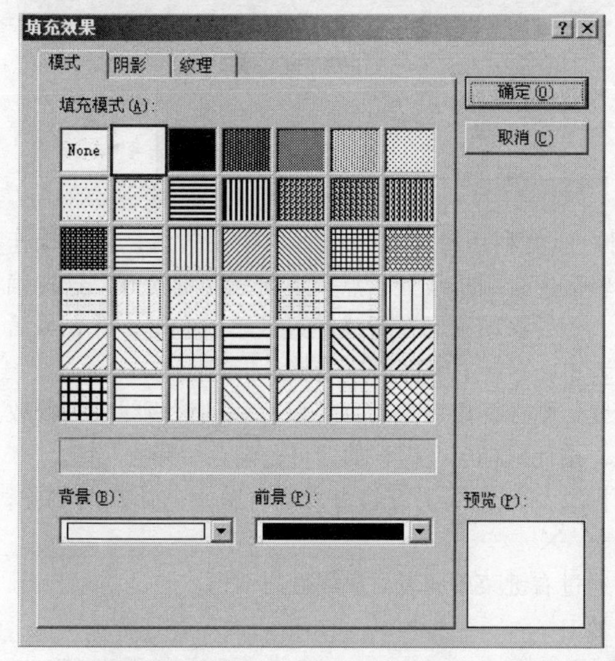

图 7-2-9　填充效果

阴影属性对话框，显示所选组建的阴影样式、阴影颜色以及阴影位移。系统共提供 92 种阴影样式，分三页提供，包括模式、阴影、纹理，搭配不同的填充颜色可以产生各种所需的阴影效果。如图 7-2-10 所示。

7.2.2　创建对象

1）通用对象

(1) 绘制多边形

访问命令：

选择绘图菜单→通用图形→多边形；

点击通用图形绘制条的按钮。

绘制方法：

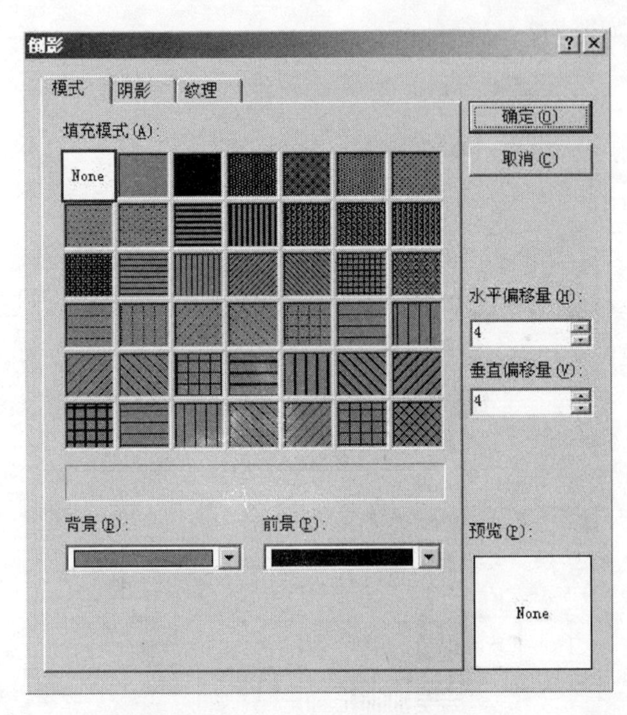

图 7-2-10　阴影属性对话框

选取该工具后，用户即可利用鼠标在编辑区内绘制折线，具体操作为：首先将鼠标移到编辑区想绘制折线处，点一下鼠标左键松开，这样确定了该折线的一个端点，然后移动鼠标在折线经过处单击左键，并在最后一个点双击鼠标左键或者单击鼠标右键即可生成整条折线。

用户若想修改此折线，则选择该对象后，将鼠标移到该折线计划修改的那一段上的控制点上，按住鼠标的左键移动即可，满意后释放左键。

按住 Ctrl 键后将鼠标移到该折线上方将可以进行节点的添加与删除，相应的鼠标样式分别为⌖、✕。

编辑直线属性可以通过右键菜单或者对象属性对话框。

(2) 绘制封闭多边形

访问命令：

选择绘图菜单→通用图形→封闭多边形；

点击通用图形绘制条的按钮。

绘制方法：

选取该工具后，用户即可利用鼠标在编辑区内绘制多边形，具体操作为：首先将鼠标移到编辑区想绘制多边形，点一下鼠标左键松开，这样确定了该折线的一个端点，然后移动鼠标在折线经过处单击左键，并在最后一个点双击鼠标左键或者单击鼠标右键即可生成多边形。

用户若想修改此多边形，则选择该对象后，将鼠标移到该多边形计划修改的那一段上的控制点上，按住鼠标的左键移动即可，满意后释放左键。

封闭多边形默认情况下不可以编辑节点，该操作由格式控制条上的按钮控制。

打开该开关后，按住 Ctrl 键后将鼠标移到该折线上方将可以进行节点的添加与删除，相应的鼠标样式分别为⌖、✕。

编辑多边形属性可以通过右键菜单或者对象属性对话框。

(3) 绘制矩形

访问命令：

选择绘图菜单→通用图形→矩形；

点击通用图形绘制条的□按钮。

绘制方法：

选取该工具后，用户即可利用鼠标在编辑区绘制矩形，具体操作为：先将鼠标移到所要绘制矩形的起点处，然后按住左键再移到矩形的终点处，过程中会有一虚线框随光标移动，它表示矩形的大小，此时释放鼠标左键，即可生成一个矩形。用户若想修改此矩形大小，可在选择该对象后，将鼠标移到该矩形四条边上加亮的方块上，当鼠标成拉伸状后按住鼠标左键移动即可，满意后释放左键。

(4) 绘制正方形

访问命令：

选择绘图菜单→通用图形→正方形；

点击通用图形绘制条的□按钮。

绘制方法：

选取该工具后，用户即可利用鼠标在编辑区绘制正方形，具体操作为：先将鼠标移到所要绘制正方形的起点处，然后按住左键再移到正方形的终点处，过程中会有一虚线框随光标移动，它表示正方形的大小，此时释放鼠标左键，即可生成一个正方形。

用户若想修改此正方形大小，可在选择该对象后，将鼠标移到该正方形四条边上加亮的方块上，当鼠标成拉伸状后按住鼠标左键移动即可，满意后释放左键。

(5) 绘制椭圆

访问命令：

选择绘图菜单→通用图形→椭圆；

点击通用图形绘制条的⬭按钮。

绘制方法：

选取该工具后，用户即可利用鼠标在编辑区绘制椭圆，具体操作为：先将鼠标移到所要绘制椭圆的起点处，然后按住左键再移到椭圆的终点处，过程中会有一虚线框随光标移动，它表示椭圆的大小，此时释放鼠标左键，即可生成一个椭圆。

用户若想修改此椭圆大小，可在选择该对象后，将鼠标移到该椭圆四周上加亮的控制点上，当鼠标成拉伸状后按住鼠标左键移动即可，满意后释放左键。

(6) 绘制圆

访问命令:

选择绘图菜单→通用图形→圆;

点击通用图形绘制条的○按钮。

绘制方法:

选取该工具后,用户即可利用鼠标在编辑区绘制圆,具体操作为:先将鼠标移到所要绘制圆的起点处,然后按住左键再移到圆的终点处,过程中会有一虚线框随光标移动,它表示圆的大小,此时释放鼠标左键,即可生成一个圆。

用户若想修改此圆大小,可在选择该对象后,将鼠标移到该圆四周上加亮的控制点上,当鼠标成拉伸状后按住鼠标左键移动即可,满意后释放左键。

(7) 绘制箭线

访问命令:

选择绘图菜单→通用图形→箭线;

点击通用图形绘制条的↘按钮。

绘制方法:

选取该工具后,用户即可利用鼠标在编辑区绘制箭线,具体操作为:先将鼠标移到所要绘制箭线的起点处,然后按住左键再移到箭线的终点处,过程中会有一虚线随光标移动,它表示箭线的大小与方向,此时释放鼠标左键,即可生成一个箭线。

用户若想修改此箭线,可在选择该对象后,将鼠标移到该箭线两端加亮的控制点上,当鼠标成拉伸状后按住鼠标左键移动即可,满意后释放左键。

(8) 绘制自由曲线

访问命令:

选择绘图菜单→通用图形→自由曲线;

点击通用图形绘制条的按钮。

绘制方法:

在图形有效区域内按住鼠标左键移动即可绘制一条任意的自由曲线。

用户若想修改此自由曲线,可在选择该对象后,将鼠标移到该自由曲线两端加亮的控制点上,当鼠标成拉伸状后按住鼠标左键移动即可,满意后释放左键。

(9) 绘制封闭自由曲线

访问命令:

选择绘图菜单→通用图形→封闭自由曲线;

点击通用图形绘制条的按钮。

绘制方法:

在图形有效区域内按住鼠标左键移动即可绘制一条任意的封闭自由曲线。

用户若想修改此封闭自由曲线,可在选择该对象后,将鼠标移到该封闭自由曲线两端加亮的控制点上，当鼠标成拉伸状后按住鼠标左键移动即可，满意后释放左键。

封闭自由曲线默认情况下不可以编辑节点，该操作由格式控制条上的按钮控制。

打开该开关后，按住 Ctrl 键后将鼠标移到该折线上方将可以进行节点的添加与删除，相应的鼠标样式分别为。

（10）绘制两点贝赛尔曲线

访问命令：

选择绘图菜单→通用图形→贝赛尔曲线；

点击通用图形绘制条的按钮。

绘制方法：

选取该工具后，用户即可利用鼠标在编辑区绘制贝赛尔曲线，具体操作为：先将鼠标移到所要绘制贝赛尔曲线的起点处，然后按住左键再移到贝赛尔曲线的终点处，过程中会有一虚曲线随光标移动，它表示贝赛尔曲线的形状，此时释放鼠标左键，即可生成一个贝赛尔曲线。

用户若想修改此贝赛尔曲线，可在选择该对象后，将鼠标移到该贝赛尔曲线四个加亮的控制点上，当鼠标成拉伸状后按住鼠标左键移动即可，满意后释放左键。

（11）绘制贝赛尔曲线

访问命令：

选择绘图菜单→通用图形→贝赛尔曲线；

点击通用图形绘制条的按钮。

绘制方法：

选取该工具后，用户即可利用鼠标在编辑区内绘制贝赛尔曲线，具体操作为：首先将鼠标移到编辑区想绘制贝赛尔曲线处，点一下鼠标左键松开，这样确定了该贝赛尔曲线的一个端点，然后移动鼠标在贝赛尔曲线经过处单击左键，并在最后一个点双击鼠标左键即可生成整条贝赛尔曲线。

用户若想修改此贝赛尔曲线，可在选择该对象后，将鼠标移到该贝赛尔曲线加亮的控制点上，当鼠标成拉伸状后按住鼠标左键移动即可，满意后释放左键。

（12）绘制封闭贝赛尔曲线

访问命令：

选择绘图菜单→通用图形→封闭贝赛尔曲线；

点击通用图形绘制条的按钮。

绘制方法：

选取该工具后，用户即可利用鼠标在编辑区内绘制封闭贝赛尔曲线，具体操作为：首先将鼠标移到编辑区想绘制封闭贝赛尔曲线处，点一下鼠标左键松开，这样确定了该封闭贝赛尔曲线的一个端点，然后移动鼠标在封闭贝赛尔曲线经过处单击左键，并在最后一个点双击鼠标左键或者单击鼠标右键即可生成整条封闭贝赛尔曲线。

用户若想修改此封闭贝赛尔曲线，可在选择该对象后，将鼠标移到该封闭贝赛尔曲线加亮的控制点上，当鼠标成拉伸状后按住鼠标左键移动即可，满意后释放左键。

2）专业对象

（1）创建字线

访问方法：

选择绘图菜单→专业图形→字线菜单；

点击绘图工具栏中的按钮。

绘制方法：

选取该工具后，用户即可利用鼠标在编辑区内绘制字线，具体操作为：先将鼠标移到所绘字线的起点处单击鼠标左键，然后在字线经过处依次单击鼠标，即可产生一条连续的字线。

属性设置：

字线中文本采用常规文本属性中的标题内容以及文本字体信息。

其他的设置如下：

文本宽度：文本区域的宽度。

是否自定义宽度：决定是否使用用户自定义的文本区域宽度，选择否的时候系统将根据字体自动计算文本区域的宽度。

字到线距离：文本的顶部与线的垂直距离，可以为负值。

标注间隔：标注之间线段的长度。

直线个数：直线的个数。

是否连续：直线是否连续，选择是的情况将连续绘制直线。

（2）创建弧线

访问方法：

选择绘图菜单→通用图形→画弦菜单；

点击绘图工具栏中的按钮。

绘制方法：

在图形有效区域内点三点，经过这三点可形成一段弧，其中第一点为弧线段的起点，第三点为弧线段的终点，第二点在弧线段上。连接第一点和第三点生成弦形。

用户若想修改此圆弧，则选择该对象后，将鼠标移到该圆弧的控制点上，按住左键移动即可修改，满意后松开左键。

圆弧的修改有两种方式：延长弧与正常修改。

两种形式用户均可以随意拖动圆弧上三点，系统将绘制出通过新的三点的圆弧。

默认情况为正常修改，切换修改状态请选择编辑菜单→延长弧菜单。

二者的区别是对于圆弧起点与终点的控制，在延长弧状态下圆弧拖动起点或终点将不修改圆弧的半径与圆心而只是修改起点或终点相对圆心的角度。

属性设置：

圆弧具有常规属性中的所有属性，同时其也具有一些特殊设置。

是否画半径：决定是否显示圆弧的半径。

(3) 创建圆弧字线

访问方法：

选择绘图菜单→专业图形→圆弧字线菜单；

点击绘图工具栏中的按钮。

绘制方法：参照圆弧。

属性设置：参照字线。

(4) 创建标注

访问方法：

选择绘图菜单→专业图形→标注菜单；

点击绘图工具栏中的按钮。

绘制方法：

在图形有效区域内点两点，该两点为标注线的端点，然后拖动鼠标确定标注的垂直数据。

属性设置：

标注内容：用户自定义的标注。

使用系统值：采用系统自动计算的标注。

标注位置：标注在标注线上的位置。

字线距离：标注与标注线的距离。

斜线长度：斜线的长度。

显示箭头：是否显示左右箭头。

上面同步：标注线的上垂线左右是否同步修改。

下面同步：标注线的下垂线左右是否同步修改。

垂线长度：上方与下方左右垂线的长度。

标垂线：是否显示垂线。

标斜线：是否显示斜线。

标圆：是否显示圆。

(5) 创建边缘线

访问方法：

选择绘图菜单→专业图形→边缘线菜单；

点击绘图工具栏中的按钮。

绘制方法：

选取该工具后，用户即可利用鼠标在编辑区内绘制边缘线，具体操作为：先将鼠标移到所绘边缘线的起点处单击鼠标左键，然后在边缘线经过处依次单击鼠标，即可产生一条连续的边缘线。

属性设置：

与直线夹角：斜线与主线的夹角。

边缘线间距：边缘线间距。

边缘线长度：边缘线长度。

与直线距离：边缘线起点与主线的垂直距离。

（6）创建多线

访问方法：

选择绘图菜单→专业图形→多线菜单；

点击绘图工具栏中的按钮。

绘制方法：

选取该工具后，用户即可利用鼠标在编辑区内绘制多线，具体操作为：先将鼠标移到所绘多线的起点处单击鼠标左键，然后在多线经过处依次单击鼠标，即可产生一条连续的多线。

属性设置：

多线中可以设置线的个数，同时每条线的属性都可以修改。

直线名称："直线"＋直线的序号。

删除：删除当前直线。

添加：添加一条新的直线。

切角：多线的开始节点与结束节点的倾角。

线距：直线的垂直间距。

是否闭合：是否将多线首尾相连。

是否内侧：决定多线显示在主线的内侧还是外侧。

（7）创建文本

访问方法：

选择绘图菜单→专业图形→文本菜单；

点击绘图工具栏中的**A**按钮。

绘制方法：

选取该工具后，用户即可利用鼠标在编辑区插入文本，具体操作为：首先将鼠标移到所插入文本的起点处，然后按住左键拖动到终点，这时释放左键即可生成一个矩形文本区域，区域内有文本两个字。

用户若想修改此文本区域的大小，则选择该对象后，将鼠标移到该矩形文本的控制点上，按住左键移动即可修改，满意后松开左键。

属性设置：

若用户想键入文本内容或修改文本内容，则点击鼠标右键，选择文本属性对话框，从中可以修改文字的字体、大小、颜色、样式和效果等，如3d效果、单行显示、背景阴影、左对齐、右对齐、居中、字体加粗、斜体和下划线，在内容区域输入文本，并可实时预览设置效果。

注：本文本不可以进行旋转操作。

（8）创建斜文本

访问方法：

选择绘图菜单→专业图形→斜文本菜单；

点击绘图工具栏中的按钮。

绘制方法：

选取该工具后，用户即可利用鼠标在编辑区插入文本，具体操作为：首先将鼠标移到所插入文本的起点处，然后点击左键即可生成一个矩形文本区域，区域内有文本两个字。

用户若想修改此文本区域的大小，则选择该对象后，将鼠标移到该矩形文本的控制点上，按住左键移动即可修改，满意后松开左键。

属性设置：

若用户想键入文本内容或修改文本内容，则点击鼠标右键，选择文本属性对话框，从中可以修改文字的字体、大小、颜色、样式和效果等，如3d效果、单行显示、背景阴影、左对齐、右对齐、居中、字体加粗、斜体和下划线，在内容区域输入文本，并可实时预览设置效果 。

注：斜文本支持旋转操作。

(9) 创建塔吊

访问方法：

选择绘图菜单→专业图形→塔吊线菜单；

点击绘图工具栏中的按钮。

绘制方法：

选取该工具后，用户即可利用鼠标在编辑区内绘制塔吊线，具体操作为：先将鼠标移到所绘塔吊的中心点处单击鼠标左键，即可生成一个新的塔吊。

用户若想修改此塔吊，则选择该对象后，将鼠标移到该塔吊的控制点上，按住鼠标的左键拖动即可修改，满意后释放左键。

属性设置：

中心点位置：塔吊中心点所在位置，修改将对塔吊进行平移操作。

固定半径：选择该选项时，右边的半径对话框取消置灰，此时可以输入固定的塔吊半径，单位米(由于默认比例尺为1∶100，所以在图纸上显示的长度是厘米)，选择固定塔吊半径后，不能通过修改控制点的方式来改变其半径；不选择该选项时，塔吊半径选取系统自动测量值。

自动标注：系统默认选择该选项，标注的内容为系统自动测量所得，因为比例尺默认为1∶100，所以显示的单位为米；不选择该项时，替换标注内容窗口取消置灰，在其窗口中可以输入要标注的内容，如长度、塔吊型号等。

文本与线距离：标注与线的距离。

字线空白：标注区域的宽度。

标注位置：标注在塔吊标注线上位置。

箭头：是否显示箭头，箭头样式在线条属性的箭头中修改。

(10) 创建图片

访问方法：

选择绘图菜单→专业图形→图片菜单；

点击绘图工具栏中的按钮。

绘制方法：

首先将鼠标移到所插入图形的起点处，然后按住左键拖动到终点，这时释放左键即可生成一个矩形区域来放置图形，同时弹出图像属性对话框，在图像文件对话框中输入图像路径，或者通过浏览直接选择。

用户若想修改此图形区域大小，在选中该对象后，将鼠标移到该矩形边框的控制点上，按住左键移动即可修改，满意后释放鼠标的左键。

(11) 创建 Ole 对象

访问方法：

选择绘图菜单→专业图形→Ole 对象菜单；

点击绘图工具栏中的按钮。

绘制方法：

选取该工具后，用户即可利用鼠标在编辑区插入 Ole 对象，具体操作为：首先将鼠标移到所插入对象的起点处，然后按住左键拖动到终点，这时释放左键即可生成一个矩形区域，同时弹出插入对象对话框，从中可以选择对象类型和来源，并可进行相关设置。

① 对象类型：选择要插入的对象类型，为系统默认；

② 显示为图标：将插入的对象只显示为图标；

③ 从文件创建：将对象的内容以文件的形式插入文档；

④ 结果：对所选对象类型进行说明。

(12) 创建题栏

访问方法：

在图元库的其他图元中选择题栏。

绘制方法：

选取该工具后，用户即可利用鼠标在编辑区插入题栏，具体操作为：首先将鼠标移到所插入对象的起点处，然后按住左键拖动到终点，这时释放左键即可生成一个题栏。

双击对应的文本区域就可以直接进行编辑。

创建方法：

系统自带的题栏格式比较固定，很难满足所有用户的需求，下面将讲述题栏的创建方法，根据此方法用户就可以创建自己的题栏并可以放到图元库中保存起来。

题栏中的每一个单元格实际上都是一个文本框，而题栏就是将很多文本框组合在一起然后拖到图元库中生成的。

文本框默认情况下是没有边框的，这是因为文本框默认线条宽度为 0，因此在线条属性中将线条宽度改为 1 就可以显示边框。

(13) 创建系统图元

系统内置的图元库包含了标准的建筑图形，包括施工机械、材料及构件堆场、地形及控制点、动力设施库、建筑及构筑物库、交通运输、其他图元等 7 类。

在图元库工具栏上方鼠标左键点击需要创建的图元图标然后按住鼠标并移动到绘图区，此时鼠标将会显示为🖻并且可以看到虚线绘制的移动轨迹，拖到合适的地方松开鼠标，系统将创建指定的图元。如图 7-2-11、图 7-2-12 所示。

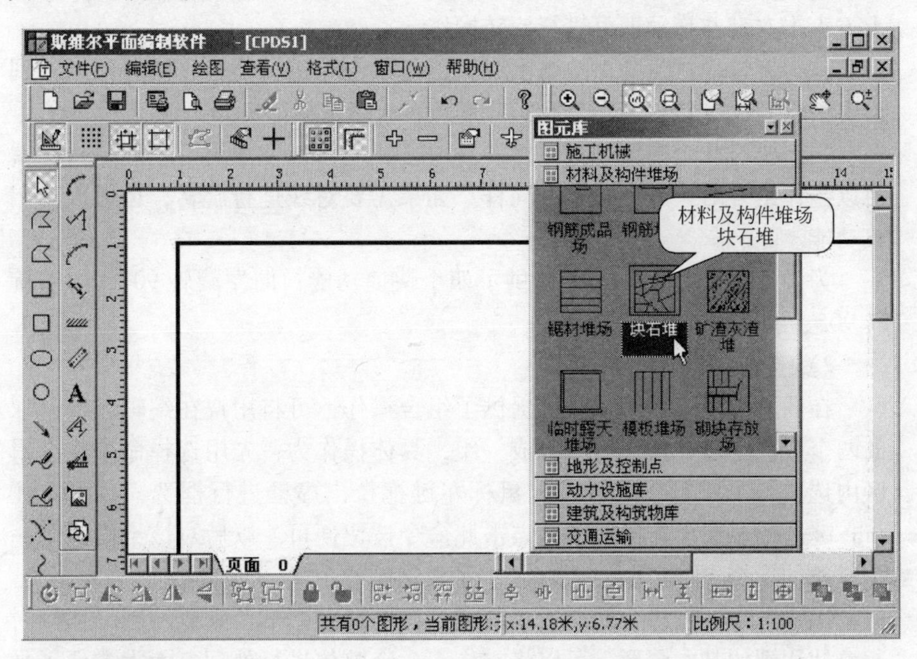

图 7-2-11　屏幕菜单(一)

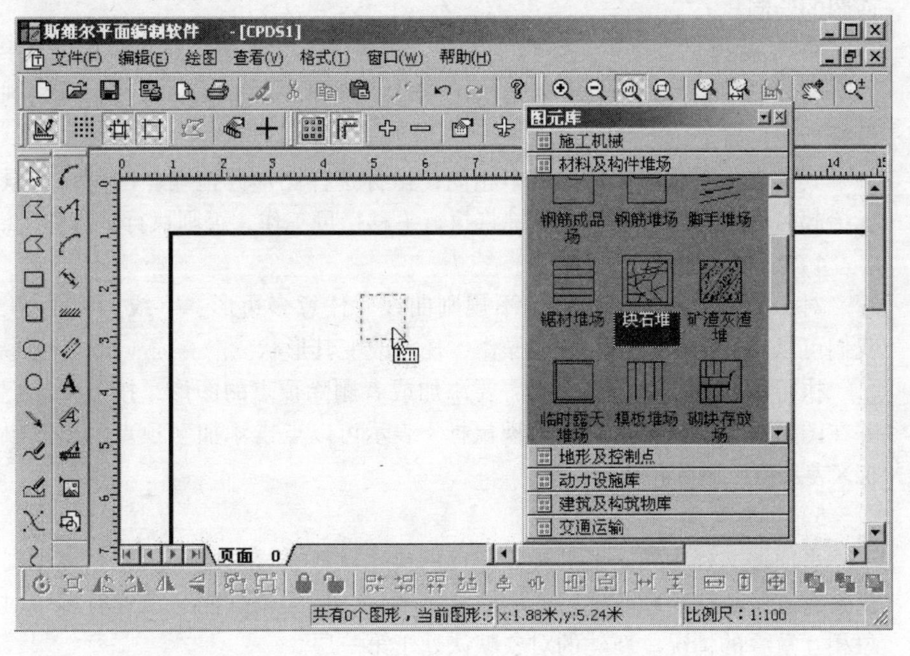

图 7-2-12　屏幕菜单(二)

7.2.3 图形编辑

1）旋转

在图形编辑过程中，软件提供了旋转操作，除了文本框与Ole对象之外的所有对象都支持旋转，系统也允许对多个选中对象的旋转。

在选中图形的情况下，点击在按钮栏上的自由旋转按钮，然后在图形上方点击左键并拖动即可进行旋转操作。

进行旋转操作时各对象将围绕自己的中心点进行旋转，同时可以看到由虚线绘制的旋转轨迹，拖到满意的位置松开鼠标即可。

当需要对几个图形进行整体旋转时，我们可以使用组合功能，这样就可以当作组合对象进行旋转，同样，如果需要对线进行旋转，也可以使用该功能。

为了方便使用，系统还提供了四个快捷功能：向左旋转90°、向右旋转90°、水平翻转、垂直翻转。

2）组合

在图形编辑过程中，软件提供了组合操作，可将用户在编辑区内选取的两个或两个以上操作对象组成一组，具体操作为：先用选择命令在编辑区内选取若干图形，既可按住鼠标左键拖拉出虚框进行框选，也可按住shift键进行多选。选择完毕后点击此命令按钮便可。以后对该组内任何一个对象的操作(如移动、缩放等)，都将影响整个组。

用户可以使用组合功能生成各式各样的复杂图形，生成绘制平面图时频繁使用到的基本图形，可以将它作为一个整体进行处理，大大方便了平面图的绘制。

3）平移拷贝

在图形编辑过程中，软件提供了平移拷贝操作，也就是将选中复制到鼠标指定位置。

其操作跟平移移动图形基本相同，鼠标选择图形并拖动，区别是在鼠标抬起时如果同时按下了Ctrl键将执行平移拷贝工作，否则执行平移移动。

4）添加删除顶点

对于已经绘制好的折线、不规则曲线、任意多边形、字线、多线等，我们可以执行添加及删除端点操作，任意改变其形状。

执行该操作的途径是选中需要添加或者删除顶点的图形，按下Ctrl键并在图形边线上移动鼠标，出现鼠标✣表示可以点击添加新顶点，出现鼠标✕表示可以删除顶点。

5）叠放次序

平面图文档中的图形是按照一定的显示顺序来显示的，因此系统也提供叠放次序功能来修改选定图形的显示顺序，用于处理同一位置有多个对象相互重叠的情况。新建的对象默认处于第一层。

移到第一层：

当在编辑区的同一位置有多个对象相互重叠时，用户可选取要操作的对象，通过此命令将要操作的对象移动到所有对象的最前面显示。

移到最下层：

当在编辑区的同一位置有多个对象相互重叠时，用户可选取要操作的对象，通过此命令将要操作的对象移动到所有对象的最下层显示。

向前移动一层：

当在编辑区的同一位置有多个对象相互重叠时，用户可选取要操作的对象，通过此命令将要操作的对象向前移动一层。

向后移动一层：

当在编辑区的同一位置有多个对象相互重叠时，用户可选取要操作的对象，通过此命令将要操作的对象向后移动一层。

6）排列与调整

（1）对齐

系统提供8种对齐方式，分别是：

① 左对齐

② 右对齐

③ 顶对齐

④ 底对齐

⑤ 中心水平对齐

⑥ 中心垂直对齐

以上6种对齐方式用于在编辑区内选取的两个或两个以上操作对象相互对齐，对齐的参照物是当前组件。

⑦ 页面水平居中

⑧ 页面垂直居中

以上2种对齐方式用于在编辑区内选取的1个或1个以上操作对象与绘图页面的对齐。

（2）大小调整

此功能用于在编辑区内选取的两个或两个以上操作对象相互调整大小，调整的参照物是当前组件。系统提供三种调整方式，分别是：

① 宽度相等

② 高度相等

③ 大小相等

（3）间距调整

此功能用于在编辑区内选取的两个或两个以上操作对象相互调整间距。

① 水平等距分布

② 垂直等距分布

7.2.4　图形显示

1）实时移动

当图形在当前视窗内没有直接显示完整图形，而你需要的视图范围又不在当前视窗内时，可以使用视图菜单中的实时移动命令或者使用按扭来适时移动当前视窗，当执行该操作时，鼠标将变成手状，此时按住鼠标左键在图纸上拖动，图纸就可以实时移动。

2）缩放

(1) 实时缩放

如果不能完全浏览当前图纸或者当前图纸显示太小无法浏览时，你可以使用软件提供的实时缩放命令，它们位于主菜单中的查看选项中的实时缩放命令或实时缩放按钮。当执行当前操作时，鼠标显示为，按住鼠标左键在图纸上向上或向下拖动，此时，图纸将实时放大或实时缩小(向下拉为缩小，向上拉为放大)。当放大或缩小到你需要的效果时，松开鼠标将完成本次缩放，点击右键将推出实时缩放状态。

(2) 选区放大

你需要将图形的部分放大时，可以使用选区放大功能，即主菜单视图项中的缩放窗口命令和按钮，执行该操作，按住鼠标左键在图纸上面圈定一个需要放大的区域，你将看到当前圈定的区域已经被放大到整个屏幕了。这个命令只执行一次即自行结束。

(3) 页面缩放

调整到屏幕宽

调整到屏幕高

显示整个页面

按比例缩放视图

3）等比缩放组件

在图形编辑过程中，软件提供了等比缩放组件操作，可将所选图形适时缩放，具体操作为：选定一个图形后点击缩放命令，鼠标会变成状，按住鼠标左键移动鼠标，离中心点越远图形越大；相反，离中心点越近图形越小。

此功能对于图形大小的调整非常方便，降低了操作难度。

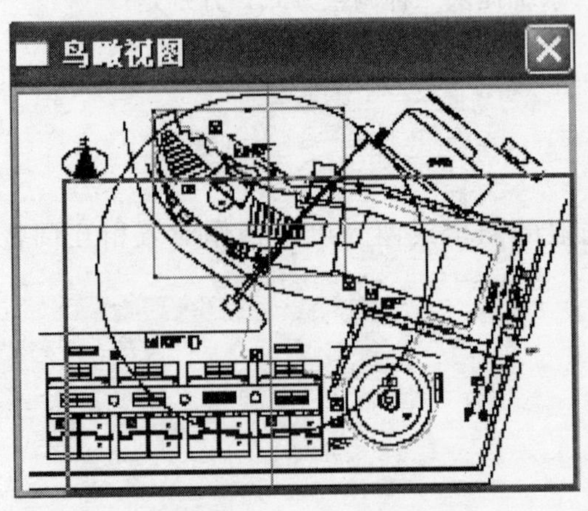

图 7-2-13　鸟瞰视图

4）鸟瞰视图

另外，软件还提供了一个很有用的视窗管理器，那就是导航器功能，这个按钮就是，点击一下按钮，将弹出如图 7-2-13 所示的窗口：

在导航器中，可以看到当前图纸的一个完整的缩略图，一个红色的边框所圈定的区域代表当前图纸的视图范围，当你将鼠标移到导航器上时，在其中任意位置点击一下，发现该红色的边框发生了移动，其中心点与当前鼠标点击位置重合，此时当前视窗范围随着发生了改变(即为当前红色边框圈定的区域)。如果你再移动鼠标，将有一红色的边框随着鼠标移动(代表当前视窗范围)。

7.2.5 打印输出

1）打印设置

打印设置对话框用于设置打印时采用的打印机、纸张大小、打印方向、页边距等。如图7-2-14所示。

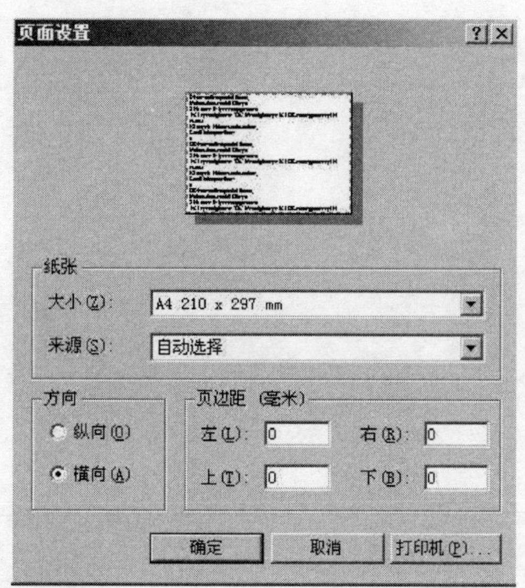

图7-2-14　打印设置

2）打印预览

可将要打印的活动文档模拟打印显示。在模拟显示窗口中，你可以选择单页或双页方式显示(双页显示可以看到页与页间的重叠度)。打印预览工具条还提供了一些便于预览的选项。如图7-2-15所示。

图7-2-15　打印功能

(1) 打印：在预览状态下直接打印。

(2) 下页、上页：当一页显示不下时，可进行前后翻页。

(3) 单页：只在预览区显示一页打印纸。

(4) 放大、缩小：整体放大或缩小所预览的所有对象。

(5) 关闭：退出预览状态。

第三部分 工程招投标方案编制实例高级教程

第 8 章 概　况

本章重点：本章主要介绍本次投标方案编制实例工程的基本工程概况。

8.1 工程建设概况

本教学实例是某学院的一栋教学楼工程，建筑面积有1434m^2，为框架结构。教学楼共计五层，地下一层，层高为4.2m，室内地坪标高为正负零；地上四层，一层层高为4.2m，二、三层层高均为3.3m，出屋顶楼层层高为3m，且屋顶为坡屋顶形式。本工程是一个吊脚楼，地下室与首层的地坪高差正好是地下室的层高。图8-1-1是利用三维算量软件建立的教学楼算量模型。

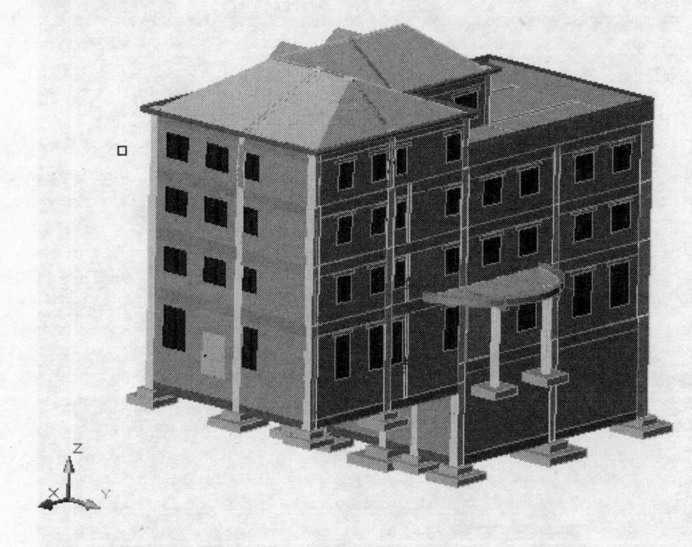

图8-1-1　三维模型

本部分将介绍如何具体操作《投标工具箱系列软件》快速编制一份投标施工方案。以下为投标工具箱系列软件编制建立的工程横道图、单双代号网络图以及施工平面图样例(图8-1-2～图8-1-5)。

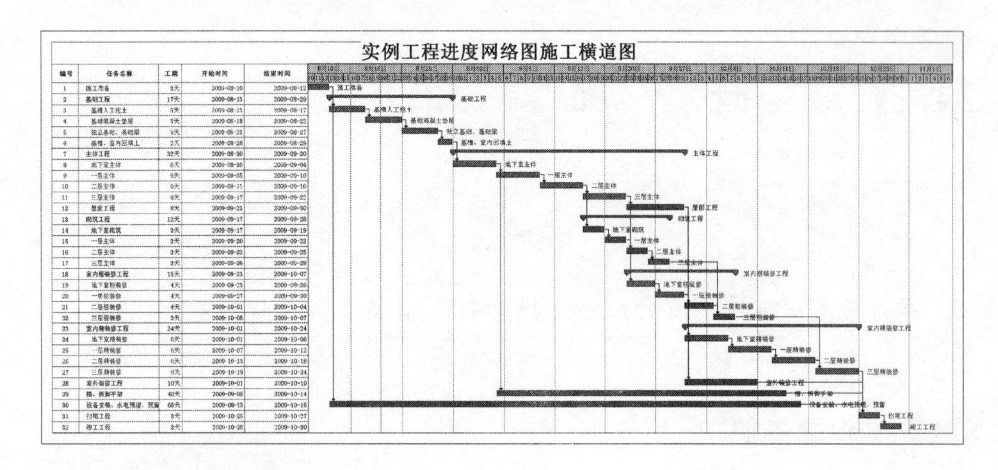

图 8-1-2　施工进度网络图

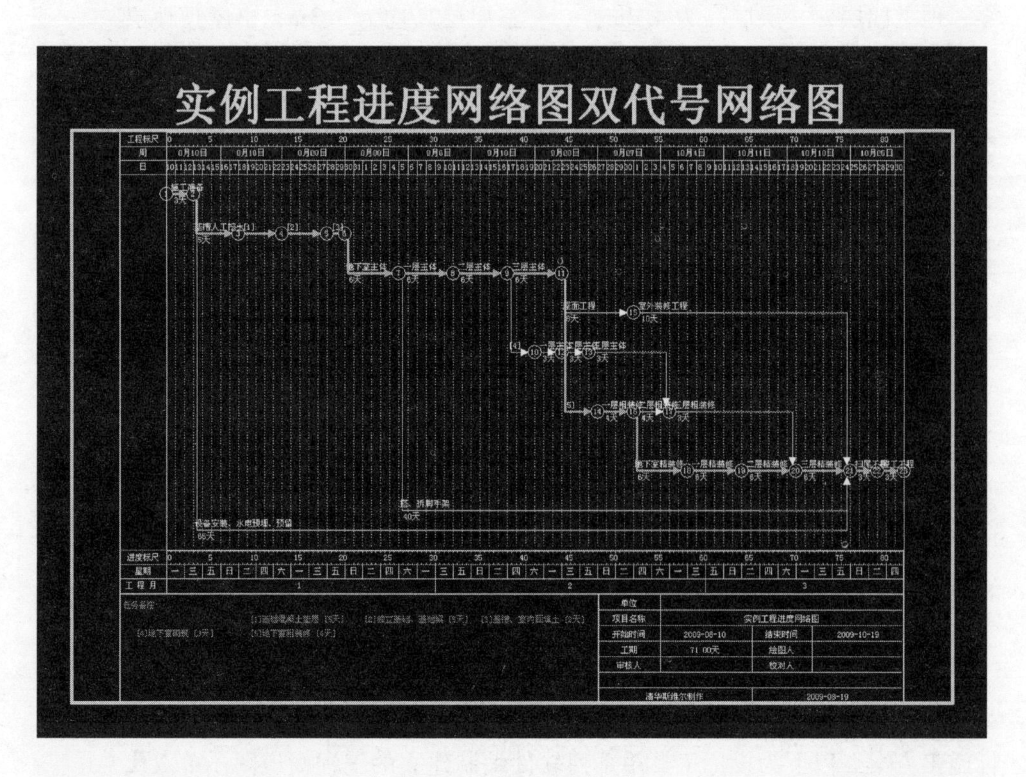

图 8-1-3　双代号网络图

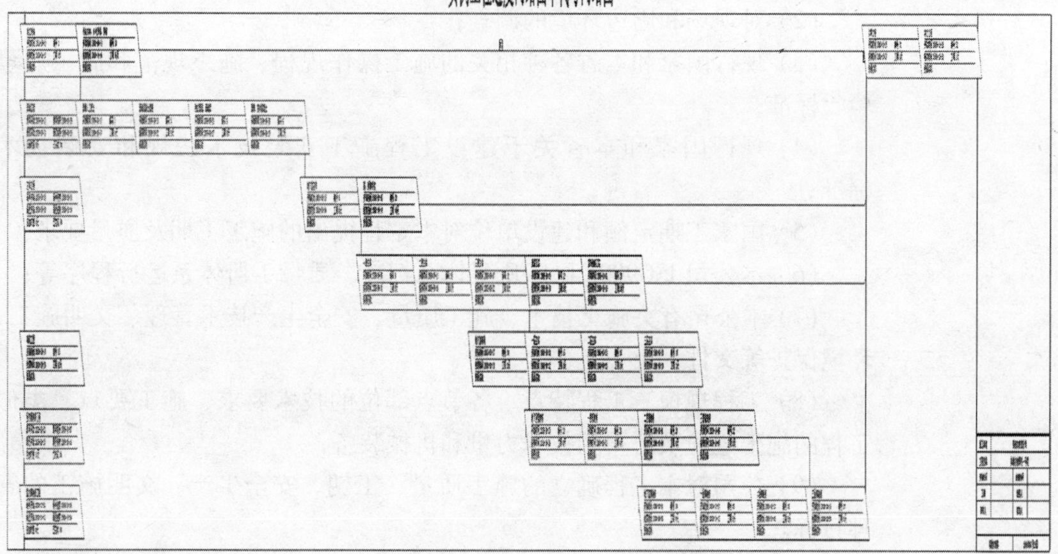

图 8-1-4　单代号网络图

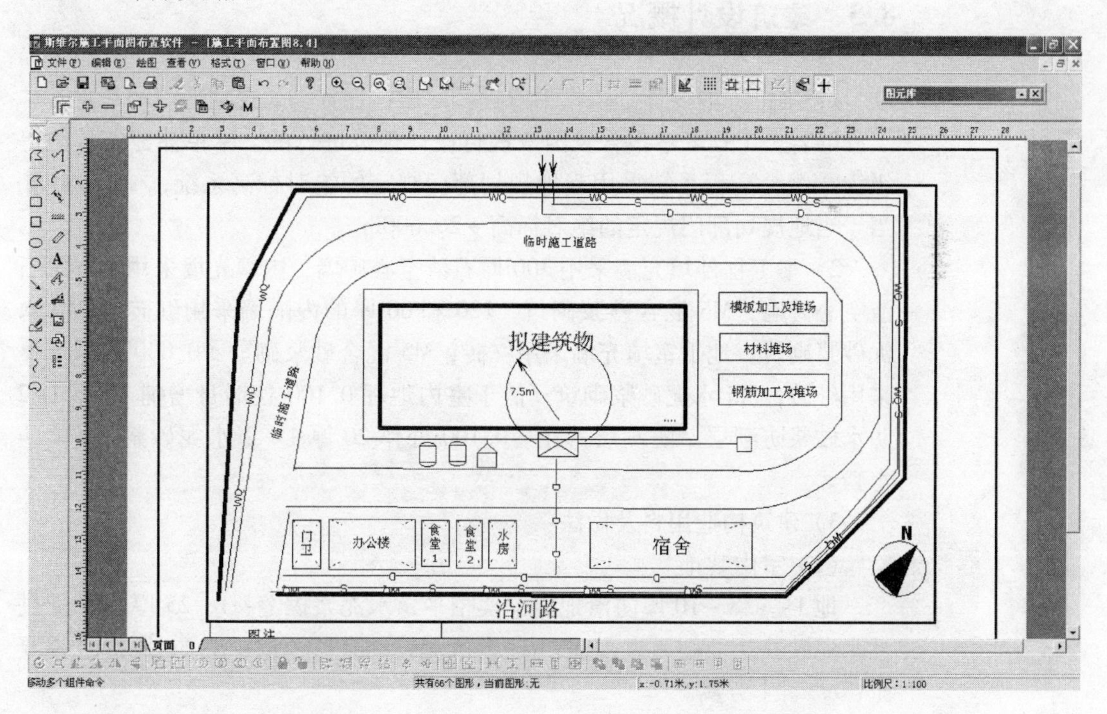

图 8-1-5　施工平面图

《投标工具箱》系列软件是三个功能强大的工具，灵活运用，将会为大家的工作带来极大的方便，预祝大家成为《投标工具箱》软件的应用高手！

8.2　投标施工方案编制依据

编制一份投标施工方案主要包括如下依据：

（1）工程设计施工图纸及总平面图；

（2）对现场和周边环境的调查；

（3）现行国家和本省各种相关的施工操作规程、施工规范和施工质量验收标准；

（4）现行国家和本省关于建设工程施工安装技术法规和安装技术标准；

（5）国家工期定额和建设单位对本工程提出的施工工期及质量要求；

（6）本公司 ISO9002 国际质量体系标准，质量手册体系运行程序等；

（7）本公司有关施工技术、施工质量、安全生产技术管理、文明施工、环境保护等文件；

（8）工程规模、工程特点、各节点部位的技术要求、施工要点、类似工程的施工经验及公司的技术力量和机械装备；

（9）公司对本工程确立的施工质量、工期、安全生产、文明施工的管理目标。

8.3 建筑设计概况

1）本工程的设计是依据甲方提供的设计任务书、规划部门的意见、本工程的岩土工程勘察报告及国家现行设计规范进行的。本单体建筑消防等级为 2 级。高程系统采用当地规划部门规定的绝对标高系统，±0.000 相当于当地规划部门规定的绝对标高 +26.600m。

2）本工程外填充墙采用 300 厚石渣空心砖墙，内填充墙采用 180 厚石渣空心砖墙，M5 混合砂浆砌筑，120 和 60 厚的内隔墙采用红砖，M10 水泥砂浆砌筑。地下室填充墙采用红砖，M5 混合砂浆砌。±0.000 以下墙体采用红砖，M5 水泥砂浆砌筑；低于室内地坪 0.100 处墙身增铺 20 厚 1∶2 防水砂浆防潮层。防潮层：在 -0.100 处作 20 厚 1∶2 水泥砂浆加 5% 防水粉。

3）建筑构造用料及做法：

（1）室内装饰

地 1：a. 8～10 厚防滑地砖铺实拍平，水泥浆擦缝；b. 25 厚 1∶4 干硬性水泥砂浆，面上撒素水泥；c. 素水泥浆结合层一遍；d. 80 厚 C10 混凝土；e. 素土夯实。

楼 1：a. 8～10 厚防滑地砖铺实拍平，水泥浆擦缝；b. 25 厚 1∶4 干硬性水泥砂浆，面上撒素水泥；c. 素水泥浆结合层一遍；d. 钢筋混凝土楼板。

楼 2：a. 8～10 厚防滑地砖铺实拍平，水泥浆擦缝；b. 25 厚 1∶4 干硬性水泥砂浆，面上撒素水泥；c. 15 厚聚氨酯防水涂料，面上撒黄砂，四周沿墙上翻 150 高；d. 刷基层处理剂一遍；e. 15 厚 1∶2 水泥砂浆找平；f. 50 厚C20 细石混凝土找 0.5%～1% 坡，最薄处不小于 20；g. 钢筋混凝土楼板。

踢1(150高)：a. 17厚1∶3水泥砂浆；b. 3～4厚1∶1水泥砂浆加水重20%107胶镶贴；c. 8～10厚黑色面砖，水泥浆擦缝；裙1：a. 17厚1∶3水泥砂浆；b. 3～4厚1∶1水泥砂浆加水重20%107胶镶贴；c. 4～5厚面砖，水泥浆擦缝。

墙1：a. 15厚1∶3水泥砂浆；b. 5厚1∶2水泥砂浆；c. 满刮腻子；d. 刷或滚乳胶漆二遍。

顶1：a. 钢筋混凝土板底面清理干净；b. 7厚1∶3水泥砂浆；c. 5厚1∶2水泥砂浆；d. 满刮腻子；e. 刷或滚乳胶漆二遍。

顶2：a. 轻钢龙骨标准骨架：主龙骨中距900～1000，次龙骨中距500或605，横龙骨中距605。b. 500X500或600X600厚10～13石膏装饰板，自攻螺钉拧牢，孔眼用腻子填平。

注：卫生间：一层吊顶高度为3000；二、三吊顶高度为2500，一层餐厅、走道、厨房吊顶高度为3400，二、三层走道吊顶高度为2500。

（2）外墙面

贴墙面砖：a. 20厚1∶2水泥砂浆贴5厚墙面砖；b. 20厚1∶2水泥砂浆掺107胶。

刷涂料：a. 刷外墙无光乳胶漆2遍；b. 5厚1∶1∶3水泥石灰砂浆面层；c. 13厚1∶1∶5水泥石灰砂浆打底找平；其他室外装饰详见立面图。

（3）屋面做法

屋1(上人、有保温层)：a. 30mm厚250×250，C20预制混凝土板，缝宽3～5，1∶1水泥砂浆填缝；b. 刷基层处理剂一遍；cv20厚1∶2、5水泥砂浆找平层；d. 干铺150mm厚加气混凝土砌块；e. 钢筋混凝土屋面板，板面清扫干净

屋2(不上人屋面)：a. 4mm厚APP改性沥青防水卷材，表面带页岩保护层；b. 刷基层处理剂一遍；c. 20mm厚1∶2、5水泥砂浆找平层；d. 钢筋混凝土屋面板，板面清扫干净。

（4）楼梯做法

梯面：同走廊楼面；楼梯底板：同顶棚；楼梯扶手：选用图集98ZJ401，详见建筑图；栏杆地脚采用螺栓后化学固定。台阶做法参见98ZJ901，面层同相邻地面做法；散水参见98ZJ901。

（5）门窗

门窗：a. 预埋在墙或柱中的木(铁)件均应作防腐(防锈)处理。b. 除特别标注外，所有门窗均按墙中线定位。c. 室内门详见图集98ZJ，木门刷底漆2遍，乳白色调和漆2遍。d. 窗采用成品塑钢窗，选用70、90框料。e. 门窗按设计要求由厂家加工，构造节点做法及安装均由厂家负责提供图纸，经甲方看样认可后方可施工。

第 9 章　投标书编制实例

本章重点：本章将结合建设工程标书编制软件的功能，讲解如何编制一份投标技术方案施工组织设计文件。

9.1　启动软件

在桌面上双击图标启动本系统。如图 9-1-1 所示。

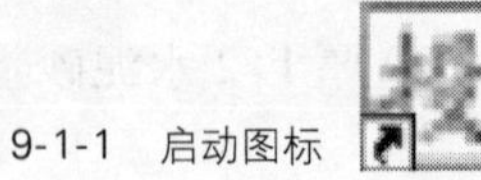

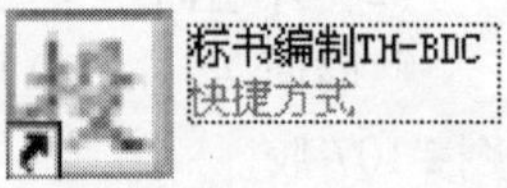

图 9-1-1　启动图标

9.2　新建工程项目

系统启动时会默认一个招标书，在此，我们新建一个招标书，点击菜单栏中的新建标书命令，如图 9-2-1 所示。

图 9-2-1　新建图标

并在弹出的新建招标文件对话框中输入招标文件名称为“斯维尔办公楼”，如图 9-2-2 所示。

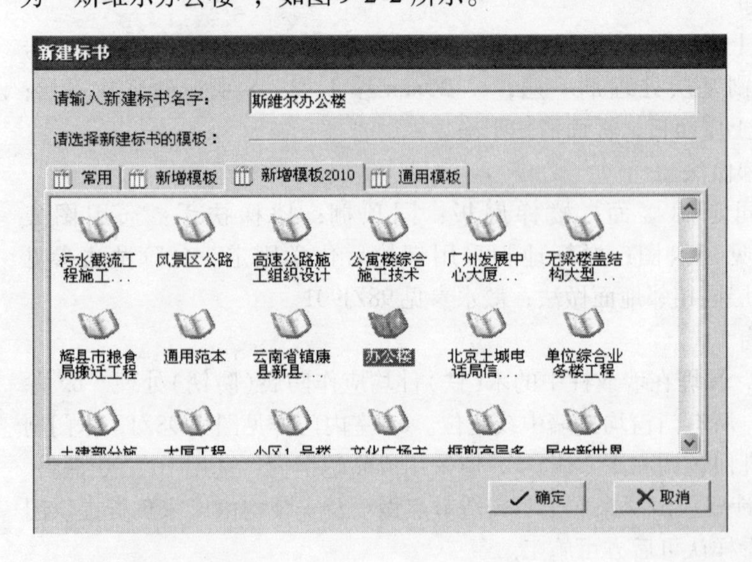

图 9-2-2　新建对话框

9.3 编辑文档

这样就新建好了标书的模板，在左边屏幕菜单栏中展开标书“斯维尔办公楼”，如图 9-3-1 所示。

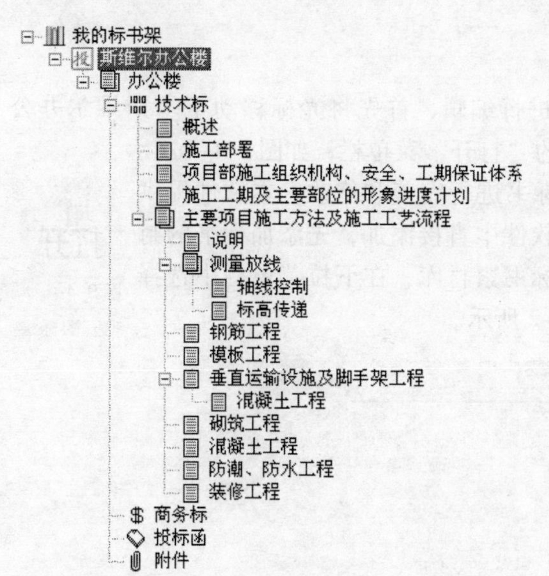

图 9-3-1　树状结构图

下面进行对工程概述的修改，双击“概述”或者鼠标右键选择编辑内容，进入对已有文档的修改与编辑，将里面的内容替换为当前工程的概述，如图 9-3-2 所示。

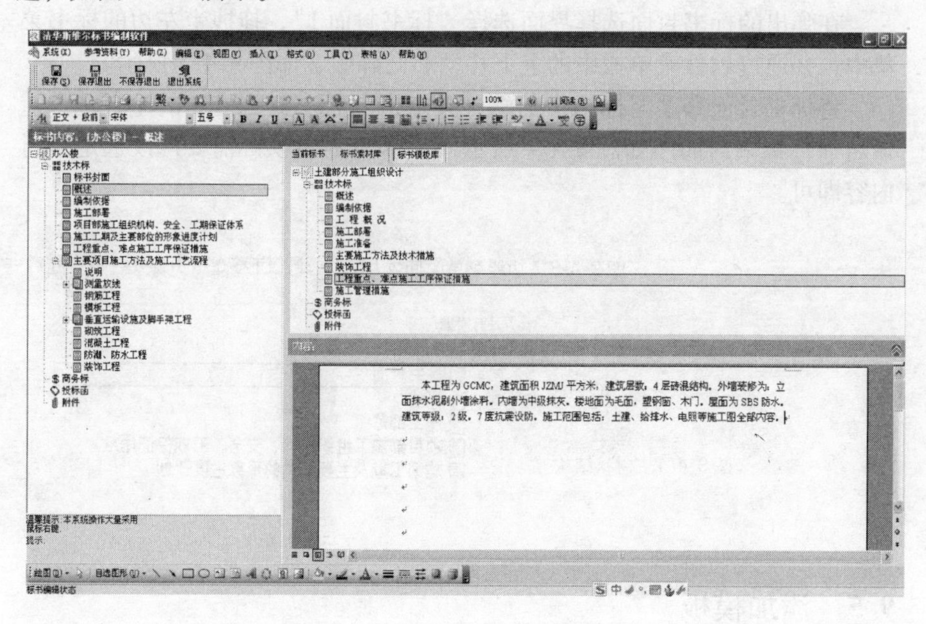

图 9-3-2　文档编辑界面

修改完成后，点击菜单栏中的保存退出命令，如图 9-3-3 所示。

EXIT
保存退出

图9-3-3　退出图标

9.4　添加素材

下面对已有的标书模板进行编辑，首先将光标移动至“斯维尔办公楼”节点上，点击屏幕上方的“打开”菜单栏，如图9-4-1所示。

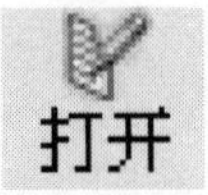

再在标书编辑界面，对标书进行完善和修改，本软件提供了大量的素材和模板，可在软件中直接添加，先添加标书的封面，在右边屏幕菜单中点击标书素材库，在下拉菜单栏中选择“标书封面”一栏，如图9-4-2所示。

打开

图9-4-1
打开图标

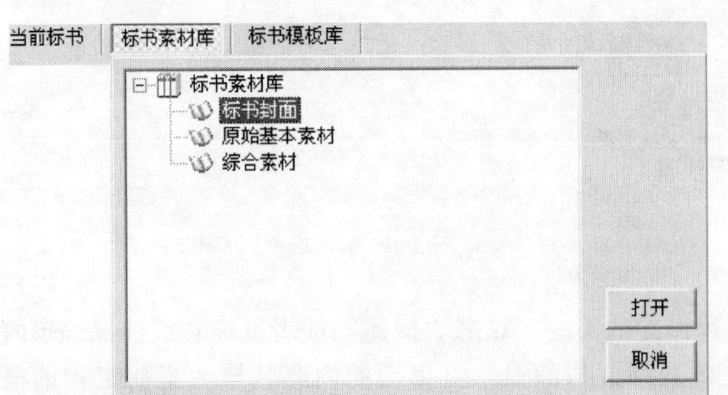

图9-4-2　素材库

在弹出的标书封面选择界面选择“标书封面1”，拖拽带左边的标书菜单中，并通过软件菜单栏中的上下移动和升降级，如图9-4-3所示。

将标书封面移动至标书最前端，并点击“标书封面1”鼠标右键，重命名为“标书封面”如图9-4-4所示 。根据工程的实际需要修改选定素材内容即可。

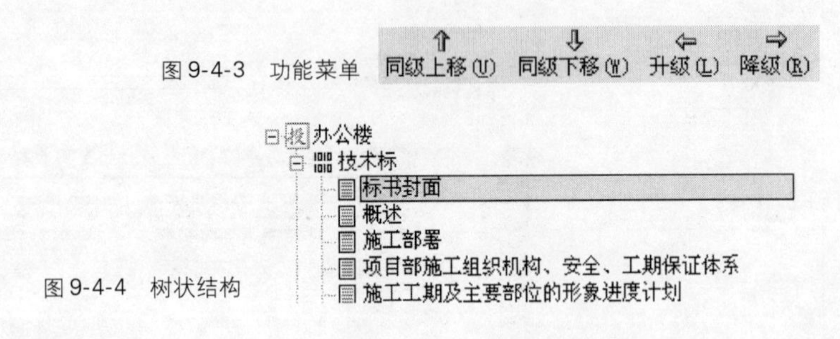

图9-4-3　功能菜单

图9-4-4　树状结构

9.5　添加模板

下面进行标书组成部分的完善，进入软件所提供的标书模板库，选择合适的施工组织设计，如图 9-5-1 所示。

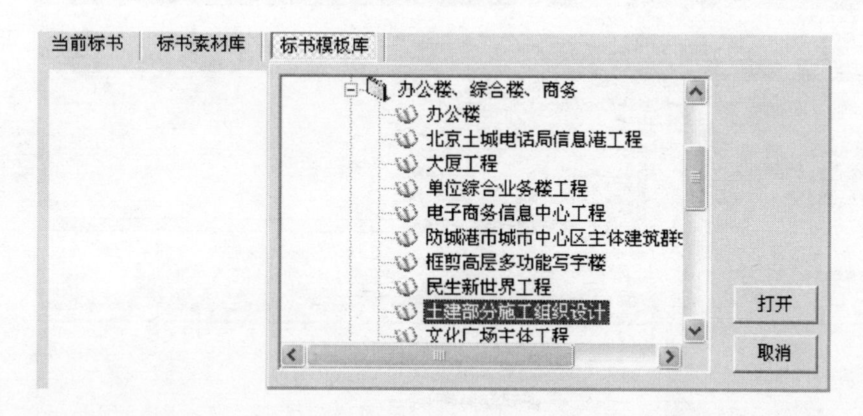

图 9-5-1　模板库

在模板库中选择合适的编制依据，通过鼠标拖拽的方式移动至当前标书中来，并通过升级与向上移动的方式将此章节移至标书上端，如图 9-5-2 所示。

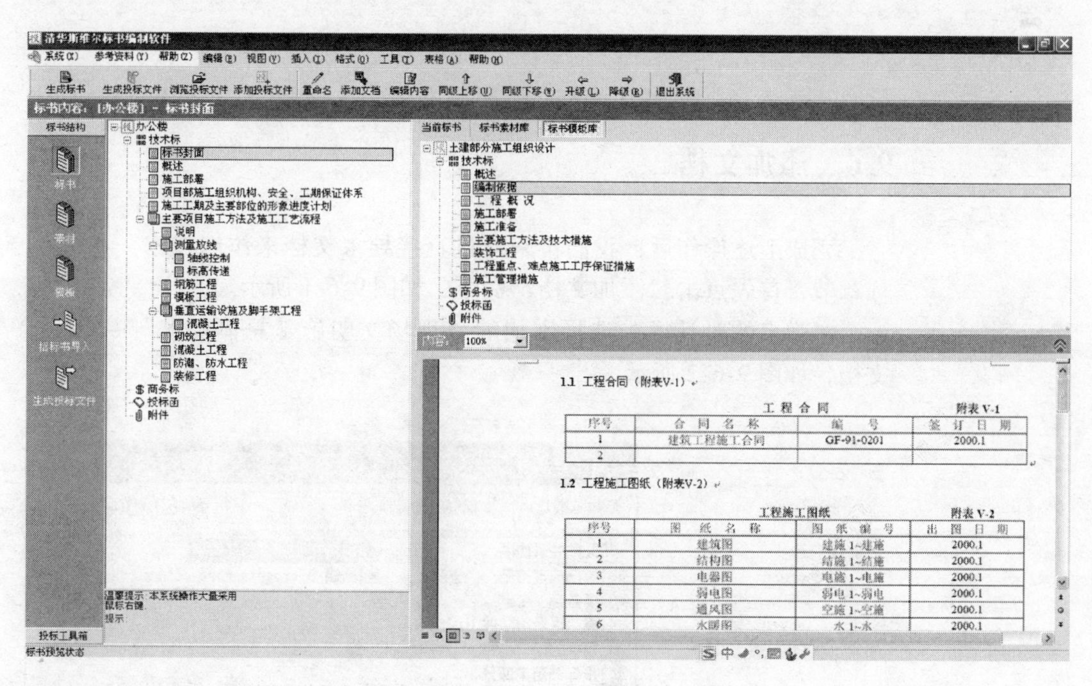

图 9-5-2　屏幕菜单

编制依据编制好后，用同样的方式将“工程重点、难点施工工序保证措施”和“装饰工程”等章节移动至当前标书中来，如图 9-5-3 所示。

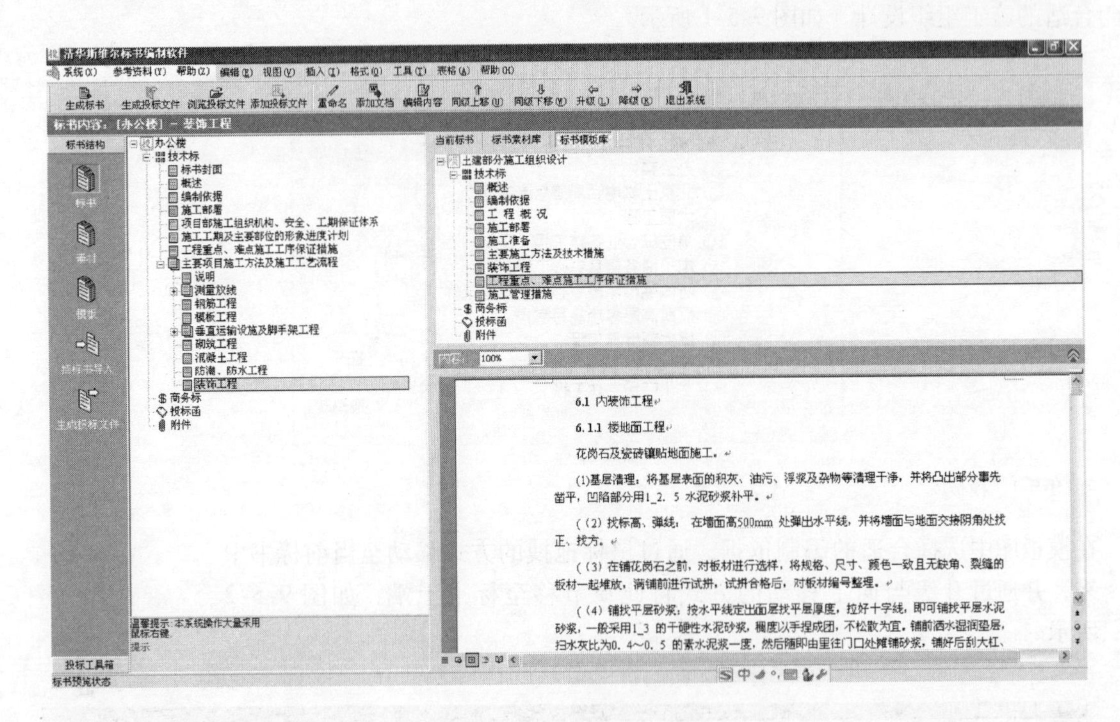

图 9-5-3 屏幕菜单

9.6 添加文档

完成上述操作后，我们再来通过直接导入文档来添加技术标章节，首先点击“添加文档”命令，如图 9-6-1 所示。

添加文档

图 9-6-1 添加图标

在弹出的对话框中选择添加的“现场文明施工总体要求”文档，如图 9-6-2 所示。

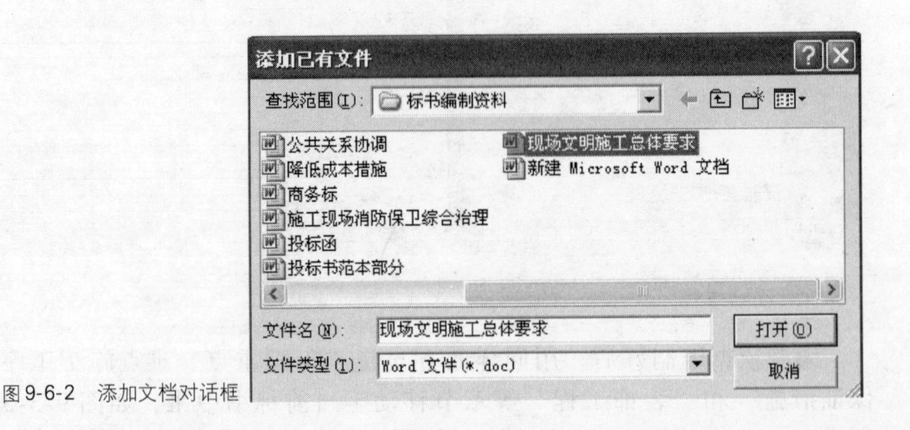

图 9-6-2 添加文档对话框

然后再用同样的方法添加其他文档，包括公共关系协调、降低成本措施、施工现场消防保卫综合治理等章节，如图 9-6-3 所示。

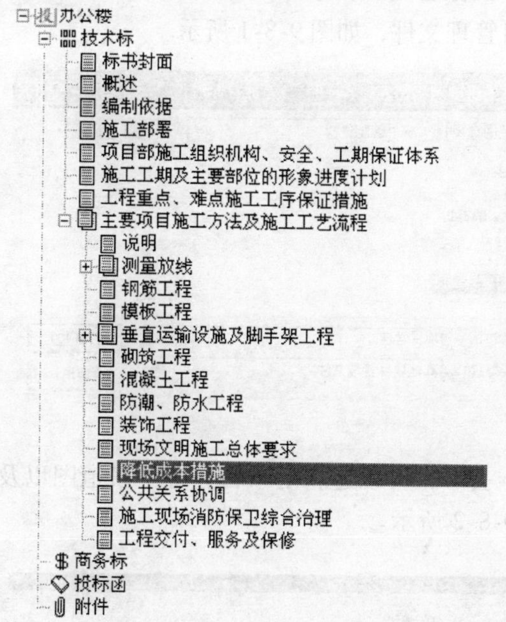

图 9-6-3 树状结构

9.7 添加投标函

完成技术标部分后，点击添加投标函，鼠标右键选择“添加投标函文件”，在弹出的对话框中选择投标函文件，如图 9-7-1 所示。

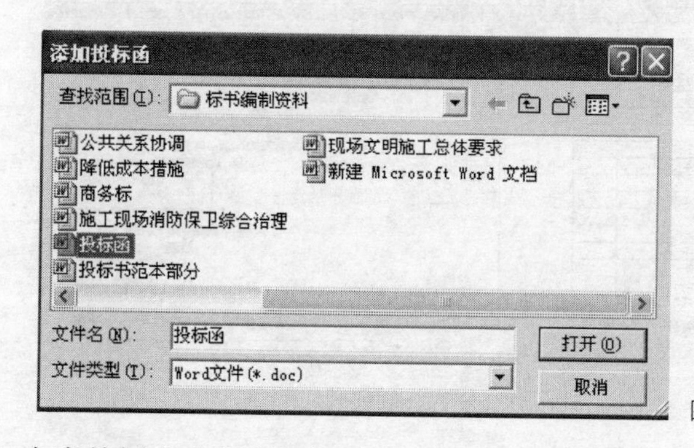

图 9-7-1 添加投标函对话框

在当前标书中生成投标函，如图 9-7-2 所示。

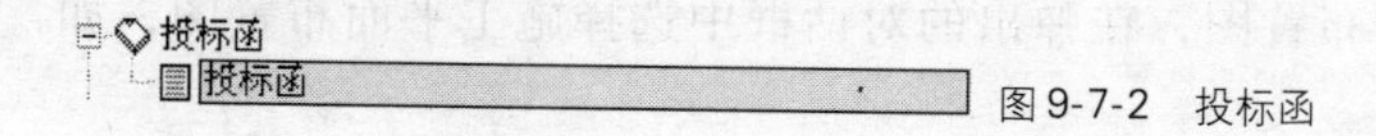

图 9-7-2 投标函

9.8 添加附件

最后，添加项目管理文件和施工平面图。

首先将光标移动到附件处，鼠标右键，在添加文件处选择施工进度图表，在弹出的对话框中选择项目管理文件，如图9-8-1所示。

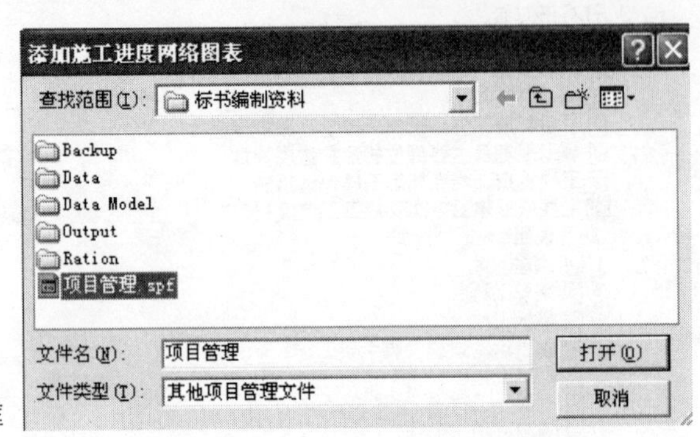

图9-8-1　添加施工进度图对话框

这样项目管理文件就添加上去了，可以进行对项目管理中横道图以及单双代号网络图的查看，如图9-8-2所示。

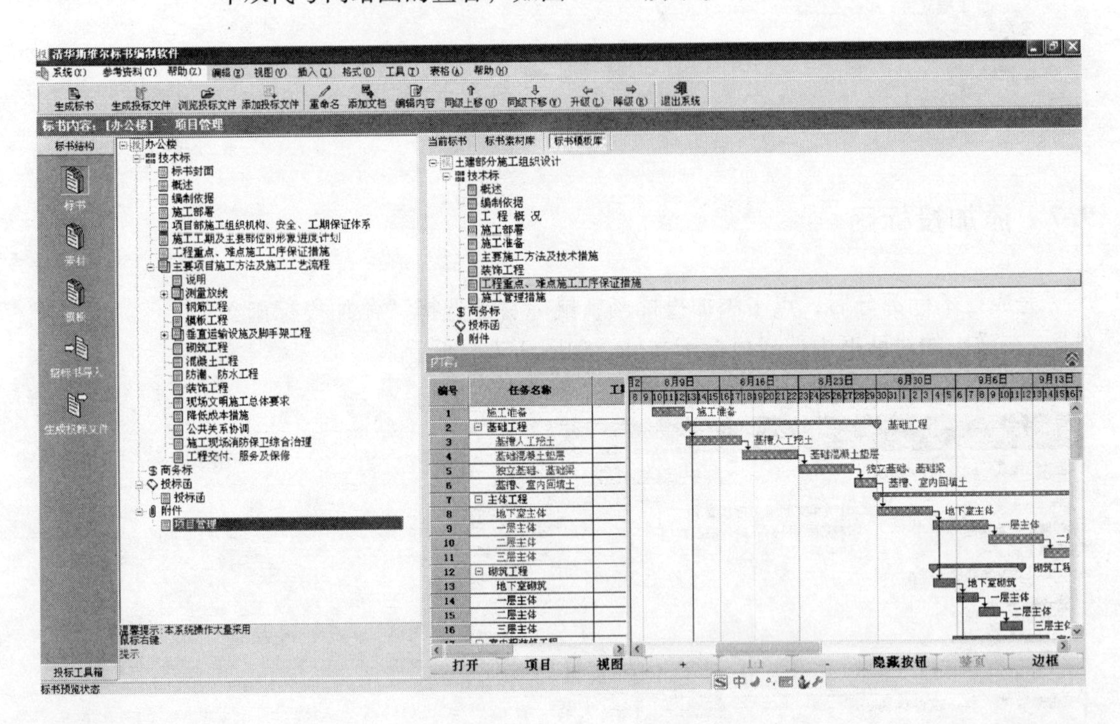

图9-8-2　屏幕菜单

再来添加施工平面图，将光标移动到附件处，鼠标右键，在添加文件处选择施工平面布置图，在弹出的对话框中选择施工平面布置图，如图9-8-3所示。

添加完施工平面布置图，可在节点中点击后进行图形的查看，如图9-8-4所示。

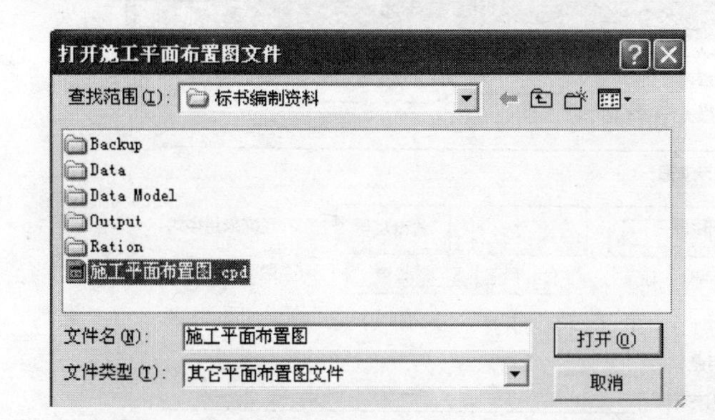

图 9-8-3　添加施工平面图对话框

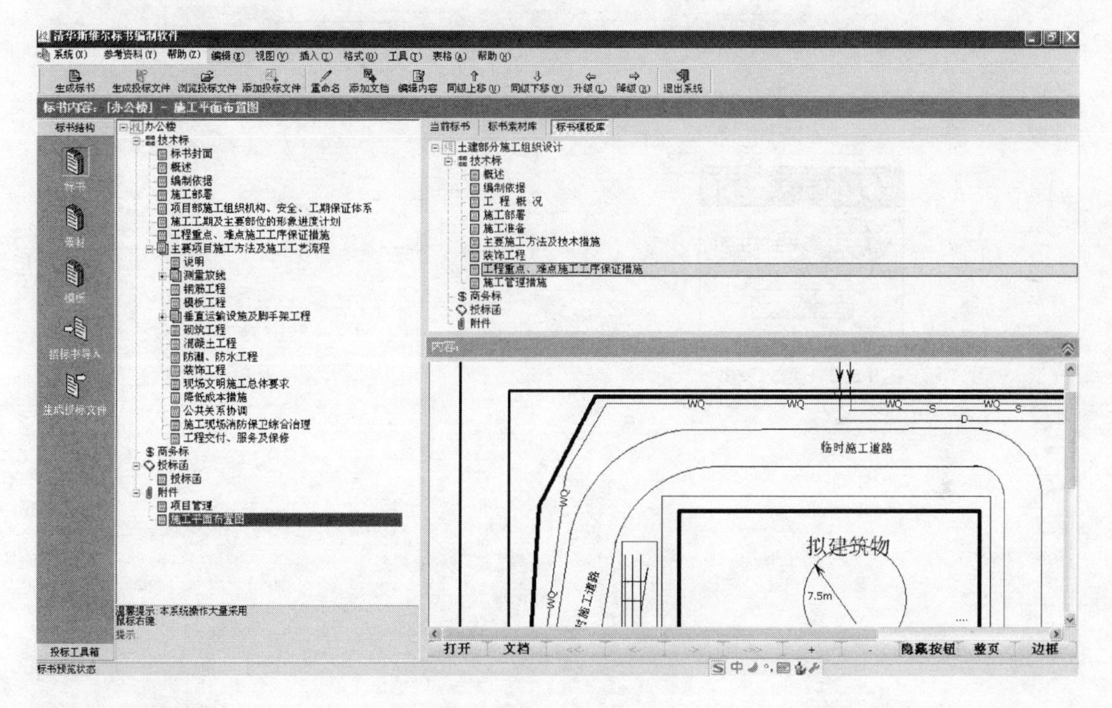

图 9-8-4　屏幕菜单

9.9　生成标书

完成标书各章节的编制后，点击功能列表中的生成标书按钮，让软件自动完成标书的生成，如图 9-9-1 所示。

在标书样式界面输入标书的相关信息，完成后点击确定按钮，如图 9-9-2 所示。

生成标书

图 9-9-1　生成图标

当软件自动生成标书完成后会弹出“标书生成完毕”提示框，如图 9-9-3 所示，这样，一个完整的标书就生成了。

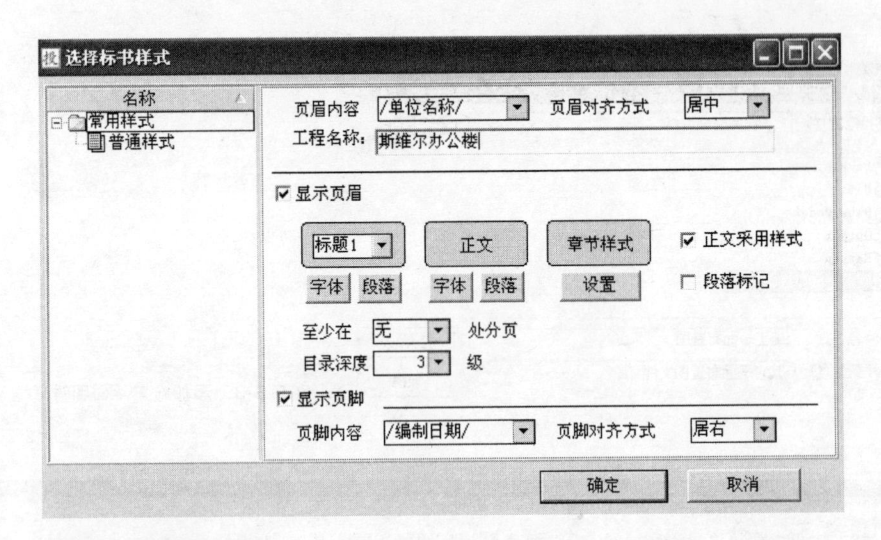

图 9-9-2　标书样式

图 9-9-3　生成完毕

第 10 章　网络图和横道图编制实例

本章重点：本章将结合项目管理软件的功能，按照编制工程进度计划的规范做法，编制出工程进度网络图和横道图。

10.1　启动项目管理

直接双击桌面快捷按钮启动智能项目管理软件，如图 10-1-1 所示。

图 10-1-1　启动软件图标

10.2　新建工程项目

启动智能项目管理软件后，便可弹出如图 10-2-1 所示的“新建”对话框。

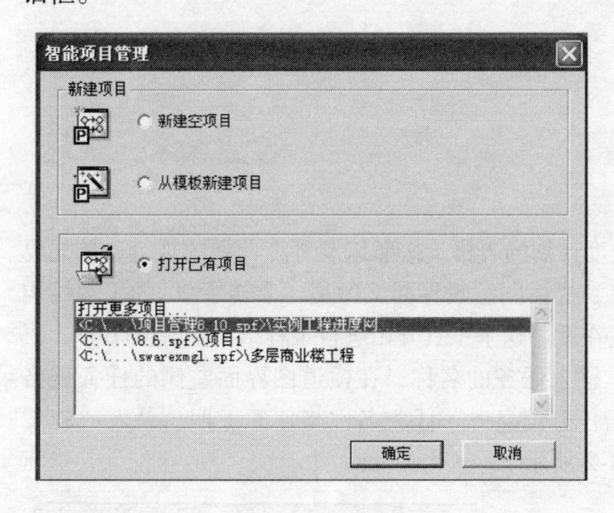

图 10-2-1　新建对话框

选择“新建空白项目”，单击“确定”按钮，系统将弹出“项目信息”对话框，如图 10-2-2 所示在“项目信息”对话框中分别输入项目名称为“实例工程进度网络图”和开始时间设置为“2009 年 8 月 10 日”，状态时间设置为“2009 年 8 月 10 日”，单击“确定”即完成了新建一个项目的操作。

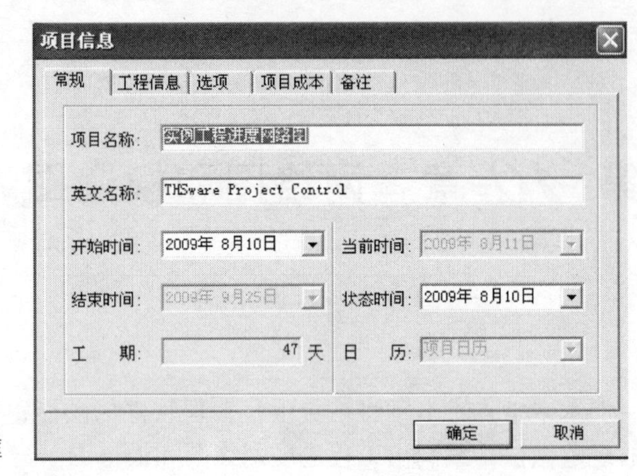

图 10-2-2　项目信息对话框

10.3　工程结构分解(WBS)

新建项目完成后，系统默认打开了横道图编辑状态，如图 10-3-1 所示。

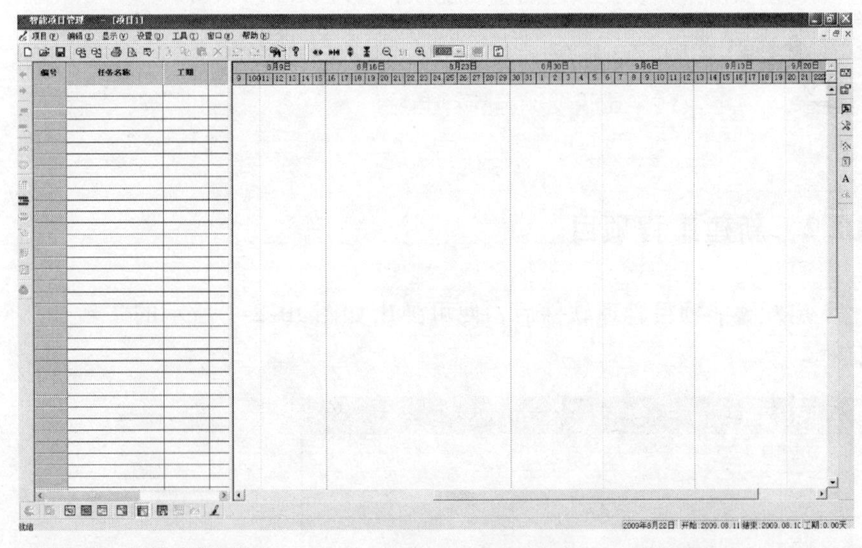

图 10-3-1　横道图编辑界面

类似以前手工编制进度计划的表格。按照编制进度计划的规范，首先要进行工程结构分解(WBS)，横道图编辑界面又像是一个转了 90°的工程结构分解(WBS)编辑工具。现在就用这个工具开始进行工程结构分解(WBS)。

在任务名称栏双击，输入任务的名称，在横道图界面左侧的任务表格中，用户可直接录入新增任务信息——任务名称与任务工期。录入“施工准备”，回车，如图 10-3-2 所示。

编号	任务名称	工期
1	施工准备	5天

图 10-3-2　任务表格

同时需要注意的是，在横道图界面新建任务时可能有两种新建任务类型，一种是插入的新任务，即在鼠标选中的当前任务表格位置插入新的任务；另一种是添加的新任务，即在任务表格的最尾部添加新的任务。工具栏中的“添加任务”快捷按钮是指在任务表格的最尾部添加新任务，而“编辑”菜单中的“插入任务”命令则是在鼠标指向的任务表格的当前位置处插入新任务。同时为方便用户的插入与添加操作，用户在任务表格中单击鼠标右键便会弹出如图 10-3-3 所示的快捷菜单，在该快捷菜单中选择需要进行的具体操作：

完成上述操作后，系统自动移到下一行，再输入第二个任务名称：基础工程，此时可以不必考虑开始日期、结束日期等其他内容，接下来输入基槽人工挖土，由于基础工程包括基槽人工挖土和其他工序，因此需要利用左边工具条中的命令，把基槽人工挖土和其他工序降一级，变为基础工程的子任务，同样，也可以利用命令给任务升级，下面的操作同样，直至完成整个工程的工程结构分解(WBS)，工程结构分解(WBS)不能分解的太粗，太粗得不到控制的作用，也不能分解的太细，分解的太细同样会导致无法控制，建议分解到可以对工程进行控制的阶段为止。分解如图 10-3-4 所示。

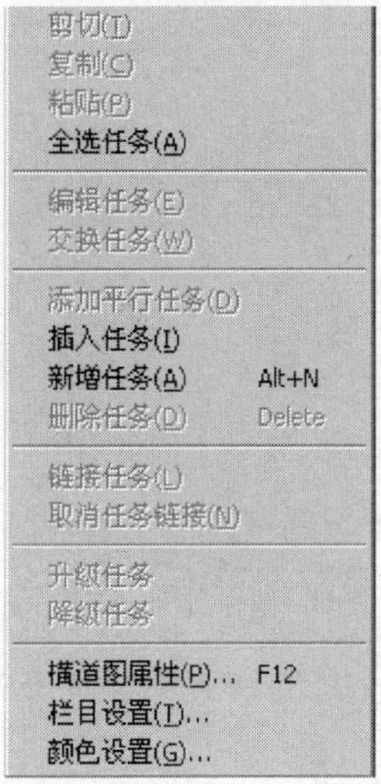

剪切(T)
复制(C)
粘贴(P)
全选任务(A)
编辑任务(E)
变换任务(W)
添加平行任务(D)
插入任务(I)
新增任务(A) Alt+N
删除任务(D) Delete
链接任务(L)
取消任务链接(N)
升级任务
降级任务
横道图属性(P)... F12
栏目设置(T)...
颜色设置(G)...

图 10-3-3　任务表格界面中的快捷菜单

编号	任务名称
1	施工准备
2	⊟ 基础工程
3	基槽人工挖土
4	基础混凝土垫层
5	独立基础、基础梁
6	基槽、室内回填土
7	⊟ 主体工程
8	地下室主体
9	一层主体
10	二层主体
11	三层主体
12	屋面工程
13	⊟ 砌筑工程
14	地下室砌筑
15	一层主体
16	二层主体
17	三层主体
18	⊟ 室内粗装修工程
19	地下室粗装修
20	一层粗装修
21	二层粗装修
22	三层粗装修
23	⊟ 室内精装修工程
24	地下室精装修
25	一层精装修
26	二层精装修
27	三层精装修
28	室外装修工程
29	搭、拆脚手架
30	设备安装、水电预埋...

图 10-3-4　任务分解

10.4 确定任务时间和前置任务

工程结构分解(WBS)完成后，可以根据经验与计划确定每项任务所需要的时间，每个任务分别有“工期”、“开始时间”和“结束时间”三个时间参数，本软件允许设定任何两个时间参数自动第三个时间参数。设置时间的方法是双击任务的某个时间参数，系统会变为设定时间参数状态，有以下两种。如图10-4-1 工期设置和图10-4-2 开始时间、结束时间设置。

图 10-4-1 工期设置

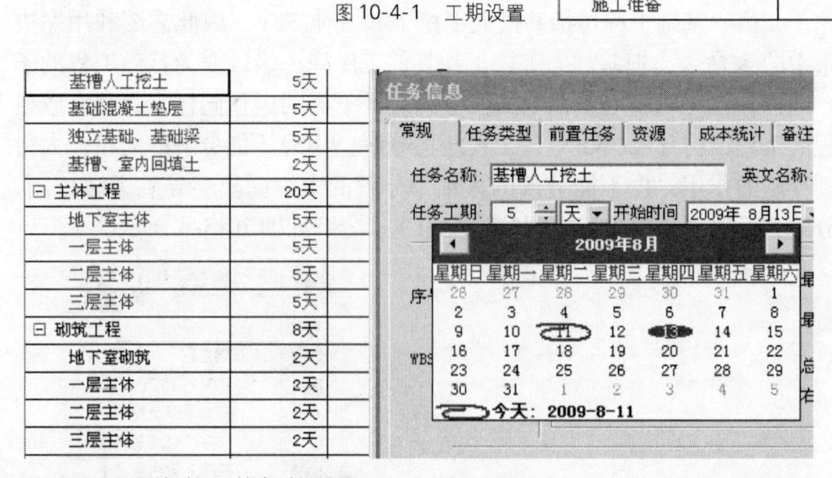

图 10-4-2 开始时间、结束时间设置

也可以双击任务名称，在弹出的“任务信息”对话框中设置。如图 10-4-3 所示。

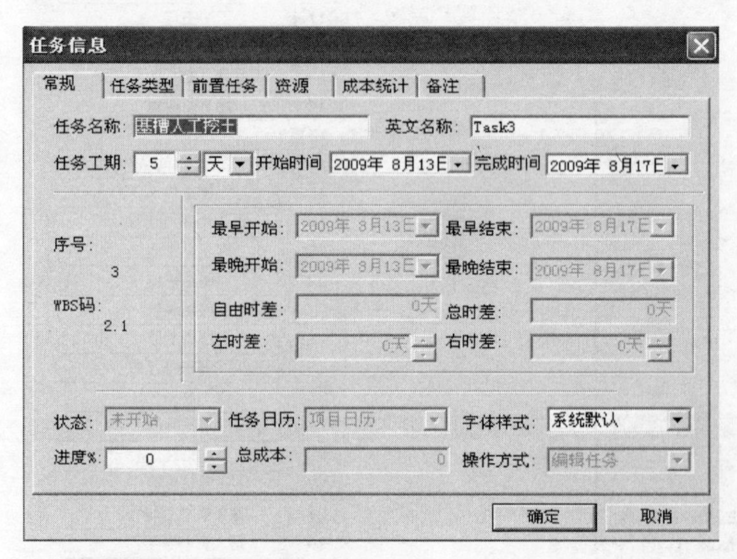

图 10-4-3 “任务信息”对话框

前置任务设置是在“任务信息”对话框中的“前置任务”选项中设置。在“前置任务”选项中鼠标单击下方表格中的任务名称，系统会自动弹出本工程项目所有的任务名称供选择，选择任务名称后，鼠标单击类型，选择任务搭接的类型，任务间的逻辑关系共有四种：完成—开始(FS)类型、完成—完成(FF)类型、开始——开始(SS)类型、开始——完成(SF)类型。由于双代号网络图只直接支持完成—开始(FS)类型，如果需要自动生成双代号网络图，建议尽量少用其他搭接类型，除非必须需要。由于本软件也提供了先进的横道图自动转换双代号网络图功能和强大的双代号网络图编辑功能，可以放心使用。任务间关系存在时间延迟的还需要设置搭接时间间隔。

下面我们以基础工程为例来具体说明前置任务的设置，首先进入“基槽人工挖土”的任务信息对话框，选择任务名称为“施工准备”，并指定类型为“开始—完成(FS)”如图 10-4-4 所示。

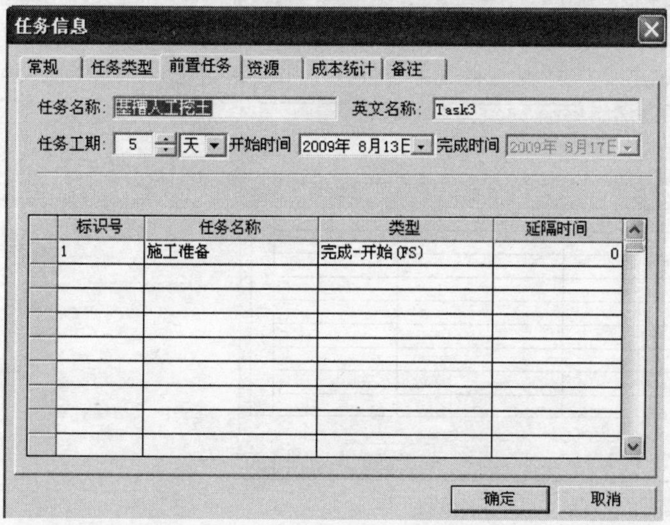

图 10-4-4 “基槽人工挖土”前置任务设置

第二步进入“基础混凝土垫层”的任务信息对话框，选择任务名称为“基槽人工挖土”，并指定类型为“开始—完成(FS)”，如图 10-4-5 所示。

第三步进入“独立基础、基础梁”的任务信息对话框，选择任务名称为“基础混凝土垫层”，并指定类型为“开始—完成(FS)”，如图 10-4-6 所示。

最后进入“基槽、室内回填土”的任务信息对话框，选择任务名称为“独立基础、基础梁”，并指定类型为“开始—完成(FS)”如图 10-4-7 所示。

重复以上操作，将主体工程、砌筑工程等所有任务的时间和前置任务设置完成，系统根据任务搭接关系自动计算任务的开始时间和总工期。如图 10-4-8 所示。

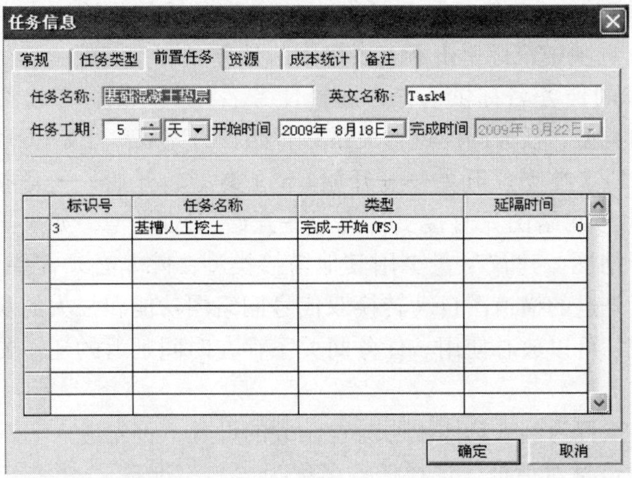

任务信息

常规 | 任务类型 | 前置任务 | 资源 | 成本统计 | 备注

任务名称：基础混凝土垫层　英文名称：Task4

任务工期：5 天 开始时间 2009年 8月18日 完成时间 2009年 8月22日

标识号	任务名称	类型	延隔时间
3	基槽人工挖土	完成-开始(FS)	0

确定　取消

图 10-4-5　“基础混凝土垫层”前置任务设置

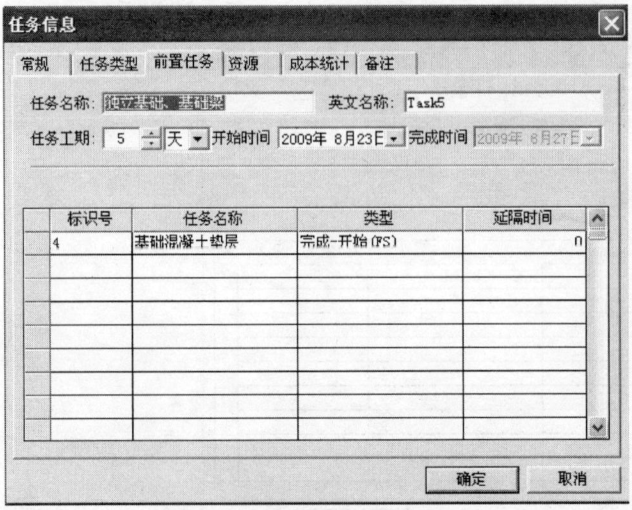

任务信息

常规 | 任务类型 | 前置任务 | 资源 | 成本统计 | 备注

任务名称：独立基础、基础梁　英文名称：Task5

任务工期：5 天 开始时间 2009年 8月23日 完成时间 2009年 8月27日

标识号	任务名称	类型	延隔时间
4	基础混凝土垫层	完成-开始(FS)	0

确定　取消

图 10-4-6　“独立基础、基础梁”前置任务设置

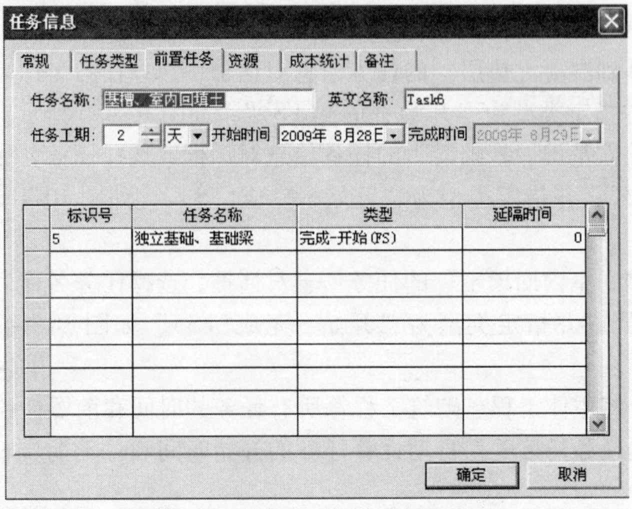

任务信息

常规 | 任务类型 | 前置任务 | 资源 | 成本统计 | 备注

任务名称：基槽、室内回填土　英文名称：Task6

任务工期：2 天 开始时间 2009年 8月28日 完成时间 2009年 8月29日

标识号	任务名称	类型	延隔时间
5	独立基础、基础梁	完成-开始(FS)	0

确定　取消

图 10-4-7　“基槽、室内回填土”前置任务设置

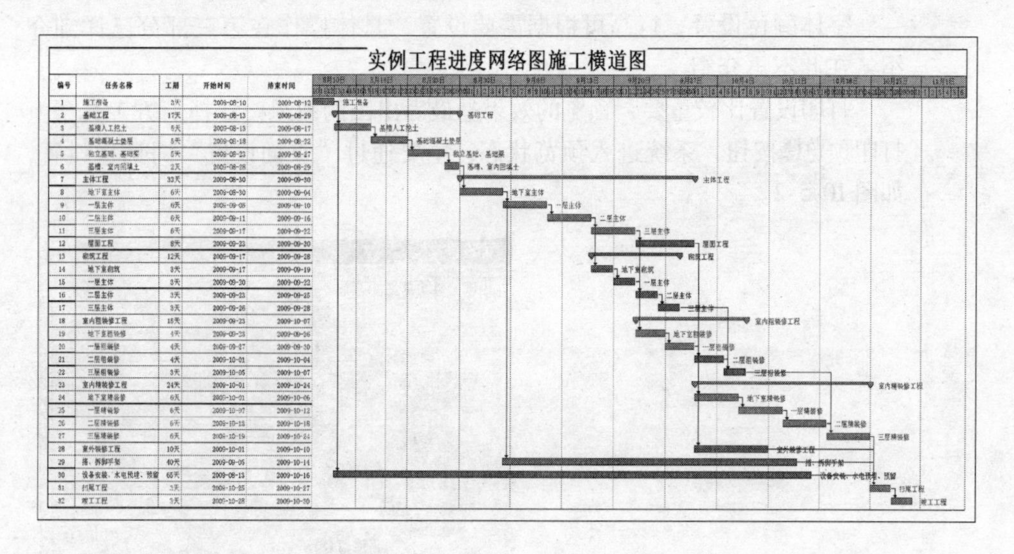

图 10-4-8　横道网路图

如果总工期满足要求，编制横道图的大部分工作就完成了。如果总工期不符合要求，还要调整任务的工期和搭接关系直至满足要求，同时系统会自动计算关键线路，关键线路上的关键工作会以红色表示。

10.5　横道图调整、预览、打印

横道图编制工作完成后，为了打印美观的网络图还要进行一些调整设置。这些工作主要包括时间刻度调整、字体颜色调整、行高调整及打印设置。

由于工程工期较长，因此要选择适当的比例来显示。调整时间刻度时，把鼠标放在右边图形上方的刻度上点击右键，系统弹出“时间刻度设置”对话框，如图 10-5-1，选择主要刻度为“周”，次要刻度为“天”，单击“确定”按钮，会发现图形缩短了很多，更利于打印在图纸上。

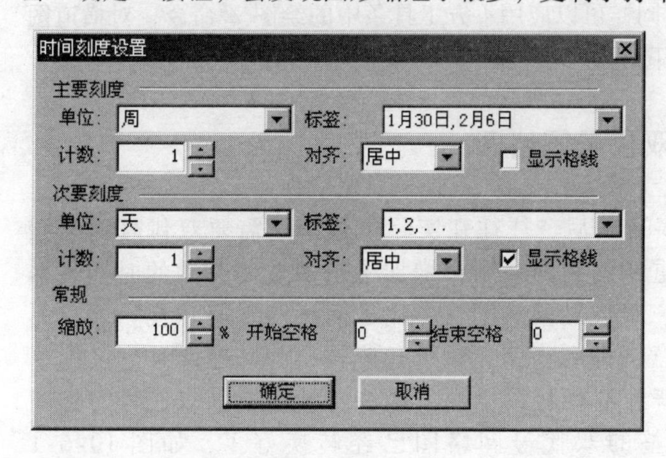

图 10-5-1　“时间刻度设置”对话框

字体颜色设置、行高可根据需要设置，具体操作在第三部分已详细介绍，在此不再介绍。

打印设置比较重要，预览的效果是最后出图的效果。选择上方工具条上打印预览按钮，系统进入预览状态，主要通过“页面设置”对话框设置，如图 10-5-2。

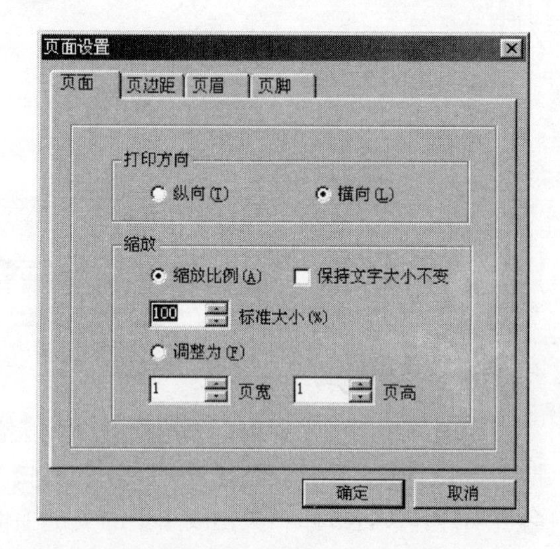

图 10-5-2 “页面设置”对话框

在预览状态下可以通过“属性”按钮对整个图形作设置，无需再返回编辑界面，这是本系统的一大优点，还可以通过横、纵向压缩、延伸操作对整幅图作整体调整，直至满意为止。最后单击“打印”按钮，横道图就完成了。

在横道图编辑状态下，选择“项目”→“保存为图片”，可以把横道图保存为图片，通过 WORD 等软件的插入图片功能直接调用该图片，也可以保存为 AUTOCAD 的数据交换格式 *. DXF 文件，直接用 CAD 软件打开修改。

如果需要还可以把该工程或工程中的一部分任务保存为模板，供以后调用修改。

在横道图状态下同样可以应用下方工具条中的绘图命令，对横道图作一些标注，或插入图片。

10.6 智能转换双代号网络图

上一章编制好横道图后，往往在实际工作中还需要双代号网络图或单代号网络图，重新编制网络图会增加了很多重复劳动的时间，本软件提供了横道图、双代号网络图、单代号网络图智能转换功能。只要编制好其中的任意一种网络图，就可智能转换为其他两种。鼠标单击下方工具条中的普通双代号命令，系统自动切换到双代号时标网络图界面，一副完整的双代号网络图已经转换好了，如图 10-6-1 所示。

为了网络图更加美观，需要作一些简单调整。

首先把鼠标移到时间刻度标尺上单击右键，将弹出“时间刻度设置”对话框。选择主要刻度为“年”，次要刻度为“月”，单击“确定”按钮，会发现图形缩短了很多，更利于打印在图纸上。同样也发现一些工作名称变为代号表示了，这是由于任务名称过长，显示不完，系统自动把这些任务名称显示在备注栏中了，用鼠标拖动左右滚动条往右，可以在备注栏中看到。如果觉得显示在图上效果好一些，可以通过菜单“显示”→“任务名称对齐”→“自动换行”命令，设置成名称分几行显示(图 10-6-2)。

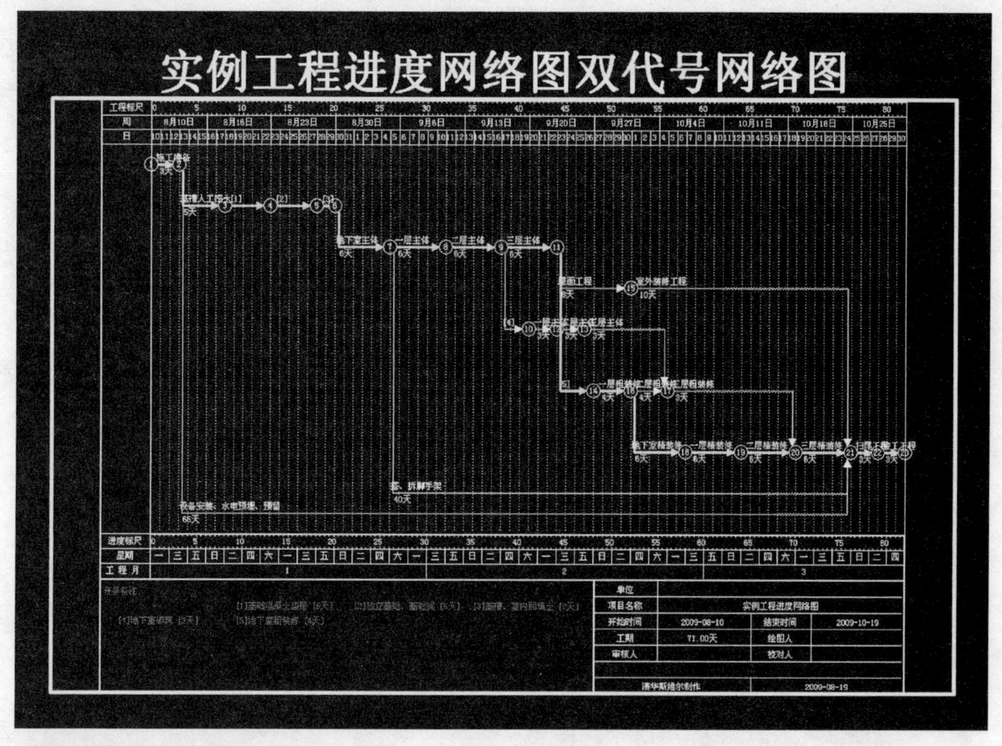

图 10-6-1　双代号网络图

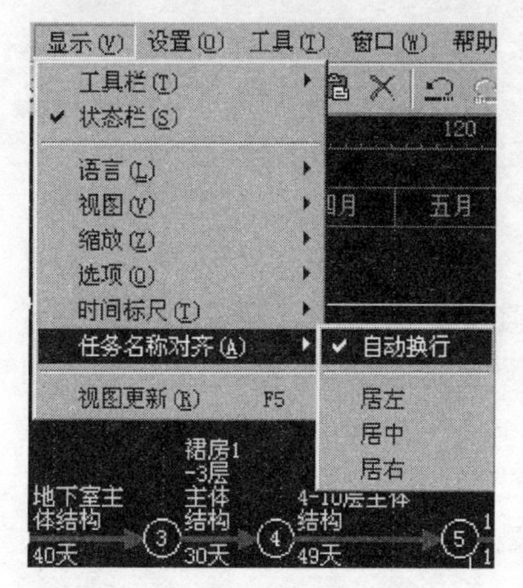

图 10-6-2　设置任务名称自动换行

接下来调整任务在图形中的显示位置，把鼠标移到任务的中间位置，当鼠标变为上下箭头时，按下鼠标拖动到合适的位置，该任务就被移动了，移动任务位置的详细介绍在前面章节已经介绍。重复移动任务的操作，直至任务布置的界面满意为止。

除了转换网络图外，系统也提供了编制双代号功能，参考第三部分双代号编辑功能介绍，利用强大的双代号编辑功能编辑双代号网络图。

转换单代号功能与双代号同样操作。

10.7 网络图调整、预览、打印

任务的位置调整满意后，单击“预览”按钮，系统切换到打印预览状态，双代号的预览调整要比横道图麻烦一些，由于图纸大小的限制，往往要通过调整页面设置中把“打印方向”调整为“横向”，页边距中的上下左右值调小一些，可为0，缩放比例调整为70，缩放比例要根据所选图纸大小，从大往小试，直至比例满意为止。由于调整了缩放比例，任务名称字体也会缩小，选择“保持文字大小不变”选项，再作稍微调整，即可打印出图了。

双代号网络图同样可以保存为图片、模板和CAD格式，可以利用“绘图”命令在图上做标注解释。

10.8 编制资源需求图

在新建项目或从菜单“设置”→“项目信息”命令弹出的“项目信息”对话框中设置定额库，如图10-8-1。

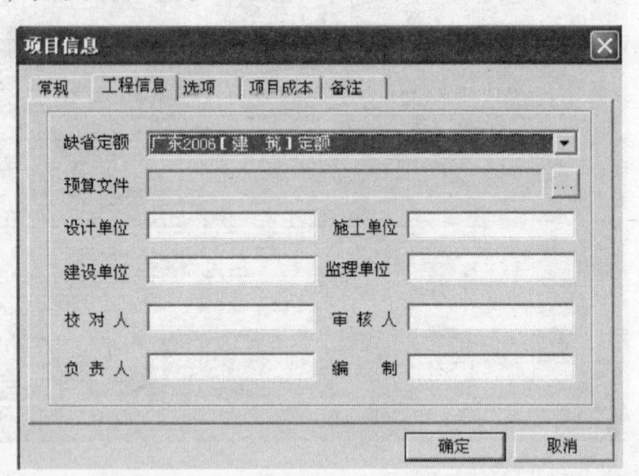

图10-8-1 定额库设置

双击一项任务，在弹出的“任务信息”对话框中“资源”选项中，单击添加定额，双击“选择定额”，在弹出的定额库对话框中选择相应的定额子目，输入工程量，回车。系统根据定额的含量自动分配资源的需求量。也可以修改和增加工料机的数量。

如图10-8-2。

选择右边工具条的资源曲线设置命令，选择所需要表达的资源名称，可以选择多项，同时也可以对该资源显示的格式进行参数调整。如图10-8-3。

单击下方工具条资源双代号命令或资源曲线图命令，资源曲线显示如图10-8-4。资源曲线可以和双代号显示在一幅图中，可以单独显示，也可以同时显示几种资源的曲线图。

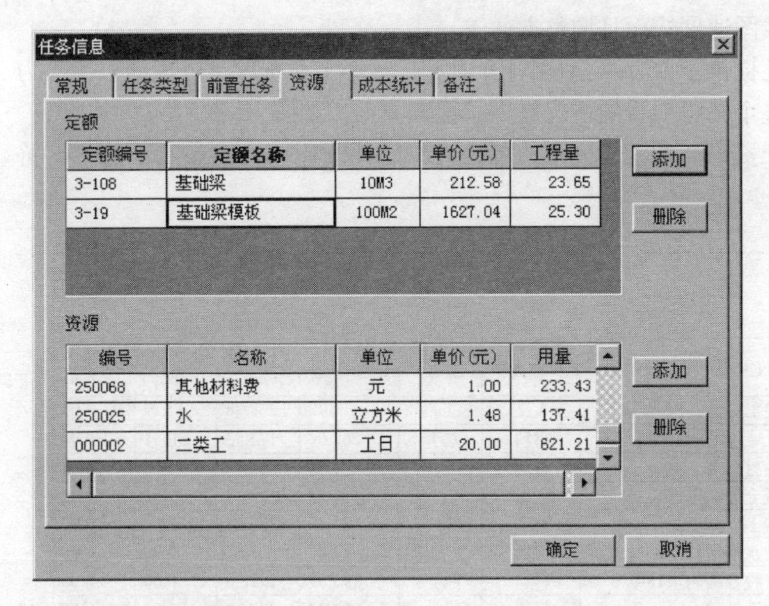

图 10-8-2　资源分配

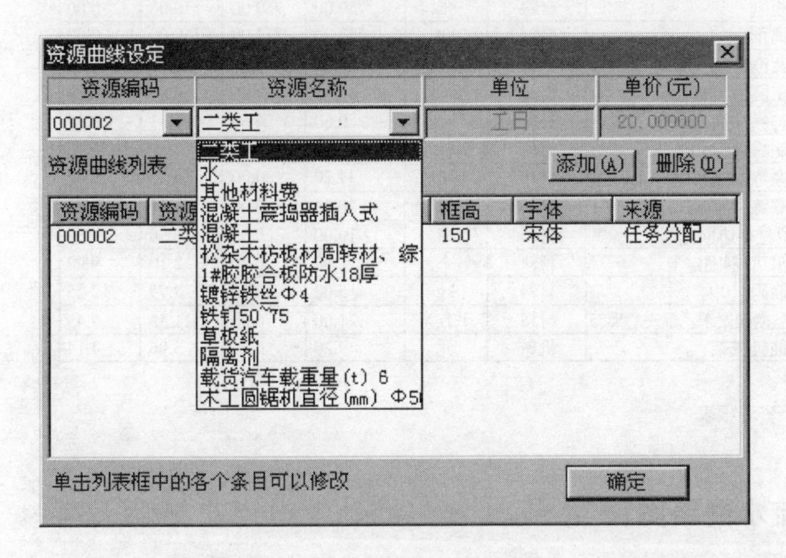

图 10-8-3　资源曲线设置

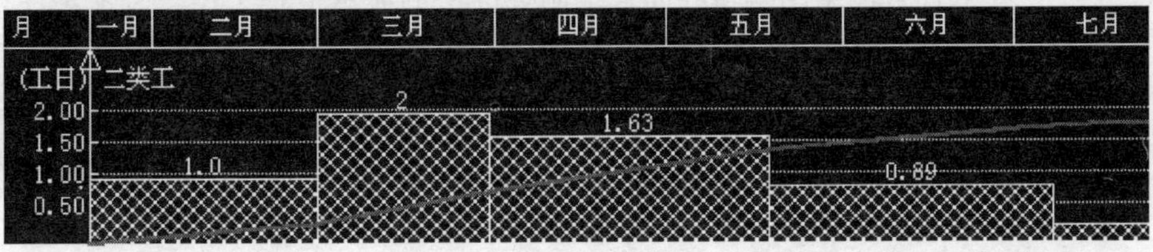

月 一月 二月 三月 四月 五月 六月 七月

(工日) 二类工

2.00 1.50 1.00 0.50

1.0 2 1.63 0.89

图 10-8-4　资源曲线图

另外一种方式是手工绘制资源曲线图。这个功能在投标的时候特别方便，因为根据经验可以估计出一项任务在一段时间内所需要的资源量，编制资源曲线图速度快而且调整方便。

系统还提供了16种类型从各方面反映整个工程资源、进度的报表，为全面掌握整个工程项目的情况提供了报表数据。如图10-8-5。

＊对于资源需求汇总表中的单位，本软件既能用文字表示又能用字符表示。

资源需求汇总表

序号	(主要)资源名称	资源类型	单位	总需求量	2004年		2005年
					上半年	下半年	上半年
1	二类工	人工	工日	417.72	268.88	147.79	1.05
2	水	材料	立方米	268.04	177.53	90.51	0.00
3	其他材料架	材料	元	439.92	292.13	140.88	6.91
4	混凝土震捣器插入式	机械	台	58.31	38.39	19.92	0.00
5	混凝土	附项	m^3	471.16	310.21	160.95	0.00
6	松杂水枋板材周转材,综合	材料	立方米	7.87	7.87	0.00	0.00
7	1#胶胶合板防水18厚	材料	平方米	197.59	197.59	0.00	0.00
8	镀锌铁丝ϕ4	材料	kg	977.34	977.34	0.00	0.00
9	铁钉50~75	材料	kg	997.83	997.83	0.00	0.00
10	单板纸	材料	张	759.00	759.00	0.00	0.00
11	隔离剂	材料	kg	253.00	253.00	0.00	0.00
12	载货汽车载重量(t)6	机械	台体	6.58	6.58	0.00	0.00
13	木工圆锯机直径(mm)ϕ500	机械	台体	37.95	37.95	0.00	0.00
14	镀锌铁线ϕ2.2	材料	kg	0.60	0.60	0.33	0.27
15	膨胀螺丝5×50	材料	100个	22.00	0.00	12.10	9.90
16	平联练网宽200	材料	M	44.20	0.00	24.31	19.89
17	角联练网宽300	材料	M	20.20	0.00	11.11	9.09
18	II型材存边网宽280	材料	M	10.00	0.00	5.50	4.50
19	L型U型钢固定卡	材料	个	22.00	0.00	12.10	9.90
20	钢筋码ϕ10内	材料	kg	5.00	0.00	2.75	2.25
21	钢丝网架聚苯乙烯夹心离75	材料	平方米	21.00	0.00	11.55	9.45
22	其他机械架	机械	元	9.20	0.00	5.06	4.14

图10-8-5　资源报表

10.9　流水网络图

本章重点：本章将结合软件的功能，编制施工流水网络图。

在双代号网络图编辑界面，编制标准层的流水节拍工作，必须是连续的串行工作，如图10-9-1，框选这个流水节拍的所有工作，选择左边工具条上的命令，系统弹出流水设置如图10-9-2，选择流水段2，流水层数1和排网方式，单击确定，系统自动生成一个标准层的流水网络图。如图10-9-3。

① 扎柱墙钢筋 8天 → ② 立柱墙模板 5天 → ③ 立梁板模板 5天 → ④ 扎梁般钢筋 8天 → ⑤ 浇柱墙梁板砼 4天 → ⑥

图10-9-1　标准层流水节拍

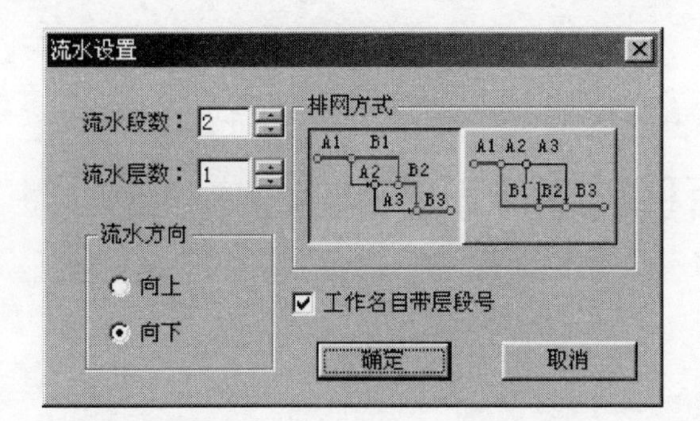

图 10-9-2　流水设置对话框

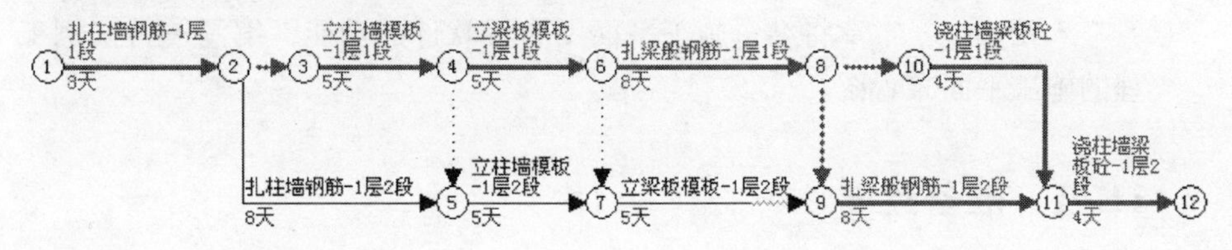

图 10-9-3　流水网络图

附：斯维尔示例工程网络计划图

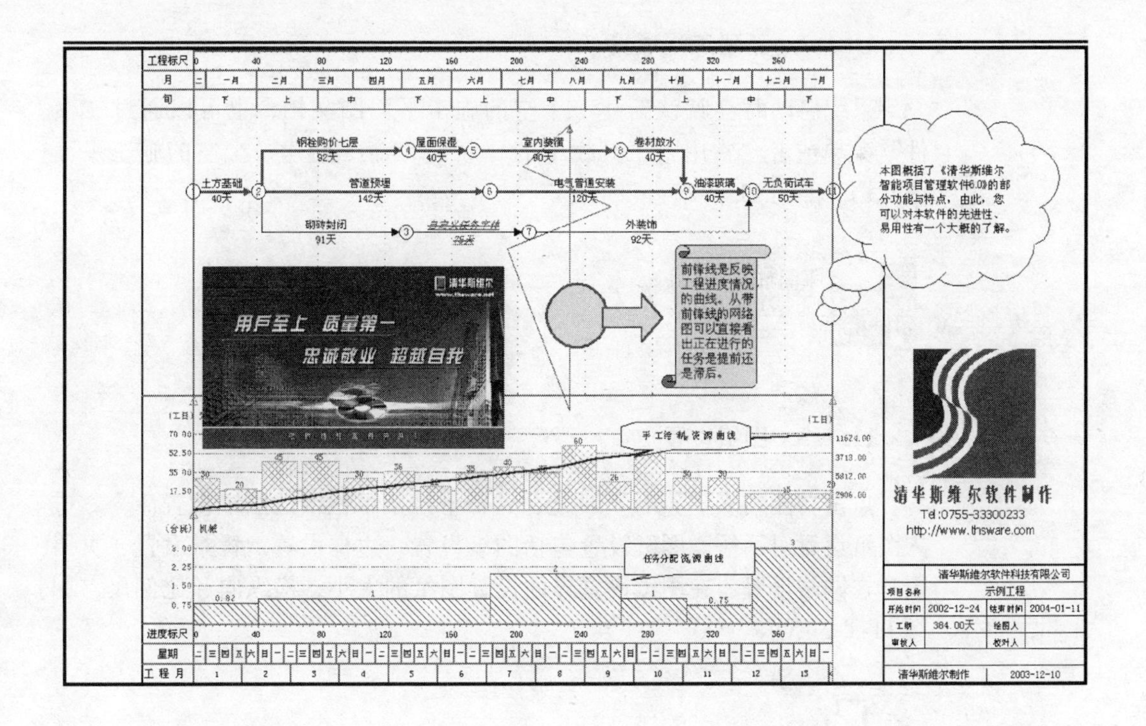

第 11 章　平面图布置编制实例

本章重点：本章将结合施工平面图布置软件的功能，编制一份实例工程的施工平面布置图。

11.1　准备绘图

11.1.1　启动软件

在桌面上双击图标启动本系统。如图 11-1-1。

11.1.2　新建工程项目

系统启动时会默认新建一个空的施工平面图文档，也可以通过“文件”菜单或者“常用”工具栏中的［新建］命令新建一个空的施工平面图文档。如图 11-1-2。

图 11-1-1　启动图标

11.1.3　图纸设置

点击功能列表“查看”功能，选择下拉菜单栏中的图纸设置命令，进入图纸设置对话框。图纸设置包括图纸设置、边框设置、背景设置、页眉页脚、网格设置，在图纸设置界面设置图纸的大小、横纵向和比例尺，如图 11-1-3 所示。

图 11-1-2　新建图标

在边框设置界面进行边框设置，如图 11-1-4 所示。

页眉页脚包括图纸左、中、右的页眉页脚文本以及字体设置。如

图 11-1-5 所示。

背景属性包括绘图区背景的填充样式以及背景网格的显示样式。如图 11-1-6 所示。

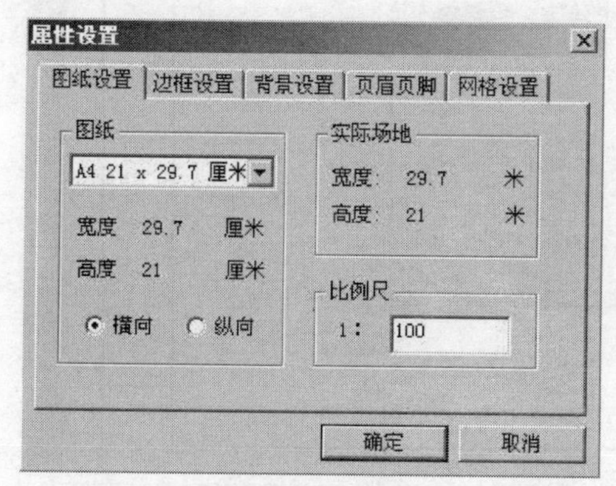

图 11-1-3 图纸设置

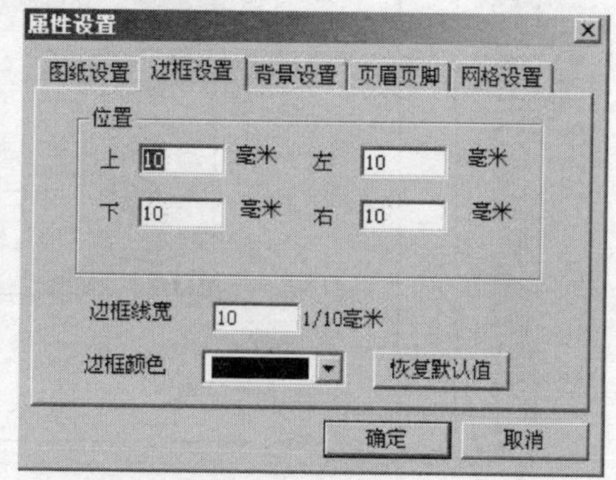

图 11-1-4 边框设置

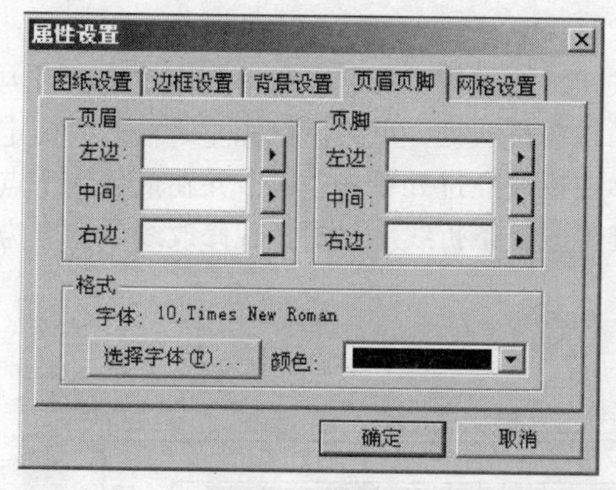

图 11-1-5 页眉页脚设置

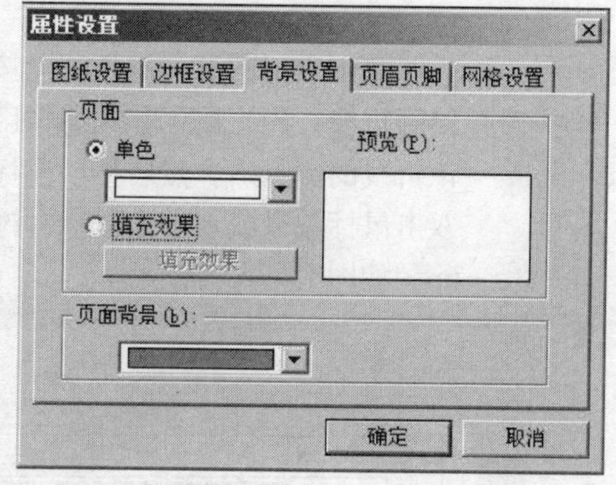

图 11-1-6 背景属性设置

11.2 绘制平面图外框

点击通用图形绘制条的□按钮，选取该工具后，利用鼠标在编辑区绘制矩形，将鼠标移到所要绘制矩形的起点处，然后按住左键再移到矩形的终点处，此时释放鼠标左键，即可生成一个矩形外框范围。双击矩形修改线条宽度为 4p。如图 11-2-1 所示。

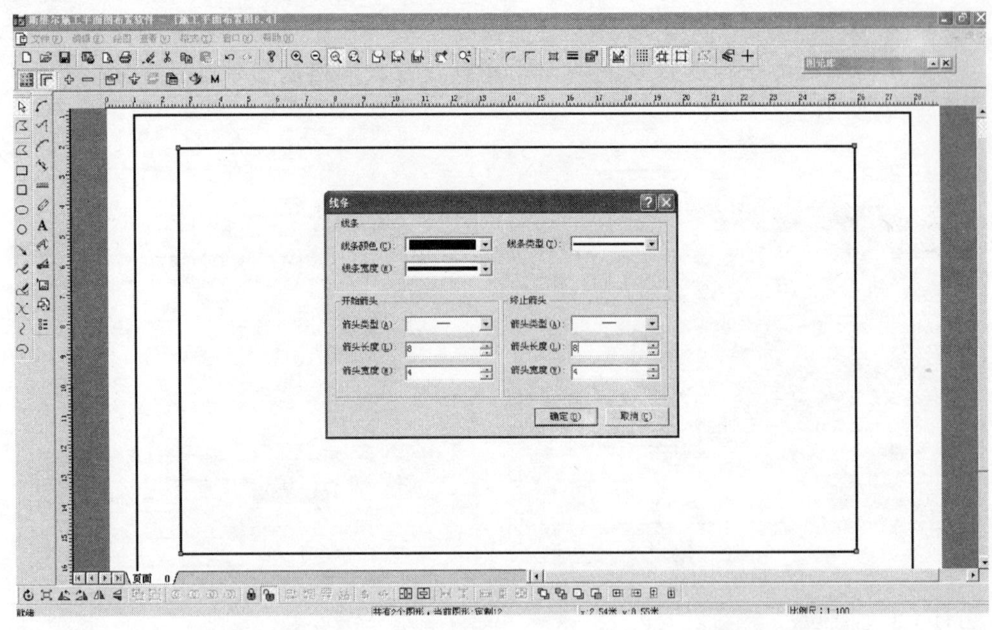

图 11-2-1　平面图外框

11.3　绘制建筑红线

点击通用图形绘制条的⌐按钮，选取该工具后，利用鼠标在编辑区内绘制折线，先将鼠标移到编辑区绘制折线处，点一下鼠标左键松开，确定该折线的端点后，然后移动鼠标在折线经过处单击左键，并在最后一个点双击鼠标左键或者单击鼠标右键生成整条折线。双击折现修改线条宽度为6p。如图 11-3-1 所示。

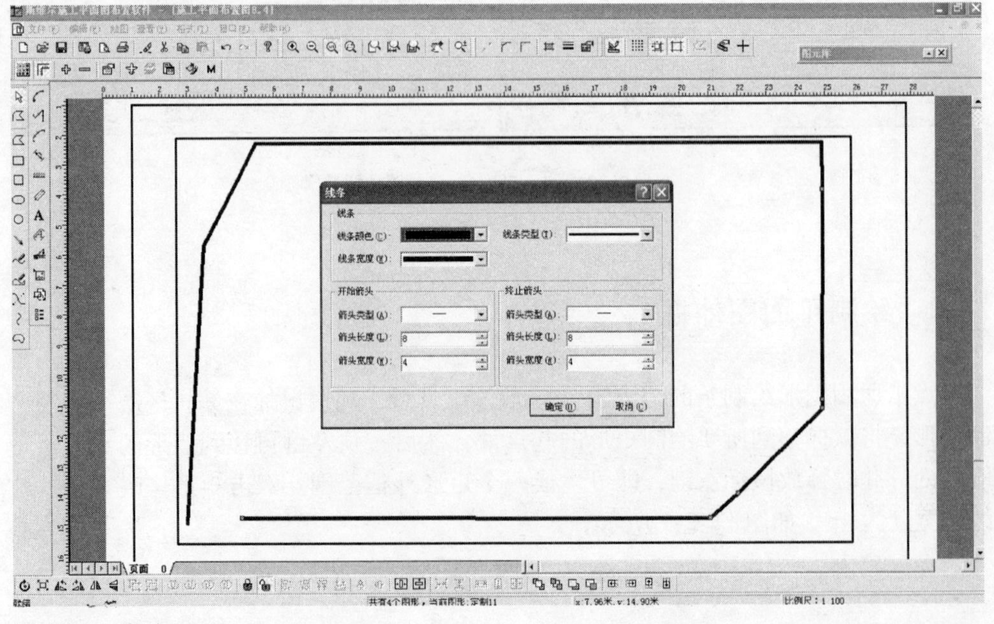

图 11-3-1　建筑红线

11.4 绘制拟建物以及文本编辑

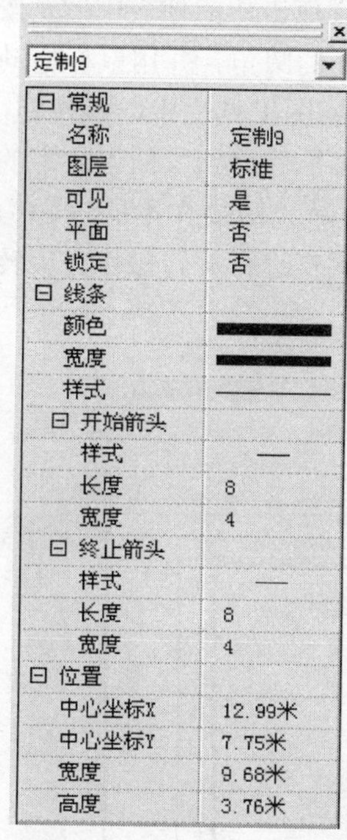

图 11-4-1 属性窗口

点击通用图形绘制条的按钮，选取该工具后，利用鼠标在编辑区绘制矩形，通过坐标尺的定位移动鼠标到所要绘制矩形的起点处，然后按住左键再移到矩形的终点处，即可生成一个矩形外框范围。双击矩形修改线条宽度为 4p，或者点击“查看”按钮“工具栏”下面的“对象属性页”，将对象属性窗口显示在屏幕上，如图 11-4-1 所示。

然后进行文本的创建，点击绘图工具栏中的A按钮，选取该工具后，利用鼠标在编辑区插入文本，首先将鼠标移到所插入文本的起点处，然后按住左键拖动到终点，这时释放左键生成一个矩形文本区域，点击鼠标右键，选择文本常规对话框，修改文字的标题为“拟建物”。并采用同样的方式，绘制拟建物层数的表示符号。

如图 11-4-2 所示。

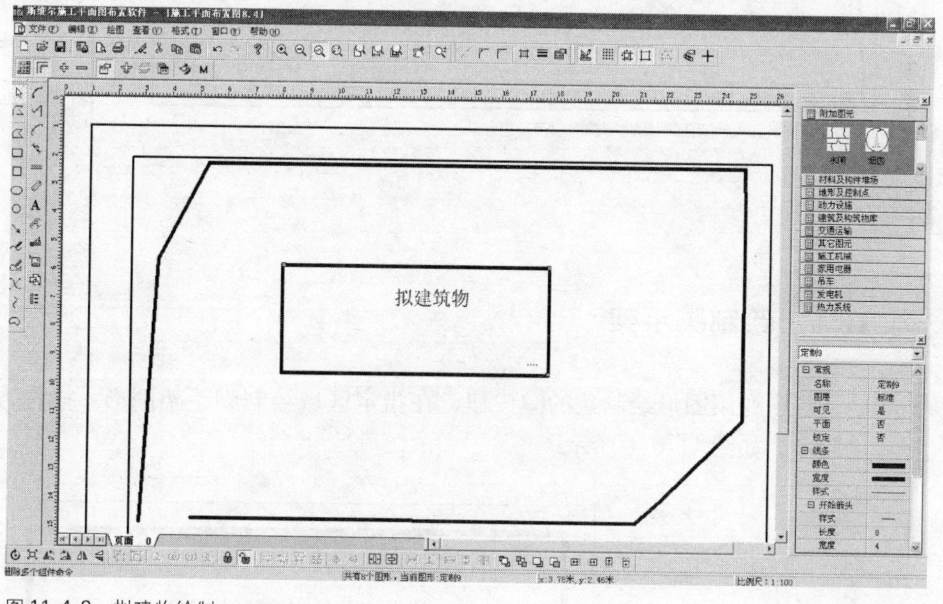

图 11-4-2 拟建物绘制

11.5 绘制施工道路以及名称

点击通用图形绘制条的按钮，选取该工具后，利用鼠标在编辑区内，通过坐标尺的定位绘制出施工道路的范围，具体操作同上，在操作过程中通过“F8”的快捷命令来打开正交绘制直线。点击功能列表中的按钮，在道路转角处点击鼠标左键，自动生成转角处的圆角，并用鼠标拖动夹点的方式指定圆角的尺寸。创建斜文本，点击绘图工具栏中的按钮。选取该工具后，利用鼠标在编辑区插入文本，先将鼠标移到所插入文本的起点处，然后点击左键即可生成一个矩形文本区域，修改文本的标题为“施工道路”。点击屏幕菜单左下角按钮，对斜文本进行旋转操作，旋转到合适的位置。如图 11-5-1 所示。

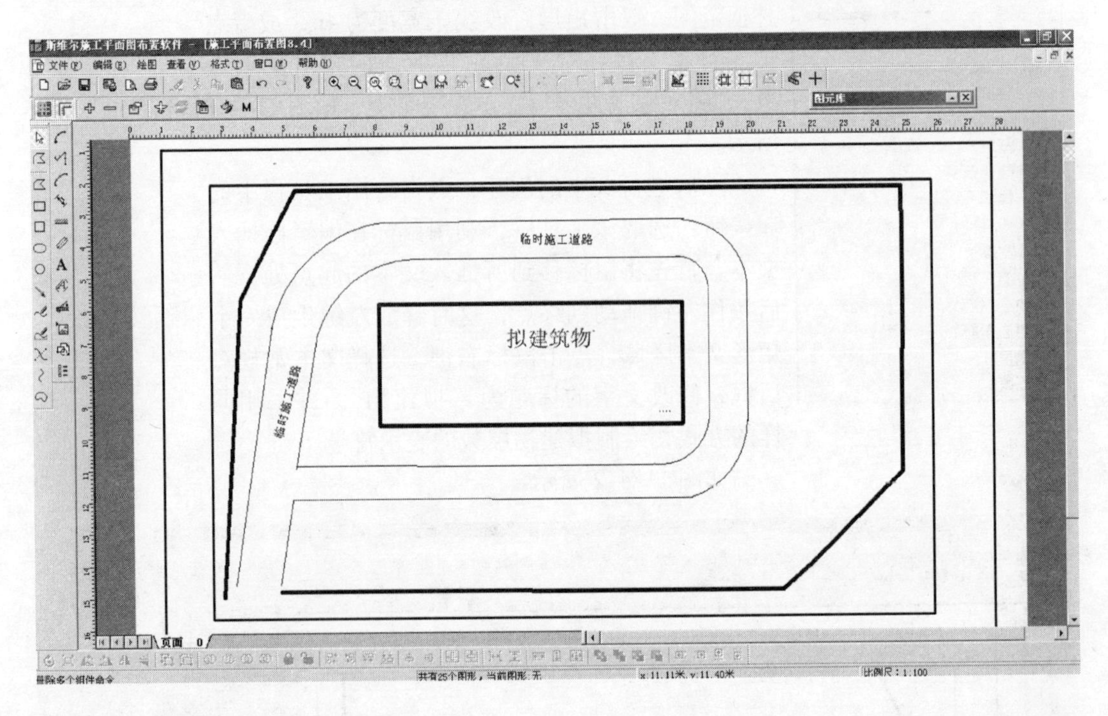

图 11-5-1　施工道路

11.6　绘制脚手架

点击通用图形绘制条的按钮，在指定区域绘制脚手架图形。操作方法同上，如图 11-6-1 所示。

图 11-6-1　脚手架

11.7　绘制封闭房间

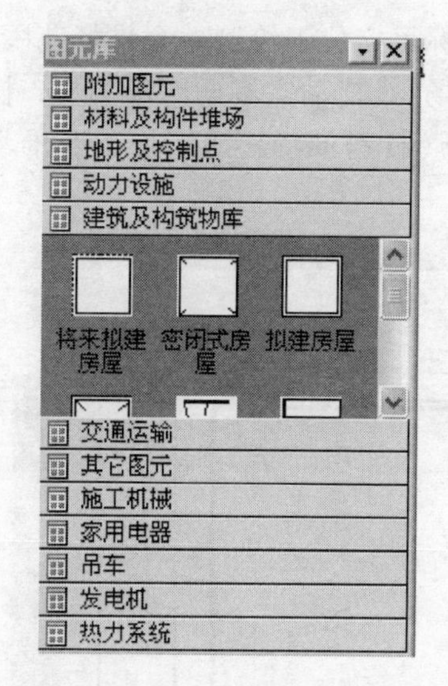

图 11-7-1　建筑物图元库

在图元库工具栏上方鼠标左键点击建筑及构筑物库下面的密闭式房屋图标，然后按住鼠标并移动到绘图区，此时鼠标将会显示为并且可以看到虚线绘制的移动轨迹，拖到合适的地方松开鼠标，创建指定的图元。如图 11-7-1 所示。

然后点击绘图工具栏中的 **A** 按钮，创建文本，操作同上，将标题改为“门卫”，拖动到指定的图元上面叠加，绘制好门卫房屋后，用同样的方法绘制其他封闭房屋（办公楼、食堂、水房、宿舍等）。如图 11-7-2 所示。

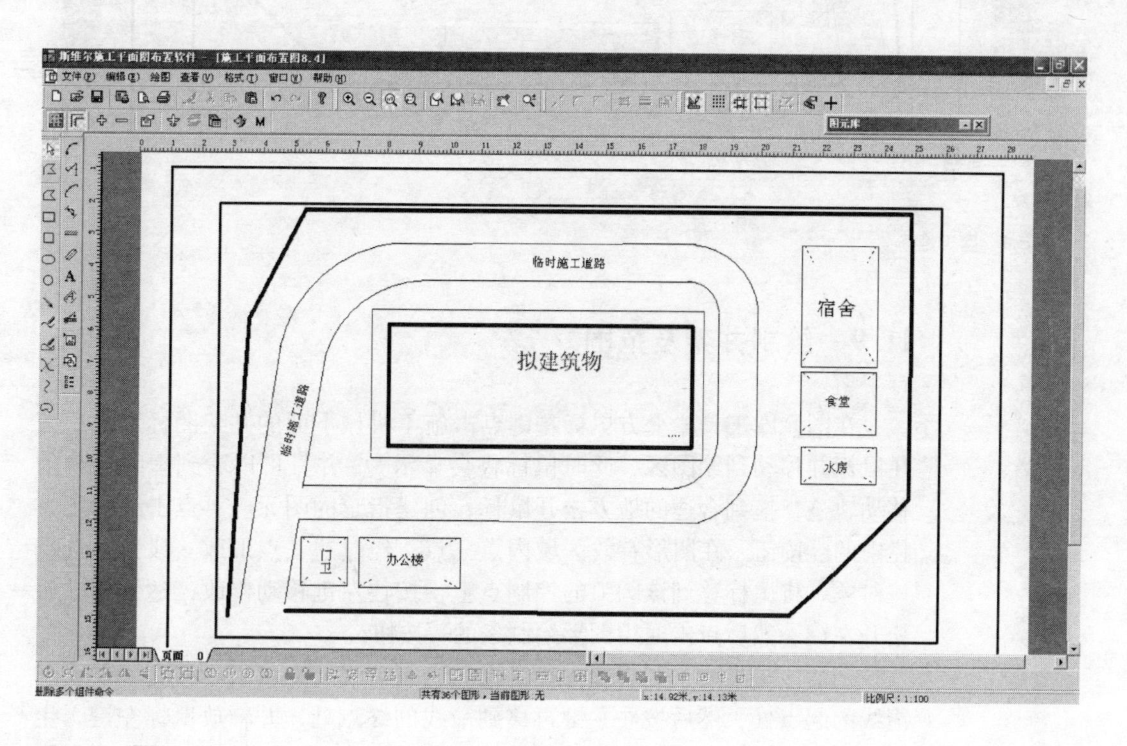

图 11-7-2　封闭房屋

11.8 绘制露天堆场

点击通用图形绘制条的□按钮，在坐标尺定位下绘制一个堆场范围，并创建文本，修改标题为“模板加工及堆场”，拖动文本至图形上方，操作同上。用同样的方式绘制其他露天堆场(材料堆场、钢筋加工及堆场等)。如图 11-8-1 所示。

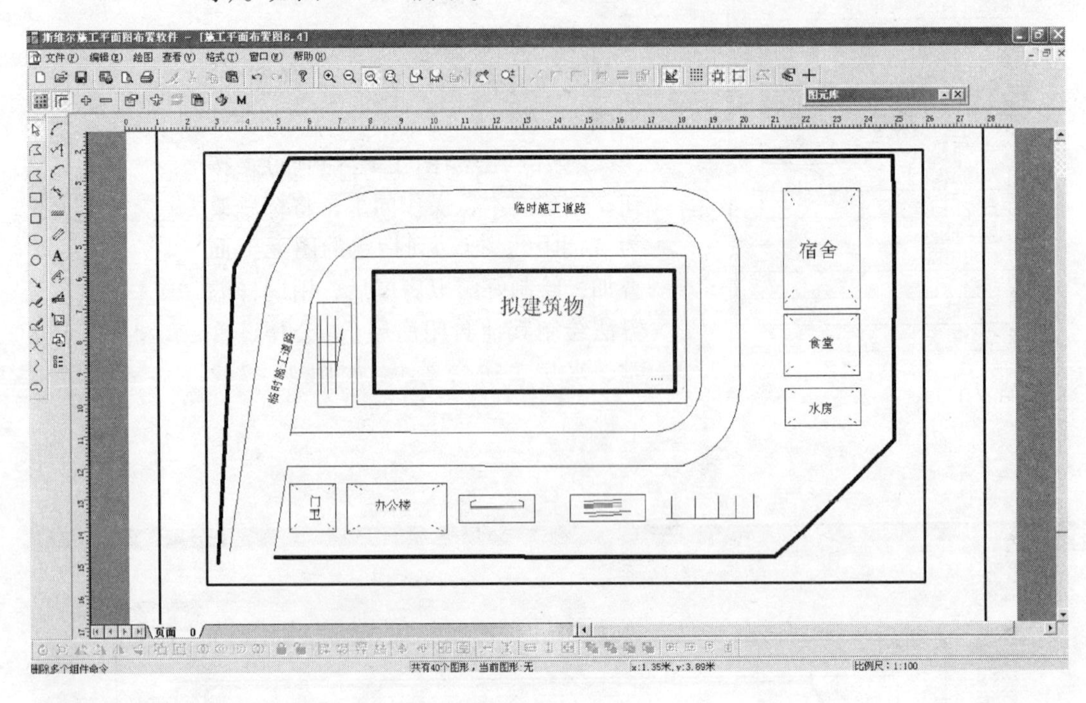

图 11-8-1　露天堆场

11.9 绘制井架及范围

在图元库工具栏上方鼠标左键点击施工机械下面的井架图标，然后按住鼠标并移动到绘图区，此时鼠标将会显示为并且可以看到虚线绘制的移动轨迹，拖到合适的地方松开鼠标，创建指定的图元。再点击绘图工具栏中的按钮，在图形有效区域内点三点，经过这三点形成一段弧，选择该对象，将鼠标移到该圆弧的控制点上，按住左键移动修改，达到要求后松开左键。然后点击通用图形绘制条的按钮。

选取该工具后，利用鼠标在编辑区绘制箭线，先将鼠标移到所要绘制箭线的起点处，然后按住左键再移到箭线的终点处，并释放鼠标左键，生成一个箭线。最后创建新文本，操作方式同上，标题改为“7.5m”。如图 11-9-1 所示。

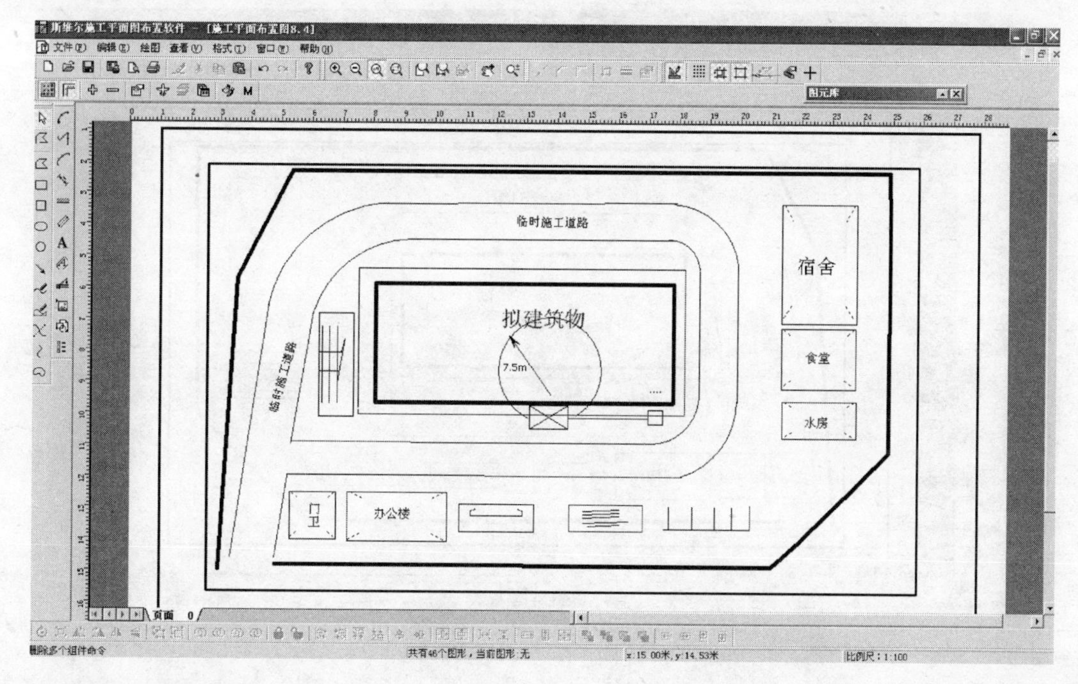

图 11-9-1 井架以及范围

11.10 绘制其他机械

在图元库工具栏上方鼠标左键点击施工机械下面的混凝土搅拌机图标，然后按住鼠标并移动到绘图区，如图 11-10-1 所示。此时鼠标将会显示为并且可以看到虚线绘制的移动轨迹，拖到合适的地方松开鼠标，创建指定的图元。同样的方式绘制水泵。如图 11-10-2 所示。

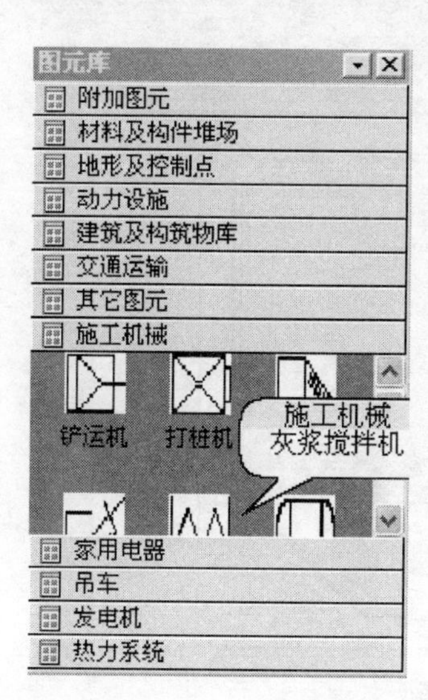

图 11-10-1 施工机械图元库

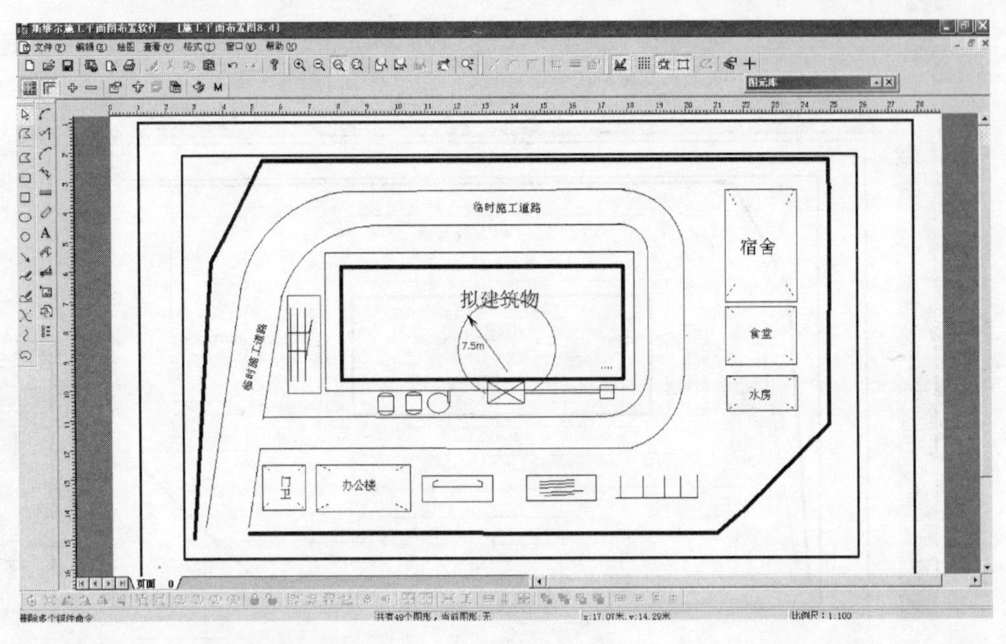

图 11-10-2 施工机械

11.11 绘制外墙以及水电线

点击绘图工具栏中的按钮，选取该工具后，利用鼠标在编辑区内绘制字线，将鼠标移到所绘字线的起点处单击鼠标左键，然后在字线经过处依次单击鼠标，即产生一条连续的字线。鼠标右键点击字线进入属性对话框修改文本为“WQ”，线的长度改为“100”。用同样的方法绘制水电线。如图 11-11-1 所示。

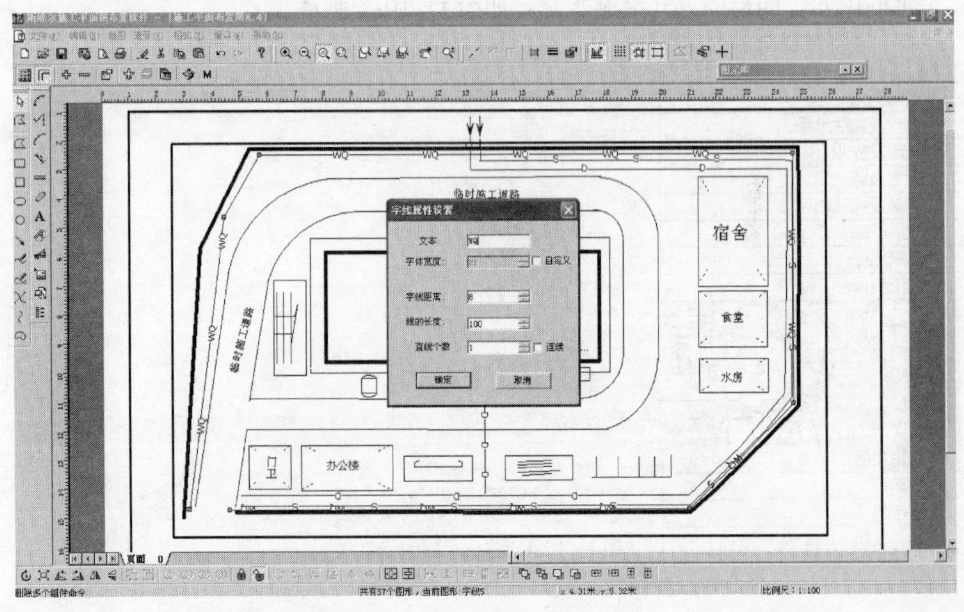

图 11-11-1 外墙以及水电线

11.12 绘制坐标

在图元库工具栏上方鼠标左键点击附加图元下面的指北针图标，然后按住鼠标并移动到绘图区，如图 11-12-1 所示。此时鼠标将会显示为并且可以看到虚线绘制的移动轨迹，拖到合适的地方松开鼠标，创建指定的图元。同样的方式绘制水泵。

绘制出来的坐标如图 11-12-2 所示。

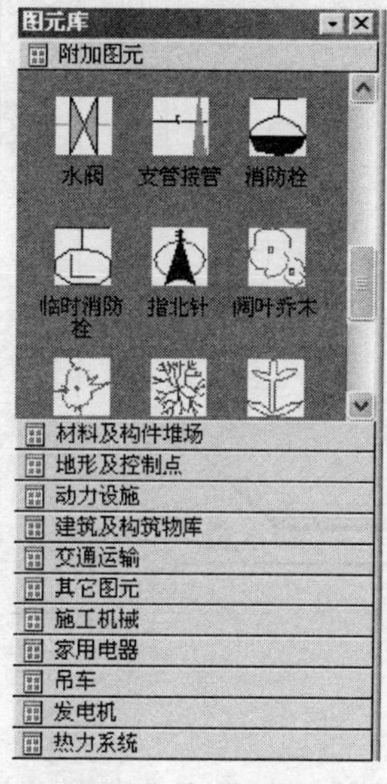

图 11-12-1 附加图元库

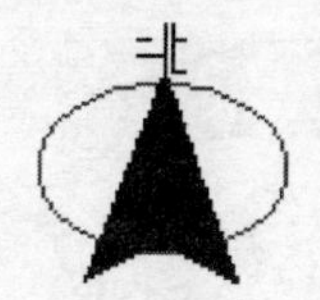

图 11-12-2 坐标

11.13 生成图注

点击绘图工具栏中的按钮，选取该工具后，自动生成在图上已经绘制好的图标的图注，如图 11-13-1 所示。

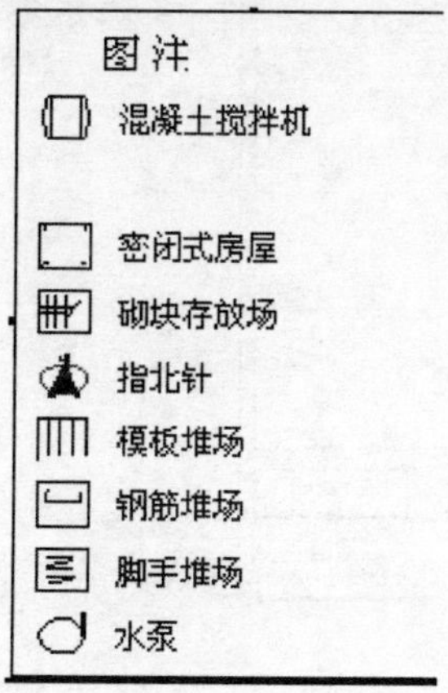

图注
混凝土搅拌机
密闭式房屋
砌块存放场
指北针
模板堆场
钢筋堆场
脚手堆场
水泵

图 11-13-1 图注

11.14 保存以及打印预览

在完成上述操作后，生成施工平面图 11-14-1 所示。

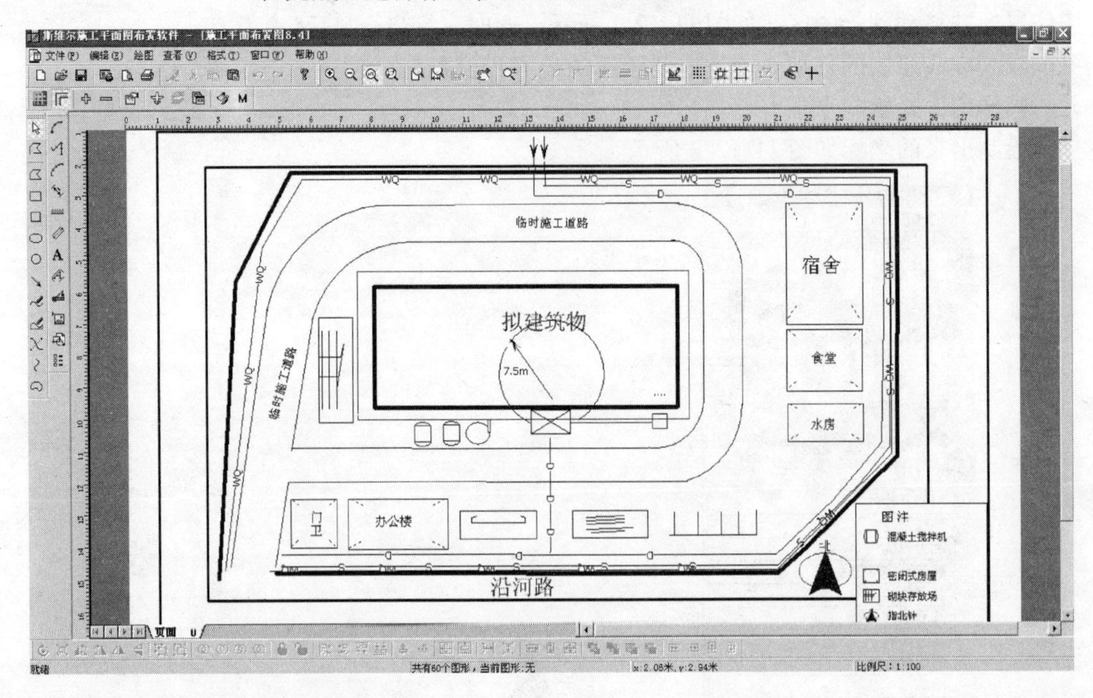

图 11-14-1　施工平面图

点击“文件”菜单下面的“保存”按钮，在“文件名”一栏中输入保存的文件名称，如图 11-14-2 所示。

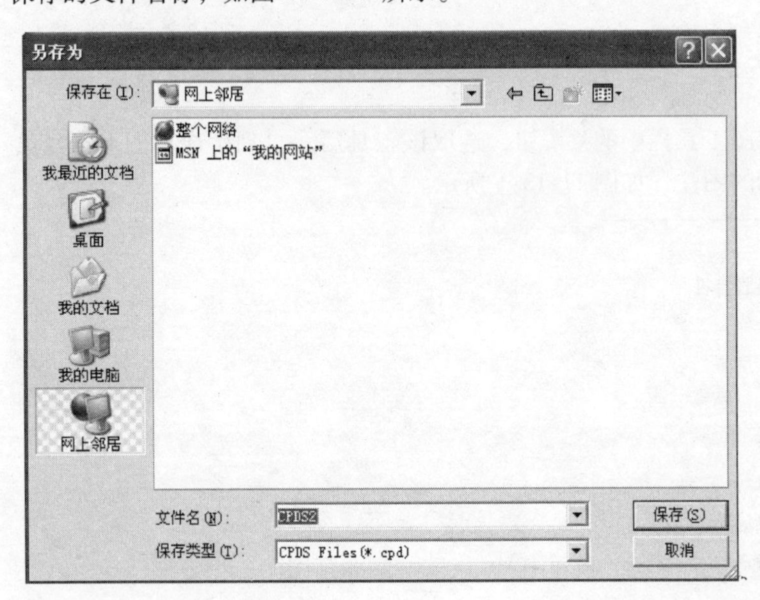

图 11-14-2　保存界面

最后软件提供了打印预览界面，可以对已经完成的平面图进行打印前的查看，点击“文件”菜单下面的“打印预览”按钮，进入打印预览界面，在此界面可以进行放大和缩小等操作，如图 11-14-3 所示。

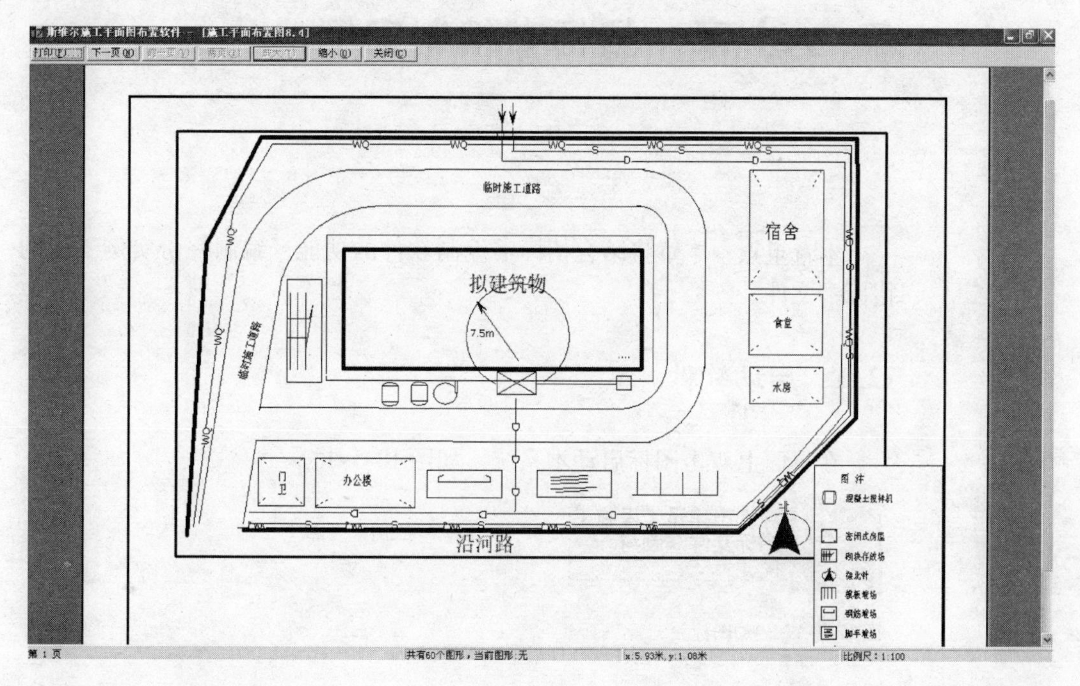

图 11-14-3　打印预览

第12章　招标书编制实例

本章重点：本章将结合招标书编制软件的功能，编制一份实例工程的招标书文件。

12.1　启动软件

在桌面上双击图标启动本系统。如图12-1-1。

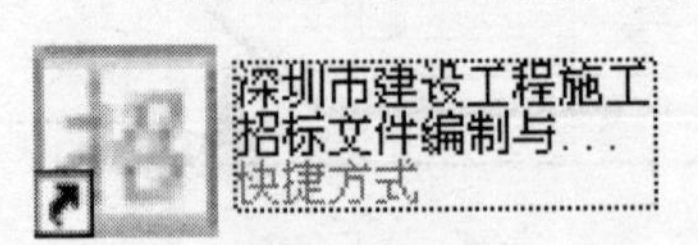

图12-1-1　启动图标

12.2　新建工程项目

系统启动时会默认一个招标书，默认名称为“1”，在此，我们新建一个招标书，点击菜单栏中的新建标书命令，如图12-2-1所示。

新建标书

图12-2-1　新建图标

并在弹出的新建招标文件对话框中输入招标文件名称为“斯维尔办公楼”，如图12-2-2所示。

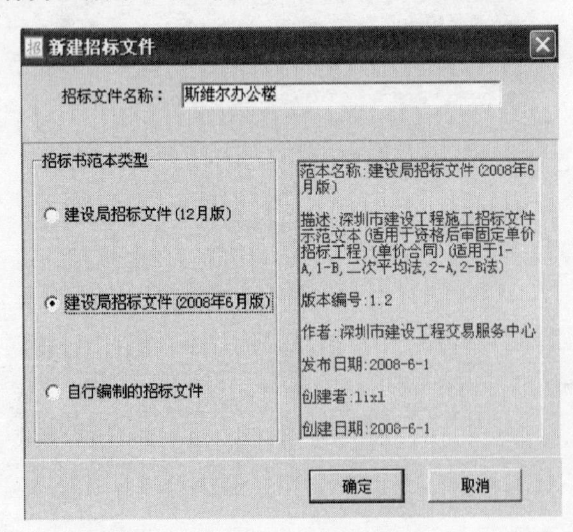

图12-2-2　新建对话框

12.3 招标书封面填写

点击新建好的招标书母节点“斯维尔办公楼”，将整个标书展开成树状结构，如图 12-3-1 所示。

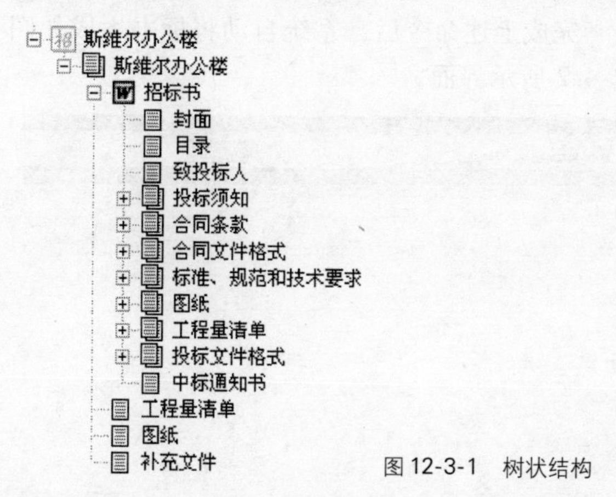

图 12-3-1　树状结构

下面进行招标书封面的填写，我们以深圳地区招标文件制作为例。将光标移动到招标书封面节点上，出现如图 12-3-2 所示界面。

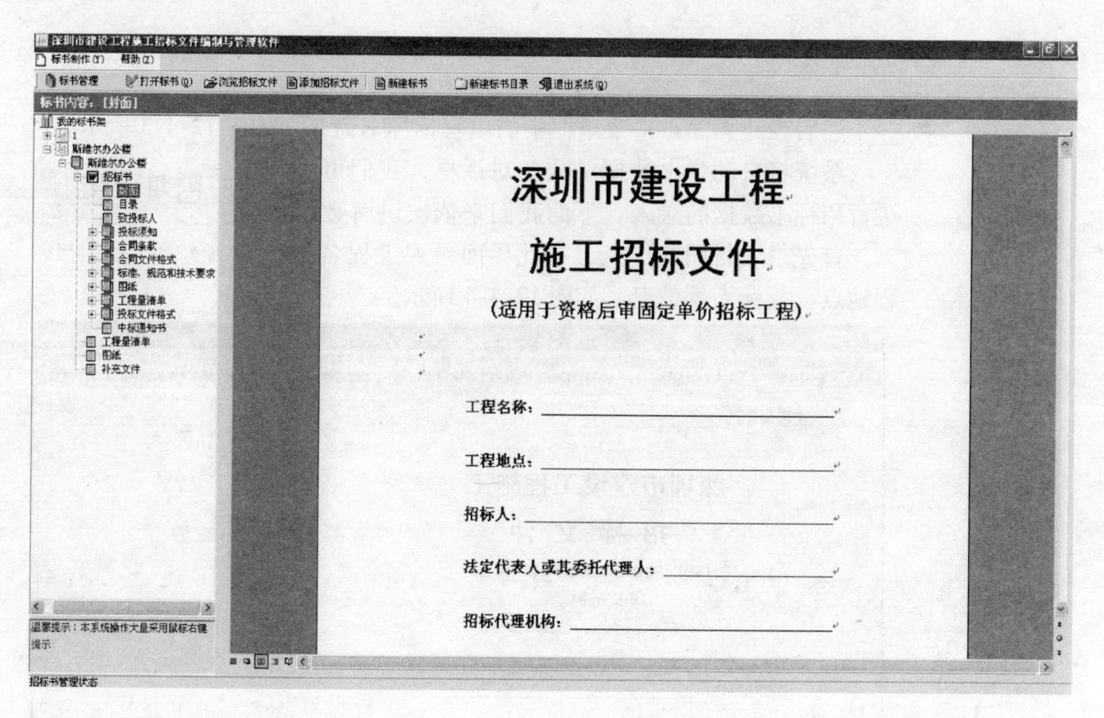

图 12-3-2　标书封面

在此界面依次填写上工程名称、工程地点、招标人等信息。

12.4　招标书内容填写

将光标移动至“斯维尔办公楼”节点上，并点击菜单栏中的打开标书命令，如图 12-4-1 所示。

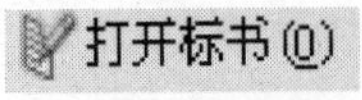

打开标书(O)

图 12-4-1　打开图标

完成上述命令后，系统自动将标书生成如图 12-4-2 所示界面。

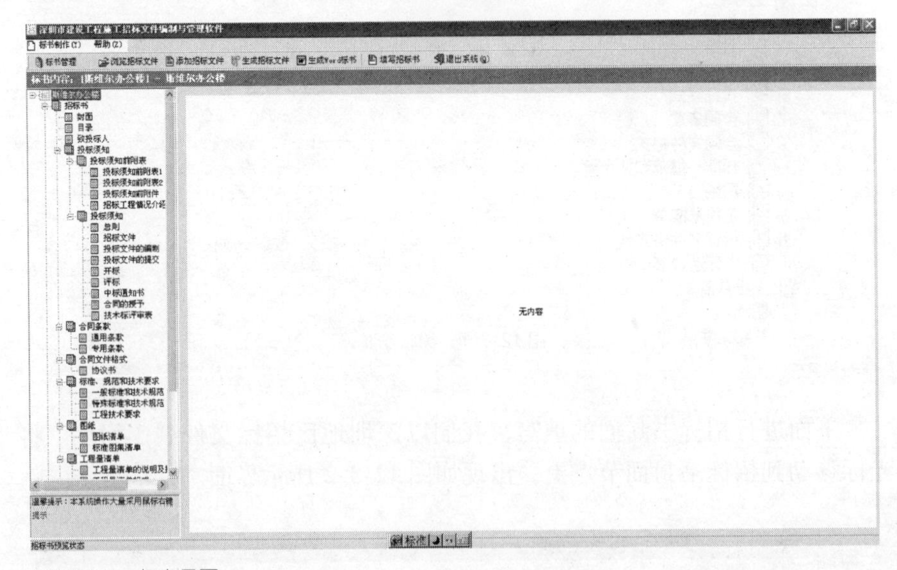

图 12-4-2　标书界面

然后在此界面点击菜单栏中的填写招标书命令，如图 12-4-3 所示。

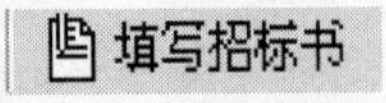

填写招标书

图 12-4-3　填写图标

系统将自动弹出数据录入的对话框，我们可以再次进行招标书数据的录入，下面我们来依次讲解数据的录入，首先录入封面的信息，在此界面录入工程名称、工程地点、招标人等信息，如图 12-4-4 所示。

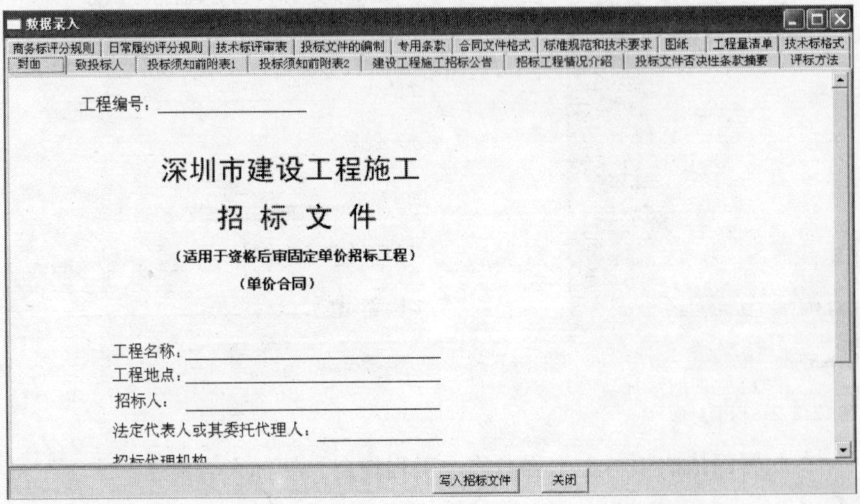

数据录入

商务标评分规则 | 日常履约评分规则 | 技术标评审表 | 投标文件的编制 | 专用条款 | 合同文件格式 | 标准规范和技术要求 | 图纸 | 工程量清单 | 技术标格式

封面 | 致投标人 | 投标须知前附表1 | 投标须知前附表2 | 建设工程施工招标公告 | 招标工程情况介绍 | 投标文件否决性条款摘要 | 评标方法

工程编号：

深圳市建设工程施工

招 标 文 件

（适用于资格后审固定单价招标工程）

（单价合同）

工程名称：

工程地点：

招标人：

法定代表人或其委托代理人：

招标代理机构

写入招标文件　关闭

图 12-4-4　封面

进入致投标人填写界面，填写招标人、招标人单位等信息，如图 12-4-5 所示。

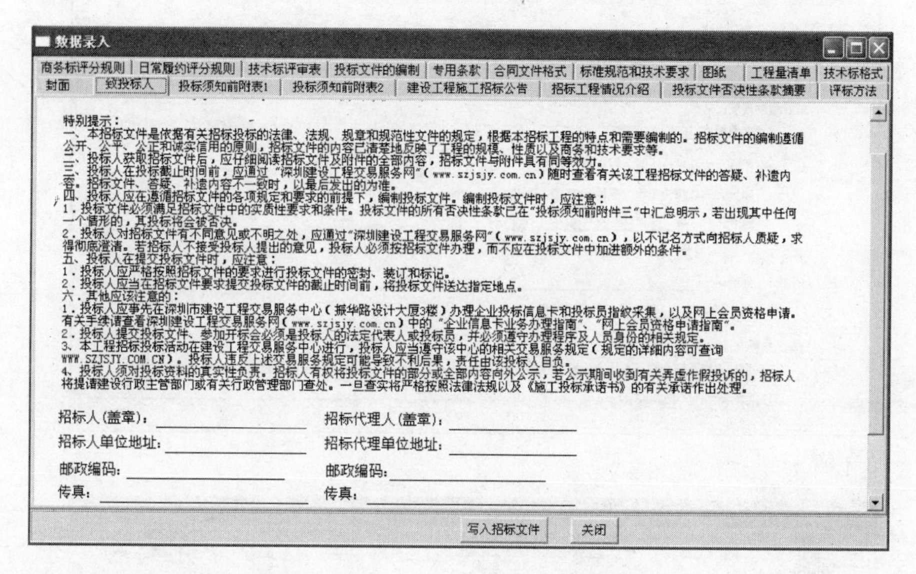

图 12-4-5　致投标人

进入投标须知前附表 1 以及投标须知前附表 2 界面进行投标须知的附表的填写，如图 12-4-6 以及图 12-4-7 所示。

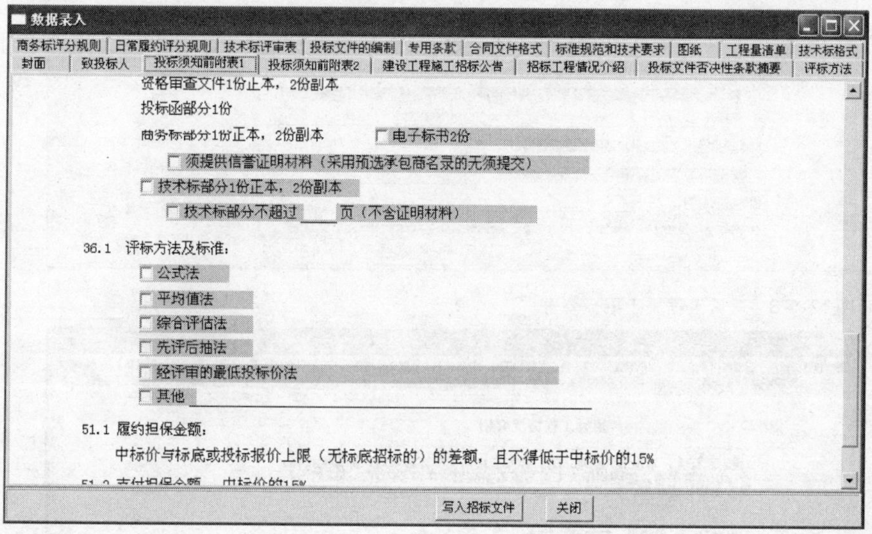

图 12-4-6　投标须知前附表 1

进入建设工程施工招标公告界面，填写建设工程施工招标公告的相关信息，如图 12-4-8 所示。

进入招标工程情况介绍界面，填写招标工程情况介绍的相关信息，如图 12-4-9 所示。

进入投标文件否决性条款摘要界面，填写投标文件否决性条款摘要的相关信息，如图 12-4-10 所示。

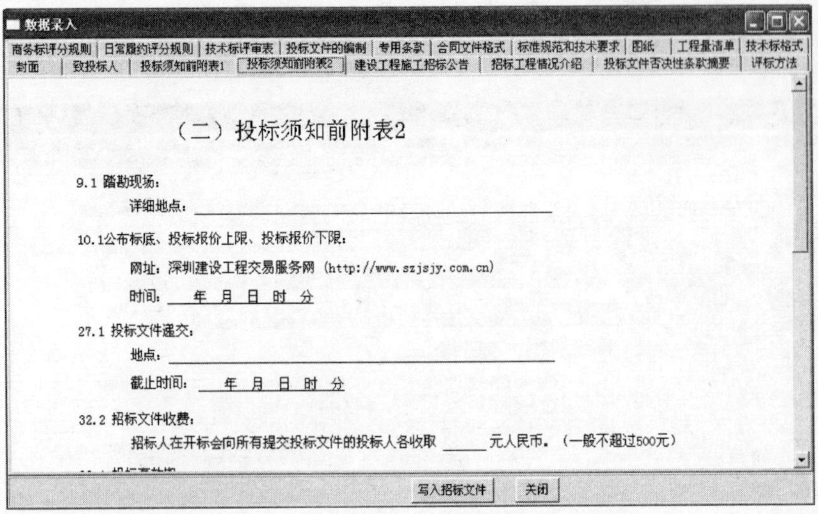

数据录入

商务标评分规则 | 日常履约评分规则 | 技术标评审表 | 投标文件的编制 | 专用条款 | 合同文件格式 | 标准规范和技术要求 | 图纸 | 工程量清单 | 技术标格式
封面 | 致投标人 | 投标须知前附表1 | 投标须知前附表2 | 建设工程施工招标公告 | 招标工程情况介绍 | 投标文件否决性条款摘要 | 评标方法

（二）投标须知前附表2

9.1 踏勘现场：

详细地点：________________

10.1公布标底、投标报价上限、投标报价下限：

网址：深圳建设工程交易服务网（http://www.szjsjy.com.cn）

时间：____年 月 日 时 分

27.1 投标文件递交：

地点：________________

截止时间：____年 月 日 时 分

32.2 招标文件收费：

招标人在开标会向所有提交投标文件的投标人各收取______元人民币。（一般不超过500元）

写入招标文件　关闭

图 12-4-7　投标须知前附表 2

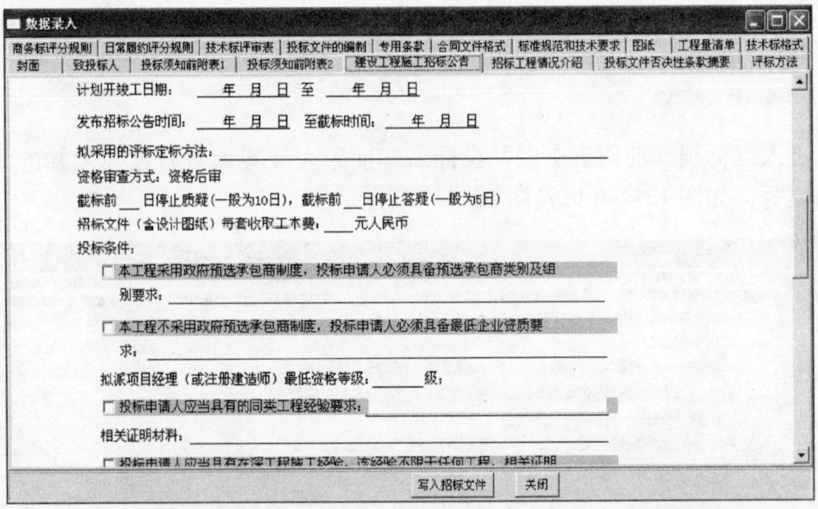

数据录入

商务标评分规则 | 日常履约评分规则 | 技术标评审表 | 投标文件的编制 | 专用条款 | 合同文件格式 | 标准规范和技术要求 | 图纸 | 工程量清单 | 技术标格式
封面 | 致投标人 | 投标须知前附表1 | 投标须知前附表2 | 建设工程施工招标公告 | 招标工程情况介绍 | 投标文件否决性条款摘要 | 评标方法

计划开竣工日期：____年 月 日 至 ____年 月 日

发布招标公告时间：____年 月 日 至截标时间：____年 月 日

拟采用的评标定标方法：________________

资格审查方式：资格后审

截标前___日停止质疑(一般为10日)，截标前___日停止答疑(一般为5日)

招标文件（含设计图纸）每套收取工本费：____元人民币

投标条件：

□ 本工程采用政府预选承包商制度，投标申请人必须具备预选承包商类别及组别要求：________________

□ 本工程不采用政府预选承包商制度，投标申请人必须具备最低企业资质要求：________________

拟派项目经理（或注册建造师）最低资格等级：______级；

□ 投标申请人应当具有的同类工程经验要求：________________

相关证明材料：________________

写入招标文件　关闭

图 12-4-8　建设工程施工招标公告

数据录入

商务标评分规则 | 日常履约评分规则 | 技术标评审表 | 投标文件的编制 | 专用条款 | 合同文件格式 | 标准规范和技术要求 | 图纸 | 工程量清单 | 技术标格式
封面 | 致投标人 | 投标须知前附表1 | 投标须知前附表2 | 建设工程施工招标公告 | 招标工程情况介绍 | 投标文件否决性条款摘要 | 评标方法

附件二　招标工程情况介绍

（提示招标人：本章节为必填内容，招标人应当如实详细填写，并作为投标、评标的重要参考。如因招标人未填写或未如实填写本章节内容，造成的不利后果应由招标人承担。）

一、工程概况、工程规模、结构型式的介绍

1、工程地址：

2、工程规模：

3、工期及质量要求：

写入招标文件　关闭

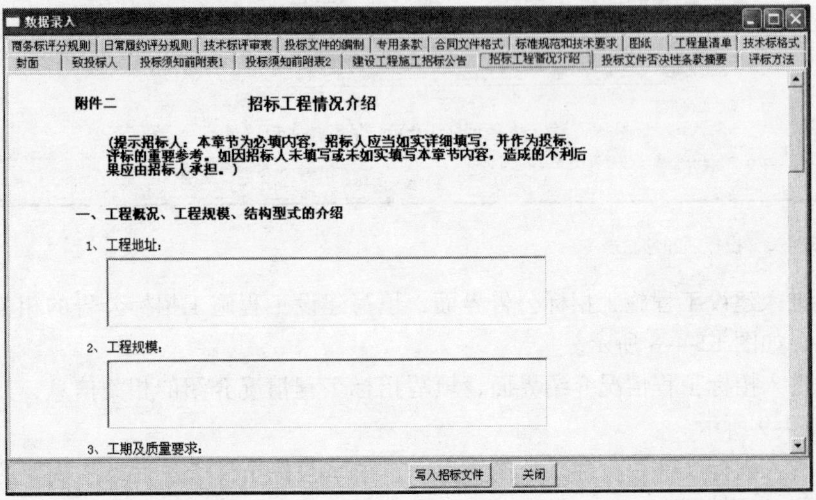

图 12-4-9　招标工程情况介绍

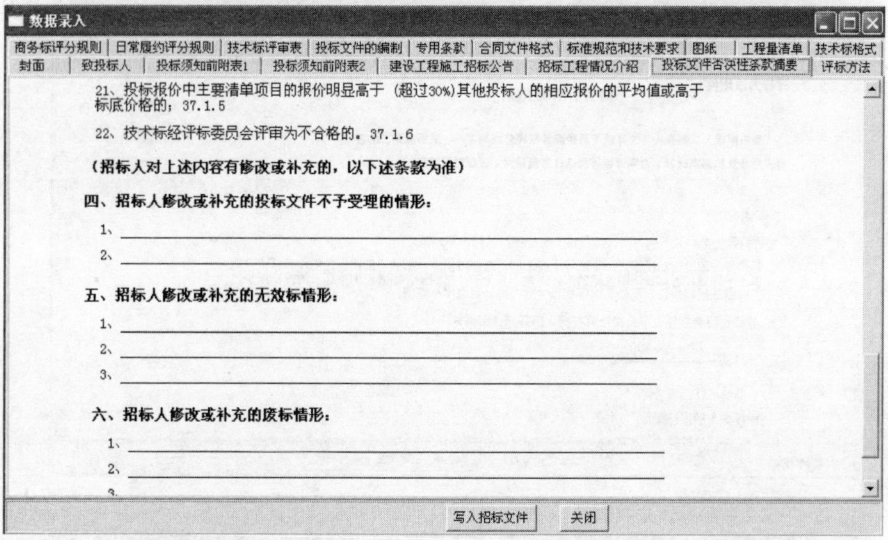

数据录入

商务标评分规则 | 日常履约评分规则 | 技术标评审表 | 投标文件的编制 | 专用条款 | 合同文件格式 | 标准规范和技术要求 | 图纸 | 工程量清单 | 技术标格式

封面 | 致投标人 | 投标须知前附表1 | 投标须知前附表2 | 建设工程施工招标公告 | 招标工程情况介绍 | 投标文件否决性条款摘要 | 评标方法

21、投标报价中主要清单项目的报价明显高于（超过30%）其他投标人的相应报价的平均值或高于标底价格的；37.1.5

22、技术标经评标委员会评审为不合格的。37.1.6

（招标人对上述内容有修改或补充的，以下述条款为准）

四、招标人修改或补充的投标文件不予受理的情形：

1、________________________________

2、________________________________

五、招标人修改或补充的无效标情形：

1、________________________________

2、________________________________

3、________________________________

六、招标人修改或补充的废标情形：

1、________________________________

2、________________________________

3、

写入招标文件 关闭

图 12-4-10　投标文件否决性条款摘要

进入评标方法界面，填写评标方法的相关信息，如图 12-4-11 所示。

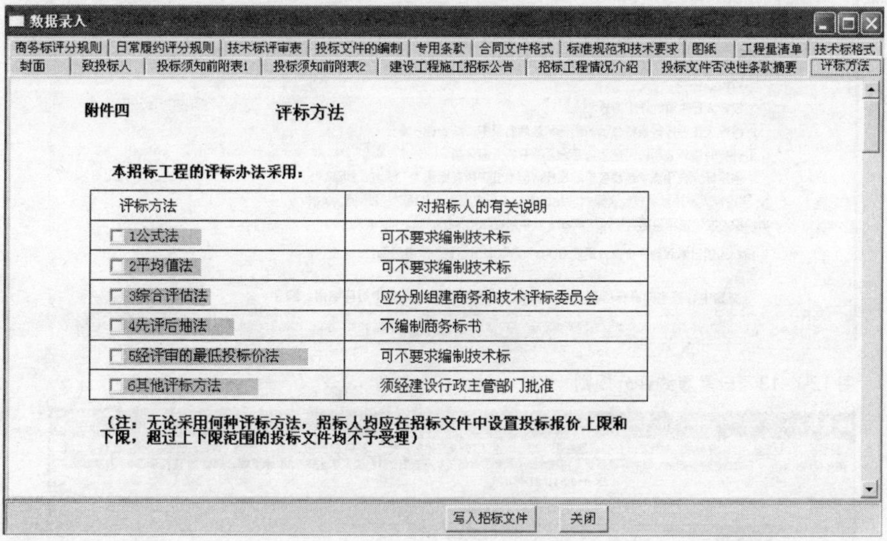

数据录入

商务标评分规则 | 日常履约评分规则 | 技术标评审表 | 投标文件的编制 | 专用条款 | 合同文件格式 | 标准规范和技术要求 | 图纸 | 工程量清单 | 技术标格式

封面 | 致投标人 | 投标须知前附表1 | 投标须知前附表2 | 建设工程施工招标公告 | 招标工程情况介绍 | 投标文件否决性条款摘要 | 评标方法

附件四　　　　**评标方法**

本招标工程的评标办法采用：

评标方法	对招标人的有关说明
□ 1公式法	可不要求编制技术标
□ 2平均值法	可不要求编制技术标
□ 3综合评估法	应分别组建商务和技术评标委员会
□ 4先评后抽法	不编制商务标书
□ 5经评审的最低投标价法	可不要求编制技术标
□ 6其他评标方法	须经建设行政主管部门批准

（注：无论采用何种评标方法，招标人均应在招标文件中设置投标报价上限和下限，超过上下限范围的投标文件均不予受理）

写入招标文件 关闭

图 12-4-11　评标方法

进入商务标评分规则界面，填写商务标评分规则的相关信息，如图 12-4-12 所示。

进入日常履约评分规则界面，填写日常履约评分规则的相关信息，如图 12-4-13 所示。

进入技术标评审表界面，填写技术标评审表的相关信息，如图 12-4-14 所示。

进入投标文件的编制界面，填写投标文件的编制的相关信息，如图 12-4-15 所示。

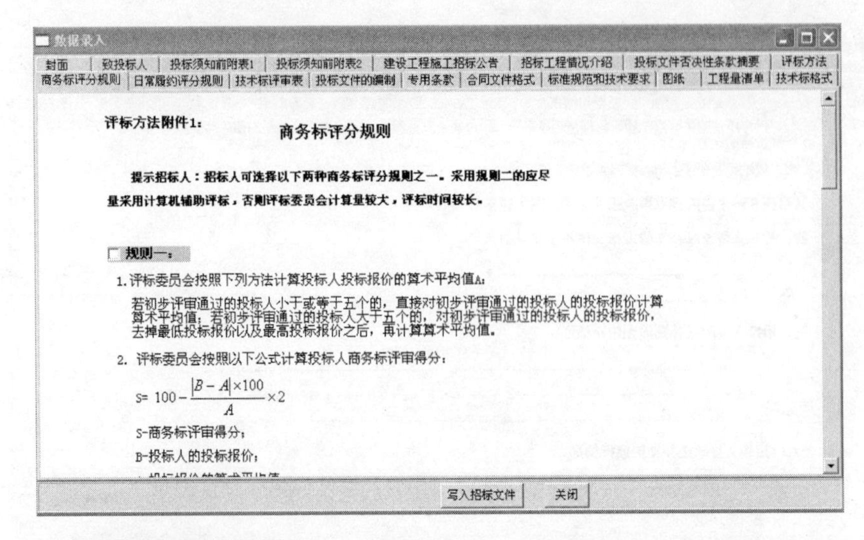

图 12-4-12　商务标评分规则

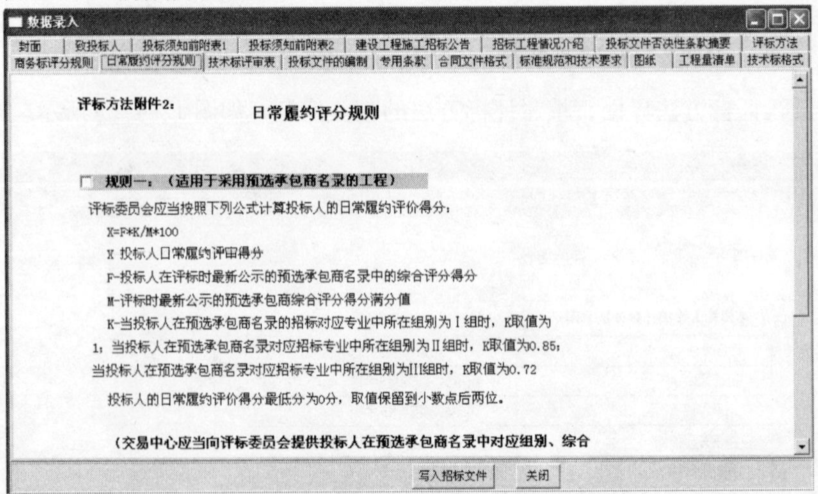

图 12-4-13　日常履约评分规则

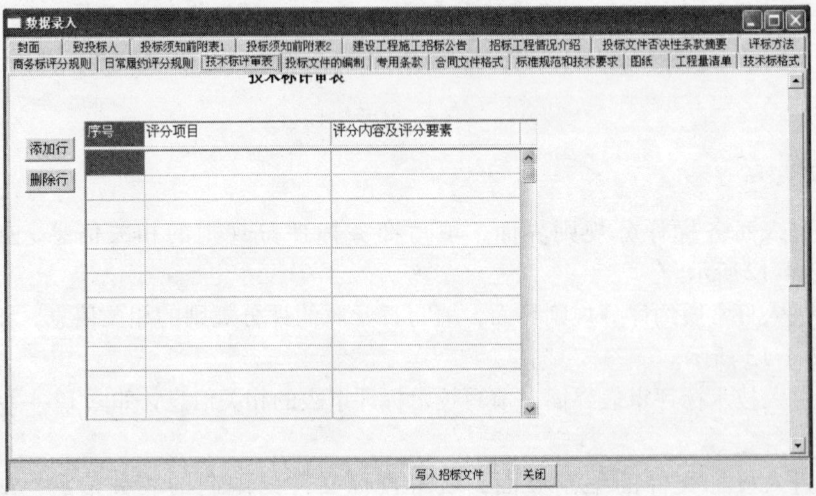

数据录入
封面　致投标人　投标须知前附表1　投标须知前附表2　建设工程施工招标公告　招标工程情况介绍　投标文件否决性条款摘要　评标方法
商务标评分规则　日常履约评分规则　技术标评审表　投标文件的编制　专用条款　合同文件格式　标准规范和技术要求　图纸　工程量清单　技术标格式
技术标评审表
添加行
删除行

序号	评分项目	评分内容及评分要素

写入招标文件
关闭

图 12-4-14　技术标评审表

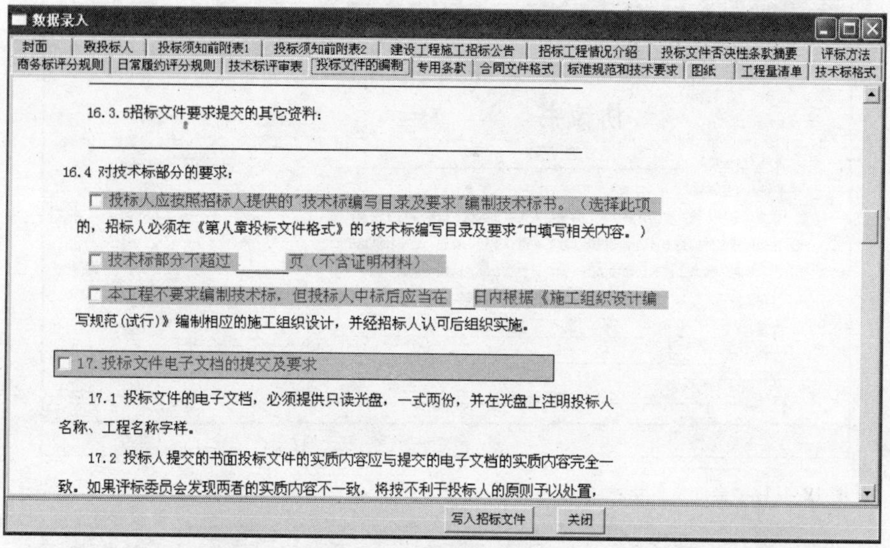

数据录入

封面 | 致投标人 | 投标须知前附表1 | 投标须知前附表2 | 建设工程施工招标公告 | 招标工程情况介绍 | 投标文件否决性条款摘要 | 评标方法
商务标评分规则 | 日常履约评分规则 | 技术标评审表 | 投标文件的编制 | 专用条款 | 合同文件格式 | 标准规范和技术要求 | 图纸 | 工程量清单 | 技术标格式

16.3.5招标文件要求提交的其它资料：

16.4 对技术标部分的要求：

□ 投标人应按照招标人提供的"技术标编写目录及要求"编制技术标书。（选择此项的，招标人必须在《第八章投标文件格式》的"技术标编写目录及要求"中填写相关内容。）

□ 技术标部分不超过____页（不含证明材料）

□ 本工程不要求编制技术标，但投标人中标后应当在____日内根据《施工组织设计编写规范(试行)》编制相应的施工组织设计，并经招标人认可后组织实施。

□ 17.投标文件电子文档的提交及要求

17.1 投标文件的电子文档，必须提供只读光盘，一式两份，并在光盘上注明投标人名称、工程名称字样。

17.2 投标人提交的书面投标文件的实质内容应与提交的电子文档的实质内容完全一致。如果评标委员会发现两者的实质内容不一致，将按不利于投标人的原则予以处置，

写入招标文件　关闭

图 12-4-15　投标文件的编制

进入专用条款界面，填写专用条款的相关信息，如图 12-4-16 所示。

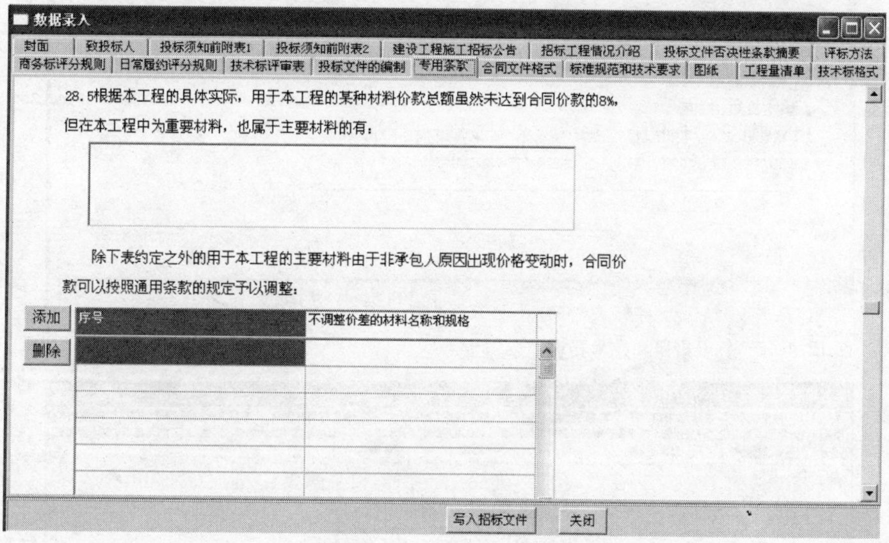

数据录入

封面 | 致投标人 | 投标须知前附表1 | 投标须知前附表2 | 建设工程施工招标公告 | 招标工程情况介绍 | 投标文件否决性条款摘要 | 评标方法
商务标评分规则 | 日常履约评分规则 | 技术标评审表 | 投标文件的编制 | 专用条款 | 合同文件格式 | 标准规范和技术要求 | 图纸 | 工程量清单 | 技术标格式

28.5根据本工程的具体实际，用于本工程的某种材料价款总额虽然未达到合同价款的8%，但在本工程中为重要材料，也属于主要材料的有：

除下表约定之外的用于本工程的主要材料由于非承包人原因出现价格变动时，合同价款可以按照通用条款的规定予以调整：

添加　删除

序号	不调整价差的材料名称和规格

写入招标文件　关闭

图 12-4-16　专用条款

进入合同文件格式界面，填写合同文件格式的相关信息，如图 12-4-17 所示。

进入标准规范和技术要求界面，填写标准规范和技术要求的相关信息，如图 12-4-18 所示 。

进入图纸界面，填写图纸的相关信息，如图 12-4-19 所示。

进入工程量清单界面，填写工程量清单的相关信息，如图 12-4-20 所示。

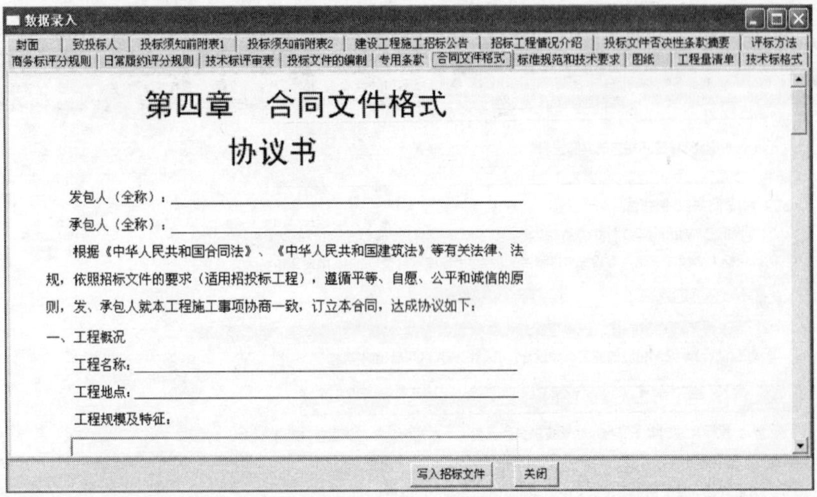

数据录入

封面 | 致投标人 | 投标须知前附表1 | 投标须知前附表2 | 建设工程施工招标公告 | 招标工程情况介绍 | 投标文件否决性条款摘要 | 评标方法
商务标评分规则 | 日常履约评分规则 | 技术标评审表 | 投标文件的编制 | 专用条款 | 合同文件格式 | 标准规范和技术要求 | 图纸 | 工程量清单 | 技术标格式

第四章　合同文件格式

协议书

发包人（全称）：________________

承包人（全称）：________________

根据《中华人民共和国合同法》、《中华人民共和国建筑法》等有关法律、法规，依照招标文件的要求（适用招投标工程），遵循平等、自愿、公平和诚信的原则，发、承包人就本工程施工事项协商一致，订立本合同，达成协议如下：

一、工程概况

工程名称：________________

工程地点：________________

工程规模及特征：

写入招标文件　关闭

图 12-4-17　合同文件格式

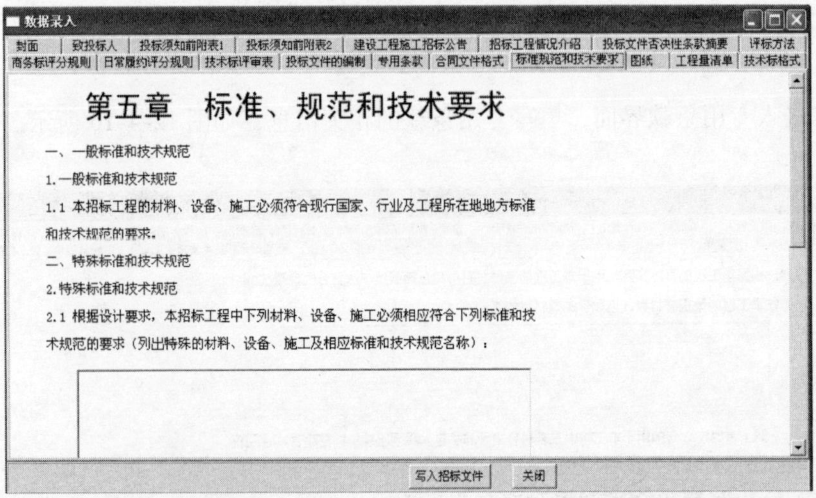

数据录入

封面 | 致投标人 | 投标须知前附表1 | 投标须知前附表2 | 建设工程施工招标公告 | 招标工程情况介绍 | 投标文件否决性条款摘要 | 评标方法
商务标评分规则 | 日常履约评分规则 | 技术标评审表 | 投标文件的编制 | 专用条款 | 合同文件格式 | 标准规范和技术要求 | 图纸 | 工程量清单 | 技术标格式

第五章　标准、规范和技术要求

一、一般标准和技术规范

1.一般标准和技术规范

1.1 本招标工程的材料、设备、施工必须符合现行国家、行业及工程所在地地方标准和技术规范的要求。

二、特殊标准和技术规范

2.特殊标准和技术规范

2.1 根据设计要求，本招标工程中下列材料、设备、施工必须相应符合下列标准和技术规范的要求（列出特殊的材料、设备、施工及相应标准和技术规范名称）：

写入招标文件　关闭

图 12-4-18　标准规范和技术要求

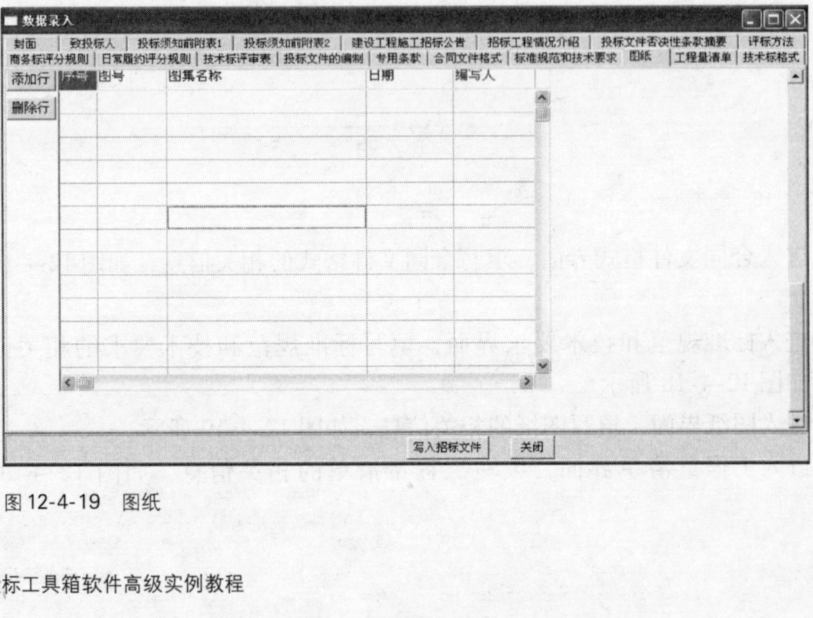

数据录入

封面 | 致投标人 | 投标须知前附表1 | 投标须知前附表2 | 建设工程施工招标公告 | 招标工程情况介绍 | 投标文件否决性条款摘要 | 评标方法
商务标评分规则 | 日常履约评分规则 | 技术标评审表 | 投标文件的编制 | 专用条款 | 合同文件格式 | 标准规范和技术要求 | 图纸 | 工程量清单 | 技术标格式

添加行
删除行

序号	图号	图集名称	日期	编写人

写入招标文件　关闭

图 12-4-19　图纸

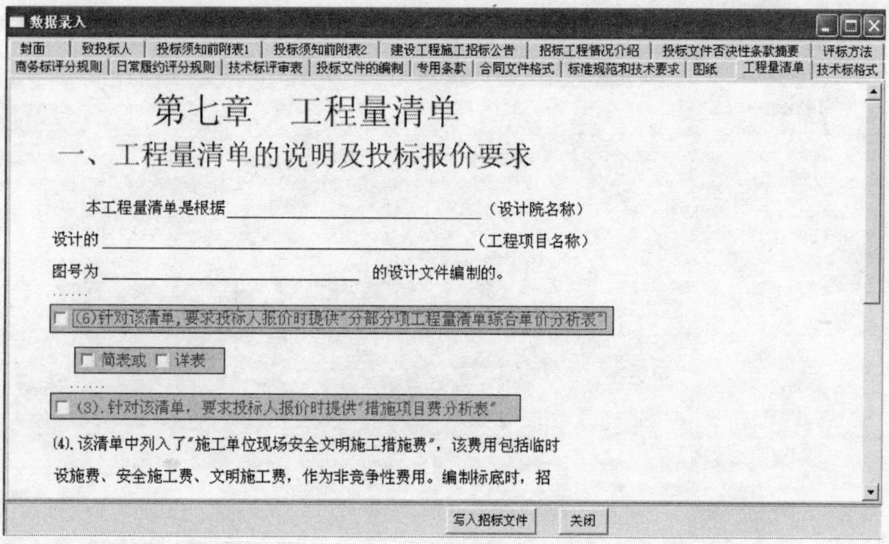

数据录入

封面 | 致投标人 | 投标须知前附表1 | 投标须知前附表2 | 建设工程施工招标公告 | 招标工程情况介绍 | 投标文件否决性条款摘要 | 评标方法
商务标评分规则 | 日常履约评分规则 | 技术标评审表 | 投标文件的编制 | 专用条款 | 合同文件格式 | 标准规范和技术要求 | 图纸 | 工程量清单 | 技术标格式

第七章　工程量清单

一、工程量清单的说明及投标报价要求

本工程量清单是根据＿＿＿＿＿＿（设计院名称）

设计的＿＿＿＿＿＿（工程项目名称）

图号为＿＿＿＿＿＿的设计文件编制的。

……

☐(6)针对该清单，要求投标人报价时提供"分部分项工程量清单综合单价分析表"

☐简表或☐详表

……

☐(3).针对该清单，要求投标人报价时提供"措施项目费分析表"

(4).该清单中列入了"施工单位现场安全文明施工措施费"，该费用包括临时设施费、安全施工费、文明施工费，作为非竞争性费用。编制标底时，招

写入招标文件　关闭

图 12-4-20　工程量清单

进入技术标格式界面，填写技术标格式的相关信息，如图 12-4-21 所示。

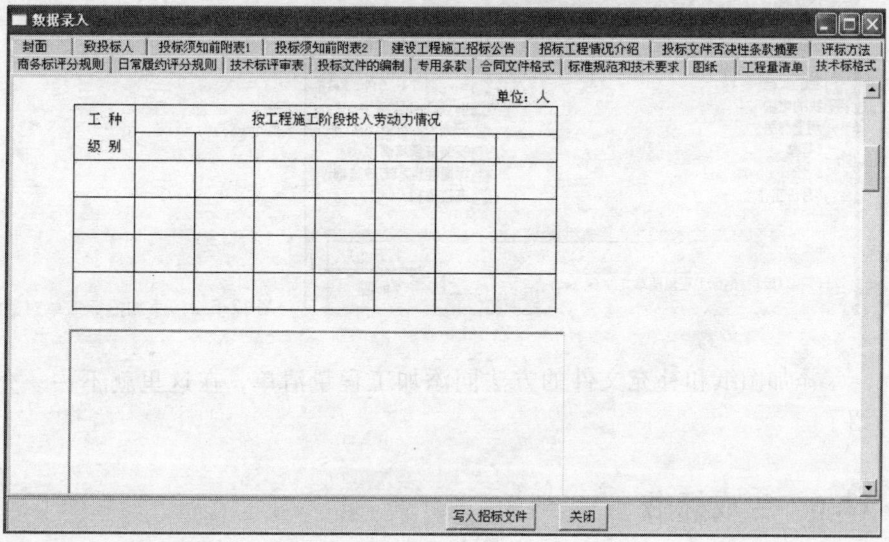

数据录入

封面 | 致投标人 | 投标须知前附表1 | 投标须知前附表2 | 建设工程施工招标公告 | 招标工程情况介绍 | 投标文件否决性条款摘要 | 评标方法
商务标评分规则 | 日常履约评分规则 | 技术标评审表 | 投标文件的编制 | 专用条款 | 合同文件格式 | 标准规范和技术要求 | 图纸 | 工程量清单 | 技术标格式

单位：人

工种 级别	按工程施工阶段投入劳动力情况						

写入招标文件　关闭

图 12-4-21　技术标格式

12.5　添加附加文件

添加工程量清单

在招标书编制界面的左边树状结构图中，将光标移至"工程量清单"处，如图 12-5-1 所示。

点击鼠标右键，选择添加工程量清单文件，在弹出的对话框中选择相

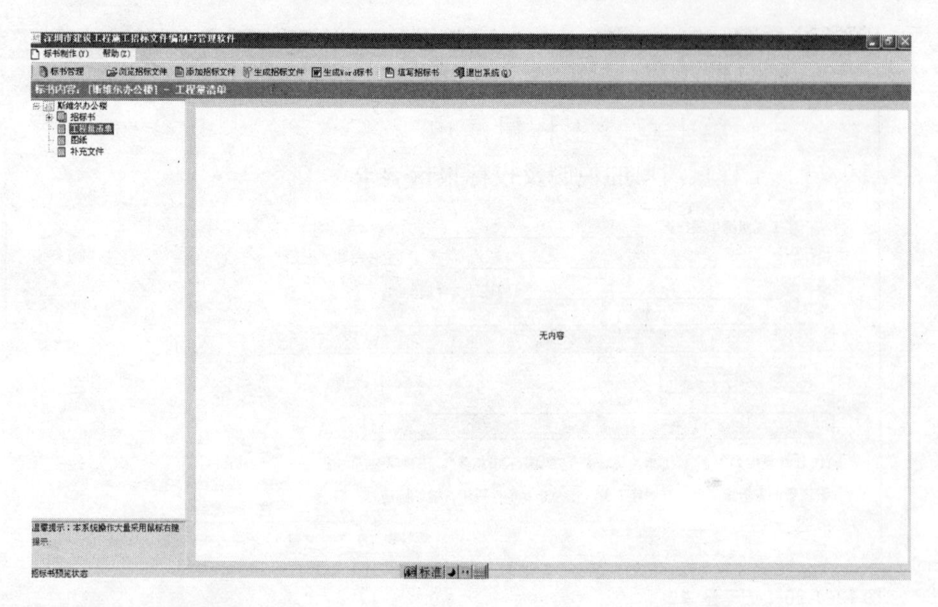

图 12-5-1　工程量清单

应的工程量清单文件，如图 12-5-2 所示。

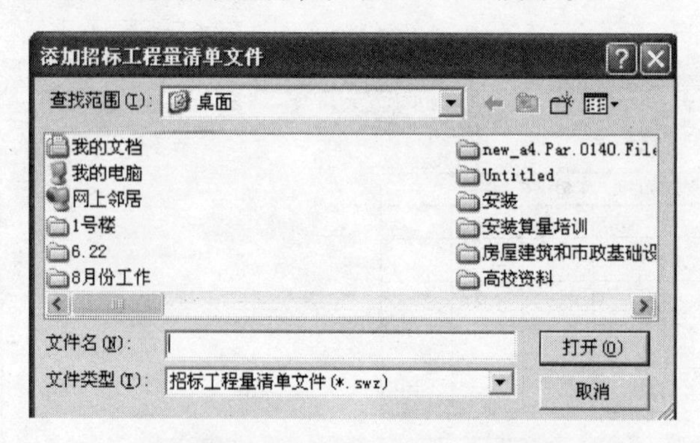

图 12-5-2　添加招标清单对话框

添加图纸和补充文件的方法同添加工程量清单，在这里就不一一介绍了。

12.6　生成标书

完成招标书的编制后，点击功能列表中的生成招标文件按钮，让软件自动完成标书的生成，如图 12-6-1 所示。

生成招标文件

图 12-6-1　生成图标

软件将招标书所有内容自动生成。